现代果树简约栽培技术丛书

现代石榴简约栽培技术

主　编　胡青霞

副主编　李洪涛　简在海

万　然　史江莉

黄河水利出版社
·郑州·

图书在版编目(CIP)数据

现代石榴简约栽培技术/胡青霞主编. —郑州:黄河水利出版社,2018.10

(现代果树简约栽培技术丛书)

ISBN 978 - 7 - 5509 - 2192 - 4

Ⅰ.①现… Ⅱ.①胡… Ⅲ.①石榴－果树园艺 Ⅳ.①S665.4

中国版本图书馆 CIP 数据核字(2018)第 244654 号

组稿编辑:岳晓娟 电话:0371 - 66020903 E-mail:2250150882@ qq.com

出 版 社:黄河水利出版社

地址:河南省郑州市顺河路黄委会综合楼 14 层 邮政编码:450003

发行单位:黄河水利出版社

发行部电话:0371 - 66026940、66020550、66028024、66022620(传真)

E-mail:hhslcbs@ 126.com

承印单位:河南承创印务有限公司

开本:890 mm × 1 240 mm 1/32

印张:7.375

字数:216 千字

版次:2018 年 10 月第 1 版 印次:2018 年 10 月第 1 次印刷

定价:28.00 元

现代果树简约栽培技术丛书

主　编　冯建灿　郑先波

《现代石榴简约栽培技术》编委会

主　　编　胡青霞
副 主 编　李洪涛　简在海　万　然　史江莉
参编人员　刘真真　胡　悦　郭　强

现代果树简约栽培技术丛书由河南省重大科技专项（151100110900）、河南省现代农业产业技术体系建设专项（S2014 - 11 - G02，Z2018 - 11 - 03）资助出版。

前　言

　　石榴是集生态、经济、观赏与药用价值于一身的优良果树,近些年来发展势头强劲,在一些地区已经发展成为支柱产业。但石榴在推广、生产过程中由于存在对石榴特性认识不足以及农业生产中劳动力缺乏等问题,导致产业的发展受到了一定的阻碍。为了满足石榴种植者对石榴自身特性的认识及对其简约化丰产栽培技术的需求,特组织编写了《现代石榴简约栽培技术》。

　　本书共分六章,从国内外石榴生产现状、发展前景及存在的问题引出石榴简约化栽培的意义,阐述了石榴的优良品种、形态特征及其生长结果习性,并从目前石榴生产的实际出发,总结了石榴生产中的先进经验。本书结合其他果树生产的先进成果和经验,系统阐述了石榴苗木繁育技术、简约化栽培技术体系、采收及采后贮藏保鲜、加工利用等内容,牵涉到生产过程中园址选择、品种选择、建园、整形修剪管理、土肥水管理、花果管理、病虫害防治、采后技术等技术环节,并从简约化栽培的角度阐述各个生产环节的新模式,为目前规模化生产石榴提供参考。

　　该书面向广大石榴生产人员和科技人员以及相关专业师生。

作　者
2018 年 9 月

目　录

第一章 绪 论

第一节 国内外石榴生产现状、发展前景及存在的问题

石榴（*Punica granatum* L.）是一种集生态、经济、社会效益和观赏、保健功能于一身的优良果树，在我国栽培历史悠久，分布范围广泛，既宜于大田种植，也适合庭院栽培；既能生产果实，又可供观赏。石榴的营养也特别丰富，含有多种人体所需的营养成分，果实中含有维生素 C 和维生素 B 族、有机酸、糖类、蛋白质、脂肪，以及钙、磷、钾等矿物质，越来越受到各国消费者的青睐。石榴皮、籽、花和叶均含丰富的植物化学物质，具有促进健康及防治疾病的作用。石榴是环境绿化、观光果园和生态旅游的良好树种，可促进农民增收、农业增效，发展前景广阔。

石榴为石榴科石榴属果树，有文献报道，其原产于伊朗、阿富汗和高加索等中亚地区，向东传播到印度和中国，向西传播到地中海周边国家及世界各适生地。在我国，石榴的栽培历史悠久，《博物志》记载"汉张骞出使西域，得涂林安国榴种以归"，但根据帛书《杂疗方》记载，在张骞出使西域之前已有石榴栽培。我国学者段盛娘等（1983）、曹尚银等（2012）发现在西藏十分闭塞的峡谷区有古老的野生石榴群落和野生石榴林分布，因此认为，西藏东部也可能是石榴的原产地之一。

一、国内外石榴生产现状

石榴产业发展到现在，已发展成为包括石榴的种植、加工，石榴皮、籽、叶深加工，石榴盆景制作等多方面协同发展的格局。在市场销售过程中，以石榴果的鲜销为主体，石榴的果、皮、籽、叶等的深加工（如制作石榴汁、石榴酒、石榴多酚、石榴精油、石榴茶等）为补充。另外，石

榴根、石榴果实外皮可以入药,石榴皮及叶中平均含有22%的鞣质,能作为鞣皮工业原料及棉、毛、麻、丝等工业的染料;同时,用石榴制成各种保健品、护肤美容品成为热点。印度在石榴的加工产品的研究与开发方面比较成功,开发的产品种类繁多,走在了发展中国家的前列。随着经济全球化的影响,石榴生产的标准化要求越来越高,石榴的质量安全成为关注的焦点。欧盟、美国、日本等发达国家和地区是石榴的消费大国,而这些国家和地区对农产品的进口制定了许多严格的标准,特别是有机标准要求十分苛刻,从生产过程到市场要求全程质量控制,对出口的包装、标识、产品的等级有许多限制条件。重视出口的石榴生产大国都在质量管理方面建立了管理和服务体系。国际上对贸易的农产品的质量控制有许多方法,产地认定是一个关键的环节,产品的检测和认证又是重要的环节。同时出口检验检疫特别重要,产品的质量跟踪标识必须清楚。在国内外果品市场上,石榴一直是水果中的贵族。随着人们生活水平的提高和对石榴营养及药用价值认识的提高,石榴的销量会越来越大。

随着消费者对石榴需求量的日益增加,世界石榴产业得到迅速发展。目前,世界上有30多个国家实现了商业化种植,如印度、巴基斯坦、以色列、阿富汗、伊朗、埃及、中国、日本、美国、俄罗斯、澳大利亚、南非、沙特阿拉伯以及南美的热带和亚热带地区均有大面积石榴栽培。中国石榴主要分布在山东、河南、安徽、陕西、四川、新疆、云南和河北等区域。据最新数据统计,世界上石榴种植总面积超过60余万 hm^2,总产量超过600余万 t。主要的石榴生产国是印度、伊朗、中国、土耳其和美国,这些国家石榴产量占世界总产量的75%。与其他国家相比,印度石榴的优势是几乎可以全年生产并在淡季供应给欧洲国家。

石榴在我国的栽培始于汉而盛于唐,有2 000多年的栽培历史。唐代由于武则天的推崇,石榴栽植达到鼎盛时期,出现了"榴花遍近郊""海榴开似火"的盛况,后因历史变迁,石榴资源遭到严重破坏,全国各地仅有少量零星的栽植,管理也比较粗放,没有形成相应的规模和气候。1978年以来,石榴科学研究工作在我国各地区得到重视,陕西西安临潼区、安徽怀远县、四川攀枝花市和云南蒙自等县(市)相继成立了石榴研究所。山东省果树研究所多年来在石榴种质资源的引进、评价与优良品种选育方面做了大量工作,对石榴种质资源表型遗传多样性、孢粉遗传多样性、分子群体遗传结构与遗传多样性等进行了相关研究。20 世纪 80 年代中期以来,我国石榴产业进入快速发展期。80 年代中期,全国石榴栽培总面积约 4 200 hm²,总产量约 4 000 t。到 1998 年,全国石榴栽培总面积发展到 34 000 hm²,总产量达 49 000 t,总面积和总产量分别增加 8 倍和 12 倍。2012 年,我国石榴种植面积为 12.33 万 hm²,产量达到 150 万 t(印度为 110 万 t)。据不完全统计,到 2015 年,我国石榴栽培总面积共约 12 万 hm²,年产量约 120 万 t。

2010 年,中国园艺学会专门成立了石榴分会,为解决我国石榴产业存在的问题及推动石榴产业更快更好发展提供了一个良好平台。石榴各主产区也通过举办"石榴节""榴博览会"等扩大影响力。相继有河南的河阴石榴(2013)、安徽的塔山石榴(2016)申报注册了地理标志产品。各石榴产区及相关研究单位先后进行了种质资源调查,探明了石榴栽培品种(类型),并筛选、鉴定、推广了一批优良品种,如河南的'河阴软籽'、'冬艳'、'大白甜'、'大红甜'和'大红袍',四川的'青皮软籽'和'红皮',山东的'泰山红'、'大青皮甜'和'大马牙甜',陕西的'净皮甜'和'三白甜',安徽的'玉石籽'和'玛瑙籽',云南的'火炮'和'花红皮',新疆的'叶城大籽'等;同时各地还进行了系统的育种工作。经过长期的自然演化和人工筛选,在全国形成了以新疆叶城、陕西临潼、河南荥阳、安徽怀远、山东枣庄、云南蒙自和四川会理为中心的几大石榴栽培群体。产量较高的四川、云南、陕西、河南、山东、安徽、新疆等省(区)的栽培面积占全国栽培总量的 88% 左右,产量占全国总产量的 90% 以上。为了提高石榴的生产技术水平,国家林业局及各产区也相继出台了相关标准,如国家林业局的《石榴栽培技术规程》(2007)、《石榴苗木培育技术规程》(2010)、《石榴质量等级》(2013),安徽的《石榴高接换种技术规程》(2017)、《塔山石榴栽培技术规程》(扦插育苗技术、建园技术、石榴园管理技术)(2012)、《石榴营养钵扦插育苗技术规程》(2017),河南的《以色列软籽石榴育苗技术规程》(2016)、《以色列软籽石榴栽培技术规程》(2016)、《软籽石榴生产技术规程》(2017)、

《石榴果品质量等级》(2006)，江苏的《石榴分级》(2009)；湖南的《绿色食品(A级)突尼斯软籽石榴栽培技术规程》(2012)，四川攀枝花的《农产品石榴生产技术规程》(2015)、《石榴良种苗木繁育技术规程》(2015)，新疆的《石榴贮藏保鲜技术规程》(2007)、《南疆无公害石榴主要有害生物综合防治技术规程》(2010)、《绿色食品 石榴栽培技术规程》(2010)、《无公害农产品 石榴栽培技术规程》(2010)、《石榴优良品种》(2010)、《石榴低产园改造技术规程》(2010)、《石榴有害生物防治技术规程》(2010)，云南的《建水石榴生产技术规程》(2016)等。

石榴生产除鲜食外，还相继开发了石榴原汁(石榴混浊汁和石榴澄清汁)、石榴浓缩汁、石榴饮料、石榴酒、石榴叶茶、石榴籽提取物等产品，涌现出数十家石榴加工企业，生产的石榴汁、浓缩石榴汁、石榴酒等一系列产品深受国内市场欢迎，有些还出口国外。石榴采后贮藏、加工业的发展对促进石榴产业的良性循环起到了关键作用。结合都市生态农业建设，石榴作为观花、观叶、观果的佳品，在生态园、采摘园建设中也发挥了重大的作用。目前，一些主产县、区已把石榴作为当地农村的一项骨干产业，如河南荥阳、平顶山，山东枣庄峄城区，云南会泽、建水，四川会理，陕西西安临潼区等分别建立了万亩以上生产基地；石榴的发展还渗透到农业综合开发项目中，如河南巩义的"沿黄农业综合开发"，焦作的"太行山旱地农业开发"等，荥阳的"新品种引进与推广"，都把石榴作为主要经济树种栽培。河南新乡、驻马店，山东枣庄，陕西西安，湖北黄石、荆门，广东南澳县(海岛)等城市均把石榴定为"市花(树)"，作为市区重要绿化观赏树种予以发展。

二、石榴发展前景及存在的问题

(一)石榴发展前景

石榴象征合家团圆、子孙后代繁荣昌盛，是中秋、国庆佳节的馈赠佳品。目前，我国石榴总产量不足水果总产量的0.1%，加上石榴鲜果及石榴加工产品出口的不断增加，需求也会日益增大。因此，石榴是市场极为稀缺的珍稀果品之一。此外，在我国的一些地区，还存在大片的丘陵、荒山、滩地等瘠薄土地，非常适合石榴的生产。因此，结合荒山绿化、滩地利用等发展石榴生产,不仅能美化环境,还可增加农民收益。

随着人们对石榴产业的重视,石榴发展面积日益增大,石榴生产技术也逐步标准化,以适应规模化发展的需要。

1. 适地适栽,实现栽培品种良种化

我国石榴栽植区域很广,山地、丘陵、平原、滩地均能栽植,宜根据当地地理气候条件选择适宜品种。选择品种主要考虑当地冬季低温防寒问题、花期遇雨问题及地下水位等问题,如有 1 项或 2 项不能满足要求,需要实施相应的防护措施,如在极限低温低于 - 20 ℃ 的地区要埋土防冻,极限低温低于 - 15 ℃(软籽石榴为 - 10 ℃)的地区要进行防寒保护。引种必须考虑所选品种的原产地地理气候条件,并进行试种后再进行大面积栽培。

2. 科学建园,推进简约化栽培技术

随着劳动力成本的加大,省力化栽培成为我国石榴生产发展的方向。建园时栽植模式要和简约化栽培模式相适应。目前石榴主要推广的栽植密度是株行距 2 m × 4 m 的宽行密株的方式;推广单干双层扁平树形、细长纺锤形、3 主枝或 4 主枝开心形、两主枝开心形(两主干开心形),需要埋土防寒的新疆和田和喀什地区采用多主枝开心形或多主枝扇形。宽行密株的栽培方式使土肥水管理、病虫害防治及采摘运输方面有条件实现机械化。

3. 坚持"预防为主,综合防治"原则,积极推广物理防治,科学使用化学防治

加强树体管理,提高树体自身抗病虫能力;合理间作,或铺设地布抑制杂草丛生或田间种植豆科植物抑制杂草;做好清园工作,减少病虫藏身之所。积极推广黑光灯、性诱剂等方法进行害虫的预测和杀灭。合理使用化学防治方法,要根据各地区气候特点,掌握病虫害发生发展的规律,抓住关键时期防治。

4. 推广标准化技术,适应规模化生产和市场的需要

随着石榴种植规模的扩大,生产标准化成为必然。市场需要满足标准的批量产品,因此要根据各地情况结合国家的相关标准制定满足国内国际市场需求的地方标准或行业标准。另外,加强与国际标准组

织(ISO)和经济合作与发展组织(OECD)的合作,积极与美国、土耳其以及欧盟等主要石榴产销国和地区的标准化组织、石榴进出口组织建立广泛合作,促进我国石榴标准化工作与国际石榴标准和市场接轨。

5. 推进采后冷链技术的应用,加强加工品的研制

冷链技术的应用是石榴最终消费品质的保证。采后预冷加冷藏车运输到冷库贮藏直至到消费者手中,要保证果实处于适宜保鲜的环境中,一旦断链容易发生果皮褐变和果品品质劣变现象。随着我国石榴种植面积和产量的扩大,石榴汁、石榴酒、保健品等加工产品的研发,将成为石榴规模种植和可持续发展的推动力。

(二)石榴产业发展中存在的问题

第一,石榴生产标准化普及率不高,造成果品质量不一。市场需要规模化的生产,而目前大多数产区一家一户的生产亟须进行标准化规范。各地也需要根据地方特点结合国家或行业相关标准制定相应的地方标准以规范石榴生产,提升果品质量。标准化的普及尚缺乏龙头企业的带动,农户的生产缺乏监督管理,生产的果品市场竞争力较差。

第二,不同产地所选优良品种相对单一,造成成熟期相对集中。尤其在种植面积大的地区,大批果品集中上市,给市场造成了一定的压力。另外,由于市场行情的变动,单一品种应对市场的能力也较差,对石榴生产者来说,也会是极大的风险。因此,选育不同成熟期的优良品种是品种选育的方向;在种植面积超出一定范围时,品种多样化是良种选择的方向。

第三,病虫害防治仍存在问题。大多数石榴产地在病虫害预测预报方面缺乏规范的措施,防治很难准确及时;大部分产地,病虫害防治机械落后,喷药速度慢,雾化效果差,喷药效果受喷药人的影响较大;另外,一家一户的病虫害防治也导致病虫害的发生此起彼伏,难以奏效。因此,应采用专业化的植保队伍。

第四,栽培管理工作繁重。石榴每年的除萌蘖、新梢管理、土肥水管理、花果管理、整形修剪、采收等多项工作都要求大量的工作人员,而劳力成本的增加也使石榴果园的现代化提到日程上来,因此栽植模式的改变、小型农业机械的使用、微喷滴灌以及水肥一体化的应用、简约

化栽培技术的配套等都是目前要重点解决的问题。

第五,采后冷链系统不完善。石榴在采收、收集过程中温度过高,导致病害发展迅速,果实衰老加速。贮藏、运输、销售过程中,高低温交替,导致果实结露现象严重,果皮褐变明显。

第六,石榴新品种的引进较为盲目。品种有一定的适应性,我国地域辽阔,各地气候、土壤等千差万别,引种要考虑品种特性及原产地条件,并结合当地条件科学引种,以免引种不当造成巨大经济损失。

第七,石榴科研方面投入不足,发展后劲亟待加强。育种方面需要做的工作如下:全国资源的收集保存,可以为育种提供服务,也可以防止资源流失;利用分子生物学手段,辨别石榴品种和变种,消除品种名称混乱的情况;根据各地特点,确定育种目标,利用各种育种方法选育适合当地发展的石榴品种;积极引进优良品种,进行品种适应性试验,为当地提供或储备可以更新换代的品种。栽培方面,适合现代化栽培的定植模式、整形修剪方法、树体管理、病虫害防治等方面均需要进行研究和先进方法的集成。采后的无伤检测、贮、运、销中保鲜技术的应用及加工等方面的投入明显不足。

第二节　石榴简约化栽培的意义

果树的简约化栽培又叫省力化栽培,是在种植者老龄化及妇女化严重,农村劳动力缺乏、劳动力成本日趋增加的形势下提出的栽培方式。简约化栽培的目标是在不影响生产数量和质量的前提下,减轻劳动作业的强度和减少劳动作业的时间。简约化栽培起源于日本,目前在我国柑橘、苹果、桃、核桃、葡萄等果树栽培过程中都有不同程度的应用,有关简约化栽培的具体作业及其效果也在不断研究发掘中。随着石榴产业的发展,种植面积不断扩大,而农村劳动力成本日趋增加,石榴的简约化栽培成为必然趋势。

一、石榴传统栽植方法及弊端

(1)栽植密度过高,管理不便。石榴种植株行距多为 2 m×3 m,成龄后造成行间郁闭,病虫害发生较为严重,土肥水管理、病虫害防治及采摘等都有不便,有些操作的机械化难以实施,造成劳动强度大、劳动时间长。

(2)土壤管理以清耕法为主。除建园初期间作花生、大豆等农作物外,结果后,多采用清耕法。清耕法使果园土壤长期裸露,保水肥能力差,土壤有机质增加缓慢。清耕除草用工量大,过密的株行距也导致劳动强度加大。

(3)根蘖去除多采用人工刨除。这项工作费时费力,还容易伤害主干,造成病害的发生。

(4)水肥管理中秋施基肥未充分腐熟,除有些种类的有机肥造成烧根现象外,有机肥中残存的一些病菌和害虫也对石榴树体造成一定的危害;追肥和灌水分开进行,不仅花费人工,肥料也不能充分有效利用。

(5)整形修剪以冬剪为主,生长季节修剪管理不够。造成冬季修剪量大,营养浪费严重。

(6)花果管理中为了减少病虫由萼筒进入果实,有些产区采用萼筒内塞药泥或药棉的方法,这种方法所产的果实农药残留较大,而且塞药泥所产果实在采收后的贮藏、运输、销售过程中容易产生病害,这种方法应淘汰;有些产区(如四川会理、陕西临潼)普遍采用套袋的方法减少病虫侵入和病虫害防治的次数。目前,河南荥阳产区普遍采用在定果后掏花丝的方法,该方法所产果实萼筒内干净,在贮藏、运输、销售期间不易产生病害。但无论套袋或掏花丝所需工作量都偏大,所需人工较多。

(7)病虫防治中预防意识薄弱,多为被动防治,且以化学防治为主;防治多分散进行,没有统防统治,造成病虫发生频繁,尤其是老产区。

(8)石榴鲜果的采收多靠人工,用工量大,尚无很好的解决办法。采摘后的收集也多靠人工,劳动强度大,尤其在密植的果园,负重前行显得尤其艰难。

二、石榴简约化栽培的相关措施及优势

（1）施行宽行密株栽培，树形改为单干双层扁平树形。石榴种植株行距改为 2 m×4 m，树高控制在 2.7～3 m。成龄后行间枝梢有 30 cm 的距离，方便通行。打开行间距离，通风透光，不仅病虫危害减少，也方便了田间的土肥水管理、病虫害防治、修剪、采收等操作。

（2）土壤管理采用行内铺设园艺地布除草，行间生草或行内覆草的方法，可大大减少除草等管理用工，还可积蓄肥力、保持水土。

（3）根蘖去除采用敷设园艺地布的方法，利用黑色地布的阻光作用，抑制根蘖的萌发和生长；其次采用国家允许使用的内吸式除草剂。这项工作对于石榴来说，可降低劳动强度，减少用工。

（4）水肥管理中采用滴灌、喷灌等节水灌溉系统，不仅可以根据果树需水量进行灌溉，减少深层泄漏，减少肥水流失，还可减少投工量。对于水溶性肥料采用水肥一体化系统进行管理，提高肥料利用率，减少重复用工。尤其在山区或丘陵地带，采用这些水肥管理系统尤为重要。另外，利用宽行栽植的空间优势，进行机械化作业，将人从繁重的劳动中解放出来，如机械运送有机肥、机械挖沟、开沟机施基肥等。

（5）简化整形修剪手段。简化树形，减少级次，以细长纺锤形或单干双层扁平树形为主；简化修剪，变冬剪为主为四季修剪；修剪手法以疏枝为主，冬季疏除弱枝、下垂枝、背上徒长枝和过旺枝，夏季疏除过密枝，适当采用拉枝、拿枝等手段调整枝条角度和位置。该修剪手法简单易学，在石榴（对生芽，且成枝力强）整形修剪上作用更大。机械化的修剪手段可以大大减少人力投入，但仍需要进行研究和摸索。

（6）病虫防治中要根据病虫害发生规律，结合当年气候条件，采用科学手段进行预测预报，在病虫害发生初期及时开展预防，减少喷药次数。冬季清园并喷石硫合剂铲除剂减少病虫越冬基数。利用黑光灯或频振式杀虫灯诱杀桃蛀螟等鳞翅目成虫；利用昆虫的趋色性，悬挂黄板、蓝板等粘虫板粘杀有翅蚜、白粉虱、斑潜蝇、叶蝉等害虫；利用昆虫的趋味性，设置糖醋液诱杀金龟子、地老虎等成虫；利用性诱剂诱杀苹小、桃小、梨小食心虫等雄成虫。喷施农药采用弥雾机，不仅效率高，且

雾化效果好,喷洒均匀可靠。

(7)果实采摘后的收集可利用宽行密植的空间优势,利用机械运输,降低劳动强度。

第二章 石榴的优良品种

第一节 选择石榴优良品种的要求

石榴生产的基本要求,可概括为3个方面:品种、环境和技术,即选择优良品种,选择合适的生态环境,采用配套、先进的栽培管理技术。优良品种是石榴生产的基本要求。

石榴为多年生果树,选择优良品种,是保证一个石榴园十几年甚至几十年产生高效益的前提和基础。在相同投资和管理水平的基础上,选择优良品种,其产量和产值都会比劣品质品种高得多。我国南、北方均有各地的优良品种,而且近年来各地也选出或引进了许多新优的品种和变异类型,具有较广阔的推广和应用前景。

石榴种质资源的收集、保存,是整个石榴产业的基础性工作。目前,在世界范围内有伊朗、美国、土耳其、突尼斯、以色列、阿富汗、印度、中国、土库曼斯坦、乌兹别克斯坦、泰国、塔吉克斯坦、乌克兰、阿塞拜疆、俄罗斯、阿尔巴尼亚、法国、匈牙利、德国、葡萄牙、意大利、西班牙、希腊、埃及等24个国家,收集石榴品种、种质5 600余份(含国与国之间、国内石榴种质资源圃之间互相引种重复的部分)。

在2 000多年前,石榴经丝绸之路传入我国,经过长期的驯化栽培,形成了山东、陕西、河南、云南、安徽、新疆等几大石榴栽培区,据资料显示,品种超过230个(Yuan et al.,2007)。现在山东峄城国家石榴种质资源圃已收集品种资源达291份。

目前生产上选择的优良品种,多为鲜食或鲜食兼用品种。选择的优良石榴品种一般具备以下基本特征:①品质优。果实外观和风味品质要好;果个大,平均果重300 g以上,整齐度好;色泽美观,果面光洁,皮薄,汁多,味甜,籽粒大,核小、软子或半软子。②早果、丰产性好。具体表现为树体紧凑,易形成花芽,进入结果期早,扦插苗 2~3 年开始结果,产量高且连续结果能力强。③适应性好。抗寒、抗旱、抗涝、抗病虫、抗瘠薄和盐碱,不易裂果,即使在当地较为恶劣的环境条件下,仍可基本保持其优良性状不致丧失。④耐贮藏运输。长期贮藏仍可保持石榴的新鲜度。

第二节　石榴的品种资源

优良品种是根本,也是石榴园高产优质的内因,自然生态环境和栽培技术条件是高产优质的外因。只有选择了优良品种,才能从根本上保证获得高产优质;没有优良品种,即使再先进的科学技术,再好的生态条件,也不可能实现高的经济效益。优良品种是果树生产的关键。在石榴生产中,只有采用优良品种,才能保证石榴的高产、优质,在果品市场中才能立于不败之地。

石榴在我国南、北各地均有分布,长期的驯化形成了各地不同的种和名优特品种。

一、石榴的种类

栽培石榴品种,从大的方面可以划分为花石榴和果石榴两类。

(一)花石榴

花石榴有重瓣和单瓣之分,花色不一,有红、黄、白、粉、红花杂色等,还有矮化变种即所谓的观赏性矮石榴。其中有很多花石榴的品种或品系,花虽美丽,但大都花而不实,或虽能结果,但不丰产,或果实的食用价值较低,不能作为栽培果树来进行利用,故其品种分类和记述属花卉园艺范围。

(二)果石榴

果石榴的品种很多,目前仅从果实风味、花色、籽粒颜色、果皮颜色等进行分类。

1. 果实风味

从果实风味分,可分为甜石榴和酸石榴。目前生产中主要推广的为甜石榴品种。有些酸石榴品种尽管外观十分漂亮,但籽粒小、味过酸,只能作药用或育种资源,其经济栽培价值远不如甜石榴品种。

2. 花色

从花色来分,果石榴可分为红花种和白花种。一般红花种生长势强、果形大,品质优于白花种品种,故栽培品种中多为红花品种。

3. 籽粒颜色

从籽粒的外种皮的色泽上来分,可分为白籽、红籽、紫籽、黑籽、淡红籽、绿籽等。

4. 果皮颜色

从石榴果皮颜色上分,可将石榴分为水晶石榴(果皮黄白色,籽白色)、刚榴(果皮黄白色,籽白微红)、红石榴(果皮紫红、红色,籽鲜红)等。一般栽培石榴以红果石榴栽培面积大,在市场上多受欢迎。

二、石榴的品种

目前,根据有关石榴品种的资料,分布于我国南、北各地的石榴品种资源90%以上为结实品种,即果石榴品种,少数为观赏性石榴品种。在此介绍一些栽培石榴的主要品种和品系,以供引种者进行选择。

(一)传统名优品种

1. 天红蛋

该品种为陕西省西安市临潼区最优良的品种之一。其树势健壮,树姿开张,树冠较大,呈半圆形,抽枝力强。花为红色,花瓣较小。果形圆而略扁,萼片直立、开张或抱合。果很大,正常年份普通果重为430～470 g,最大果重可达750 g左右。果皮较厚,表面不太光滑,呈深红或紫红色,甚是美观;籽粒较大,鲜红色,呈三角形,百粒重30.7 g,汁多,味甜,可溶性固形物14%～16%,品质极上。种核大而硬。在原产地,3月下旬萌芽,5月上旬至7月上旬开花,9月中下旬采收,耐贮藏,一般条件下,可贮藏到次年的4月。该品种抗风、丰产稳产,通常成年树株产90～100 kg,为出口创汇的主要品种之一。采收前或采收期遇连阴雨时裂果较轻。

2. 笨石榴

该品种为安徽省濉溪县栽培最多的优良品种。主要分布于安徽省淮溪县濉西乡的黄里一带,占当地石榴栽培总面积的50%左右。该品种植株生长强壮,叶片小,叶浓绿,甚丰产,10年生树可结果50～100kg。抗寒性较强,果实特大,平均果重在500g左右,果实圆形,底部多有4条棱。果皮底色青绿,阳面紫红,表皮光滑,无锈斑,皮较厚,不易开裂;籽粒大,百粒重50g,粉红色,且从里向外有放射状线,汁多,味浓甜,核较硬,品质极上。

此品种在当地4月上旬萌芽,5～6月开花,果实9月底成熟采收,其耐贮性极强,可贮藏经年。

3. 三白石榴

该品种为山西省南部临猗、运城、稷王山一带的主栽品种。由于花、果皮、籽粒均为白色,故名"三白石榴"。此品种生长旺盛、丰产,果实中等大小,一般单果重250～350g,最大果重505g,圆形。果皮绿白色,皮较厚,籽粒大,百粒重22.6g,汁多,味甜,可溶性固形物15%～16%,品质上等。果实成熟期不一致,易裂皮。当地4月上旬萌芽,5月上旬至6月下旬开花,9月下旬成熟采收。耐贮藏,一般可贮藏到次年的3～4月。但采收期遇连阴雨易裂果。

4. 软籽石榴

该品种在山东省枣庄市及陕西省西安市临潼区及安徽省等产区均有栽培,为当地优良品种。该品种枝条针刺少,叶片大,产量高。果实较大,近圆形,单果重可达500g以上,多汁,味甜,品质上等。种子退化变软,可以食用,即称为软仁或软籽石榴。该品种果实8月下旬成熟,为名贵品种,宜推广发展。

5. 净皮甜

该品种为陕西省西安市临潼区的优良品种,又称"粉皮甜"石榴。该品种植株树势强健,耐瘠薄,抗寒、抗旱;树冠直立,叶大、绿色;产量中等;茎刺少;萼筒,花瓣红色;果实大,圆球形,一般单果重250～350g,最大果重750g;果皮为粉红色,光亮净洁,底色黄白,阳面呈粉色或红色彩晕,萼片开张或抱合,少数反卷,外表美观;果皮薄,籽粒大,百粒重 36.4 g,呈粉红色;汁多,浆果味甜;可溶性固形物 14% ~ 16%,品质极上。当地 3 月底萌芽,5 月上旬至 7 月上旬开花,其果实 9 月上中旬成熟。因果色艳丽,风味优美,所以栽培面积较大。但是,如果成熟期遇雨,果实易裂果。

6. 大青皮甜石榴

该品种又称铁皮,为山东省枣庄市峄城区的主栽品种,树体高大,树势健壮,多年生枝灰白色,一年生枝浅灰色,叶片倒卵形,叶色浓绿,喜光,多以外围粗壮的枝条结果,坐果率高,内膛弱枝也能成花,但发育不良,花而不实。果个大,单果重 400 ~ 600 g,最大果重 1 350 g。梗洼平,果皮厚 3 ~ 5 mm,果面黄绿色,稍有褐斑,向阳面着红晕。每果有籽 500 ~ 700 粒,百粒重 33 g,鲜红色,味甜,含糖量 14% ~ 15.5%,品质极上。9 月中下旬成熟。该品种产量高,可大量发展,但光照不良或湿度过大时,果实易产生锈斑。

7. 大红袍石榴

该品种为河南省郑州市、巩义市一带的优良品种。其植株生长健壮,树势较强,较丰产。果实扁圆形,平均果重 270 g 左右,最大果重可达 480 g。果皮红色,无锈斑,籽粒紫红色,籽大,百粒重 37.6 g。汁多,味甜,含糖量 10.9%。该品种果实耐贮藏运输,品质上等,为山区、丘陵地区适宜发展的品种。

8. 河阴软籽石榴

该品种为河南省郑州市、荥阳市、新乡市等地栽培的优良品种。其生长势健壮,丰产性好,果实圆形,平均果重 243 g,最大果重 340 g。果皮黄色,有褐色块状果锈。籽粒大,核较软,百粒重为 42.4 g,汁多,味甜,含糖量 11.6%,品质上等。

9. 河阴铜皮石榴

此品种主产区在河南省荥阳一带,植株树势健壮,丰产性好。果实圆形,平均果重 194 g,最大果重 333 g。果皮黄色,光滑清亮,有粒状果锈。籽粒红色,中大,百粒重 33 g。汁多,味甜,含糖量 13%。该品种品质上等。9 月成熟采收,耐贮藏运输,是河阴石榴的代表品种,宜在黄土丘陵地区推广。

10. **大红甜石榴**

该品种为陕西省西安市临潼区的主要品种。植株树势强健、抗病、丰产。叶大、浓绿,花瓣、萼片朱红色,果实圆形,单果重 300~400 g,最大果重可达 620 g。果皮较厚,底色黄白,果面光洁,彩色浓红,外形极美观。籽粒大、红色,百粒重 37.3 g。味甜汁多,可溶性固形物含量 15%~17%,品质极上。该品种果实 9 月上中旬成熟,耐贮藏,因特耐旱,故可作为沙区优良品种。

11. **大钢麻籽石榴**

该品种主产于河南省封丘县。清朝时期即为进贡的上品。该品种树势健壮,果实个大,平均果重 350 g,最大可达 750 g。果实圆形,果皮青绿色,阳面为红色。皮薄、籽粒大,呈红色。汁多,味甜,含糖量 14%。丰产性好,品质极上。果实 9 月下旬成熟采收,耐贮藏运输,出口港、澳及东南亚地区。

12. **青皮软籽**

该品种为四川省会理县的主栽品种。该品种树冠半开张,树势强健,枝条粗壮,茎刺和萌蘖少。多年生枝条灰褐色,叶片狭长椭圆形,叶片大,叶色浓绿,花粉红色。果实圆球形,较大。单果重 600~750 g,最大果重可达 1 050 g。果实阳面呈红色或鲜黄色彩霞,底色呈青黄色,外形美观。果皮薄,籽粒水红色,百粒重 52~55 g,核仁软且小。当果实充分成熟时,果汁极多,内有"针芒"。口感细嫩,甜香,味浓。可溶性固形物 15%~16%。维生素 C 含量 24.7 mg/100 g。在四川省会理县 2 月中旬萌芽,3 月中下旬始花,8 月中旬成熟。

13. **会理红皮石榴**

该品种为四川省会理县的优良品种之一。其树姿半开展,嫩枝淡红绿色,较粗壮,叶片绿色较大。花红色。果实较大,呈圆形,单果重 350 g,最大果重 610 g。果形端正,略有棱。果实表面鲜红色,果皮底色黄白,萼筒周围色彩更浓。果肩有油浸状锈斑,萼片多闭合。果皮中厚,较疏松。籽粒马牙状,大而鲜红,透明,具放射状花纹。百粒重 53~58 g,种仁小而软,汁液极多,口感浓甜有香味。可溶性固形物含量 14.5%~15.0%,品质优。果实大小整齐,成熟期相对比较一致。

在当地气候条件下,于 2 月中旬萌芽,3 月中下旬开花,8 月上中旬为采收期,10 月下旬开始落叶。

14. 乾县御石榴

该品种主要分布于陕西省乾县、礼泉一带。其树势健壮,枝条直立性强,树冠半圆形,多年生枝条灰褐色,一年生枝条浅褐色,主枝、主干上常有突起的瘤。叶片长椭圆形,较小,叶色浓绿。果实大,呈圆球形,平均果重 750 g,最大果重 1 500 g。萼片抱合。果实表面光亮洁净,向阳面呈浓红色,底色为黄白色。果皮较厚,籽粒红色且较大。汁多味甜偏酸,品质上等。当地 4 月中旬萌芽,5 月上旬至 6 月下旬开花,成熟期为 10 月上中旬。

15. 鲁峪蛋

该品种主产于陕西省西安市临潼区。其树势强,树冠较大,旺枝粗壮,营养枝细柔易垂,茎刺少。多年生枝灰褐色,一年生枝条灰色,主枝、主干上老翘皮脱落。叶大阔卵圆或长椭圆形,叶色深绿。花瓣鲜红色。果大,近圆形,平均果重 250 ～ 350 g,最大果重 565 g。果实表面稍粗,底色为绿黄色,向阳面具紫红色条状彩晕。果皮较厚,籽粒为红色,汁多,味甜,百粒重 22.2 g。核大而硬,可溶性固形物 11% ～ 12%,品质中上。果实极耐贮藏。在当地条件下 4 月上旬萌芽,5 月中旬至 7 月上旬开花,采收期为 10 月上旬,故也称为冬石榴。采前遇阴雨裂果轻。

16. 甜绿子石榴

该品种为云南省蒙自、个旧地区栽培的优良品种。其植株较小,树势中等,在云南休眠期较短。果实呈圆形,平均果重 216 g。果实表面黄绿色,向阳面有晕。萼片开张,果皮不太光滑,有较多锈斑。果皮较薄,仅有 1.9 mm,籽粒红色,甜而且较大,百粒重 52 g。核软,种子小。口味甜香爽口,可溶性固形物 13%,汁多,渣少。当地头茬花果 6 ～ 7 月成熟,二茬花果、三茬花果 8 ～ 9 月成熟,单株产量高。北方引种注意防寒。

17. 青壳石榴

该品种为云南省巧家地区品质较好的品种。果实大,平均果重

312 g,最大果重可达 560 g。萼片开张,果皮表面青绿色,阳面呈紫红色,果面光滑,皮薄(厚 0.3 cm)。籽粒大,略圆,水红色,汁多,味甜,不易裂果,耐贮藏,成熟期为 8~9 月。北方引种注意防寒。

18. 铜壳石榴

该品种为云南省巧家地区优良品种,与青壳石榴相似。该品种果大,平均果重 325 g,最大果重 406 g。果皮底色黄绿色,向阳面或果实全果为红铜色,故称为"铜壳"。果实萼片开张或闭合,果皮光滑致密,皮薄耐贮藏。籽粒大,水红色,汁多,味甜,品质优良,不易裂果。果实成熟期为 8~9 月。北方引种注意防寒。

19. 胭脂红石榴

该品种为广西梧州市的优良品种。其植株高大健壮,果实大,果顶为罐底形,又称"罐底石榴"。果面上端带粉红色,故叫胭脂红。果皮厚,籽粒白色,味甜并有香气,品质优良。产量高,单株产量可达 150 kg以上。抗病虫,适于南方地区栽种。北方地区引种注意防寒。

20. 叶城大籽甜石榴

该品种主要产于新疆叶城县,又名新疆大籽,是新疆叶城、疏附地区的优良品种。该品种树势健壮,树冠直立,枝条茎刺较少且粗壮,叶片绿色、较大。果实极大,平均果重 450 g,最大果重 1 000 g。果实表面全果鲜红色,萼、花均为鲜红色,萼筒粗长,萼片直立或抱合。果面光洁,皮稍厚。籽粒浓红色,百粒重 42 g,味甜,汁多。可溶性固形物 16%,品质极优。9 月下旬成熟。

21. 玛瑙籽石榴

该品种为安徽省怀远县的名贵品种。其树势强健,枝条粗壮,叶较大,深绿色。果实中大,圆球形,平均果重 235 g,果底稍尖,有 5~6 条明显纵棱。果皮底色黄,有部分红晕和锈斑。皮薄,粒大,玉白色,内有淡红色玛瑙光泽。汁多,味浓甜,种子稍软,品质上等。成熟期在 9 月下旬至 10 月上旬,丰产性好。

22. 玉石籽

该品种产于安徽省怀远市。其树势中庸,枝条健壮,叶深绿。果实圆形至扁圆形,平均果重 248 g。果实底色黄绿,稍带红晕。籽粒大,玉白色,皮薄,汁多,味浓甜且有香味。种子软,品质上等。8月下旬至9月上旬为采收期,但不耐贮藏。该品种于砾质山坡地栽植好,但抗性稍弱,对肥水条件要求稍高,为安徽省名贵品种之一。

23.晋南江石榴

该品种为山西省临猗县的优良品种。其树体高大,树冠自然圆头形,树势强健,枝条直立,易生徒长枝。多年生枝条深灰色,叶浓绿较大。果实端正呈扁圆形,平均果重450 g左右,最大果重达700 g。果实鲜红色,表面光洁,皮厚。籽粒大、深红色、核软,口味甜,微酸,品质上等,但不抗病,应注意防治病虫害。

24.华墅大红石榴

该品种是主产于浙江省富阳市的石榴品种。其幼树生长势强,成年树树势中庸。果实有5条棱,近圆形,果皮鲜红色。头茬果单果重189 g,最大果重250 g,二茬果单果重132 g,三茬果单果重仅66 g。花朵鲜红色、花径大,花期长达5个月。当地4月上旬萌芽,5月上旬开花,9月下旬果实成熟,年结果3次。果实汁多,味甜,可溶性固形物为16%。该品种早果丰产,2年生树平均株产2.5 kg。成年树株产在50 kg以上。抗病虫,适应性强。栽后2年开花,3年投产,连续结果能力强。该品种北方引种时注意冬季埋土防冻。

25.重瓣花石榴

该品种为山东省枣庄市的石榴品种。其树势较弱,树冠较小,树高2.5~3.0 m。树姿开张,枝条细柔,稀疏。叶色深绿,叶大,茎刺少。花冠硕大,瓣多密生,呈粉红色,有皱褶。花枝细长下垂,花序绣球状。果实红色,圆形,单果重200~300 g,皮薄味甜,品质佳。一般原产地3月下旬萌芽,5月上旬至7月下旬开花,花期长。9月上中旬果实采收。

26.会泽石榴

云南省会泽石榴是包括火炮石榴、花红皮石榴、会泽绿皮石榴在内的云南省会泽县乌蒙山系石榴品种。

(1)火炮石榴。果实亚球形,平均果重356 g,最大果重1 000 g。果皮鲜红,萼筒闭合。籽粒大,百粒重44.5 g,果粒深红色,味甜,仁软,可溶性固形物为15%~16%,耐贮藏运输。

（2）花红皮石榴。平均果重400 g,圆形,果皮黄绿色带红晕,鲜艳光亮。果皮中厚,籽粒大,百粒重43.9 g,核软,可溶性固形物含量15%,较耐贮藏,抗病。

（3）绿皮石榴。平均果重404 g,萼筒开张,圆形果,果实表面光洁,底色黄绿,阳面红色。皮中厚,籽粒大,百粒重39 g,可溶性固形物14.5% ~16%,耐贮藏运输。适合于云南各地及类似气候条件下栽培。

27. 开远汤碗石榴

该品种产于云南省开远地区。树姿直立,生长旺盛。1 年生枝灰白色,茎刺稀,叶浓绿,叶片大。花有2 种花,即两性花和雄花。花瓣大红色,花冠大。平均果重410 g,最大果重1 000 g。果实周正圆形,萼筒开张,果皮鲜红色,基本无果锈,外表美观。果皮薄,粒大,百粒重36.33 g,果肉紫红色,味甜,多汁,可溶性固形物13.5%,品质上等。农民用传统挂藏法(果实成熟后,把果枝半扭断,2 d 后留拐把采下果实,用火烘烤萼筒,杀死其中蛀虫,或放于沸水中烫1 ~2 min,挂在通风冷凉的室内)可贮藏6 个月。引种栽培时,应注意防寒。

28. 大红酸石榴

该品种主产于陕西省西安市临潼区。占当地石榴资源的2%左右。其树体生长健壮,树冠高大,呈半圆形。其枝条粗壮,刺少,抽枝力较强。主枝、主干上易产生瘤状突起物。叶片大、绿色,多年生小枝灰褐色。花萼大,花朵红色。果实球形,特别大,单果重500 ~1 000 g,最大果重1 500 g。果皮底色黄白,果面整个着鲜红色,异常美观,光洁无锈。后熟后籽粒鲜红色,汁多,籽小,味极酸,含酸量可达2.73%,可溶性固形物10% ~12%,裂果很轻,极耐贮藏。9 月下旬为采收期,适应性较强。主要用于加工和药用,不宜鲜食。

（二）选育的优良品种

随着人们对石榴营养、药用、绿化、美化价值越来越多的认识,各地为了适应石榴发展的需要,开展了资源的调查及新品种的选育工作,尤其是陕西省临潼石榴研究所、河南省开封市农林科学研究所、山东省果树研究所等单位先后开展的研究工作较有成效,相继育成了一些具有较高推广价值的优良品种和品系。

1. 临选 1 号

该品种为陕西临潼 1984 年品种评优时发现并推出的类型,1991 ～ 1993 年石榴节品种评优时连年夺魁。属净皮甜石榴的优良变异。其树姿开张,树势中庸稍强。1 年生枝条为浅灰色,枝条粗壮,刺少。叶片绿色,叶面积较大,披针叶或长椭圆形。果实大,圆球形,平均果重可达 334 g,最大果重 625 g。果皮粉红色到鲜红色。籽粒较大,水红色,百粒重平均 47 g,最高 51 g。汁多,味甜,核较软可食,近核处“针芒”多,可溶性固形物为 14% ～ 16%,品质优良。此品种植株丰产稳产,退化花少,结实率较高。但采收期遇雨,易出现裂果现象。该品种在陕西省西安市临潼区 4 月 1 日左右萌芽,5 月上旬至 6 月中旬开花,9 月中下旬果实成熟,10 月下旬落叶。

2. 临选 4 号

该品种是 1983 年资源调查时,在陕西临潼发现的优良单株。其树冠半圆形,树姿开张,树势中庸,一年生枝灰褐色,枝干粗壮,刺少,叶大浅绿。属净皮甜石榴的优良变异。果实较大,圆形,平均果重 320 g,最大果重 630 g。果面鲜红或粉红,底色黄色,果皮薄且光洁美观,萼筒直立或稍抱合。籽粒大,红色,百粒重 51 g,最高可达 56 g。该品种汁多,味甜,仁软可食用。可溶性固形物 14% ～ 16%,品质上等。同时此品种丰产性好,连续结果能力强。原产地 4 月 1 日左右萌芽,5 月上旬至 6 月下旬开花,9 月中旬果实成熟。采收期如遇阴雨则易裂果。因其表现优良,在当地优先推荐为优良品种。

3. 临选 14 号

该品种是陕西临潼于 1989 年田间调查时发现的天红蛋的优良单株。此品系树冠较小,树姿直立,树势中庸。枝条灰褐色,茎部刺较多且坚硬。叶小浓绿。其果实偏大,圆形,平均果重 370 g,最大果重 720 g,果面光亮洁净,全果浓红色,果皮厚,外形美观。萼筒开张,或有反卷。籽粒为深红色,大粒,百粒重平均达到 55 g,最大 61 g,汁多,味甜,仁较软。果汁中可溶性固形物 14% ～ 15%,品质极佳,表现丰产稳产。临选 14 号为耐贮藏品系,加之外形美观,其商品性能极好。原产地 4 月 3 日左右萌芽,5 月中旬至 6 月下旬开花,成熟期在 9 月下旬至 10 月上旬。但成熟期遇阴雨天气有轻微裂果现象。此品系为陕西省西安市临潼区最有前途的更新换代品种。

4. 临选 8 号

该品种是陕西临潼于 1981 年品种资源调查时发现的三白石榴的优良芽变类型。此变异植株树冠较大,树势中强。茎刺少,节间长,枝条呈浅灰褐色,叶片大而浓绿。果实圆形,较大,平均果重 330 g,最大果重 620 g。果实表面光滑洁净,呈黄白色底色,果皮中厚,具有美观的外形品质。萼筒呈直立状或开张或稍抱合。籽粒白色,较大,百粒重 41 g,最大 44 g。汁多,味甜,口感清爽。其核软化可食。近核处"针芒"较多。果汁含可溶性固形物为 15% ~ 16%,较耐贮藏,品质上等。其连年结果性能强,表现出较好的丰产稳产性。在原产地 3 月下旬萌芽,花期在 5 月上旬至 6 月下旬,果实成熟期在 9 月中旬。此品种成熟期如遇阴雨裂果较轻,是很有发展前途的品种。

5. 临选 2 号

该品种是陕西临潼 1982 年果树资源调查时于秦皇陵南半山坡地石榴园发现的净皮甜的优良变异单株。此树冠较大,树姿开张,树势中庸偏弱。1 年生枝条青灰色,茎刺较少,枝干粗壮。叶片绿色、较大。其果实圆形、较大,平均果重 306 g,最大果重 613 g。果面鲜红色,底色为黄白色,萼筒直立、开张。果皮较薄,籽粒较大,呈鲜红色到红色,平均百粒重 46.2 g,最重 50 g。汁多,味甜,核半退化变软可食,近核处"针芒"多,可溶性固形物 14% ~ 15%,口感好,品质优,而且耐贮藏,较抗病,连续结果能力强,表现丰产稳产。在原产地 3 月底萌芽,5 月上旬至 6 月中旬为开花期,果实采收期一般在 9 月中旬至下旬,10 月下旬开始落叶。但采收期如遇阴雨天易出现裂果现象。

6. 峄红 1 号

该品种是山东省枣庄市峄城区于 1987 年果树资源调查时发现的优株。其树龄为 40 年生,树体较小,长势较弱,2 次枝少,干高 81 cm,树高 2.7 m,生长在山坡梯田坝沿上。冠幅为 3.1 m×2.8 m。树冠开张,小枝呈水平生长,叶片椭圆形,叶色绿色或浅绿色。果实近圆形,果面红色到鲜红色。果大,平均果重 350 g,最大果重 720 g。皮薄,籽粒鲜红,百粒重58 g,最重62 g。种仁变软,可溶性固形物16.5%,口感甜,品质极上。在当地气候条件下的成熟期为9月中旬,较稳产,是具有希望的优良单株,但果实不耐贮藏。

7. 泰山红

据山东省果树研究所资料,该品种是1984年在泰山南麓庭院内发现,来源不详。据考其母株已有140余年树龄,但仍枝繁叶茂。4主枝丛状树形,树高6 m。枝条开张,叶大宽披针形。花为红色单瓣型。果实较大,一般果重可达400~500 g,最大果重为750 g。果实表面鲜红色,而且洁净有光泽,萼片闭合,多为6裂。皮厚0.5~0.8 cm,籽粒鲜红色,籽大,仁小,平均百粒重54 g。可溶性固形物含量为17%~19%,汁多,味甜,种仁半软化,风味极佳,品质上等。果实较耐贮藏,而且据连续7年结果特性观察,其丰产稳产性好。采收期遇雨无裂果现象。该品种6月上旬开花,1次花多,6月底出现少量2次花,可自花授粉。在当地气候条件下,9月下旬到10月初为果实成熟期。

泰山红品种栽后翌年开花株率为90%~100%,结果早,每株可挂4~6个果,多者可达11个。亩栽111株时(2 m×3 m),亩产50 kg左右。盛果期树正常花70%~80%,坐果率较高。此外,该品种抗旱,耐瘠薄,适于山区推广栽植。

8. 豫石榴1号

该品种由河南省开封市农林科学研究所选育,1995年通过河南省林业厅鉴定。该品种树姿开张,成枝力较强。幼枝紫红色,老枝深褐色。幼叶紫红色,成龄叶子窄小,浓绿,刺坚锐,量大。花色红,5~6瓣,完全花率23.2%,坐果率57.1%,果实圆形,果皮红色,萼筒圆柱形,萼片开张,平均果重270.5 g,最大果重672 g。籽粒玛瑙红色。百粒重34.4 g,出汁率89.6%。可溶性固形物含量14.5%。糖酸比29:1,风味酸甜。9月下旬成熟。抗寒、抗旱,抗病,耐贮藏,适应性好。

9. 豫石榴2号

该品种由河南省开封市农林科学研究所选育。其树形紧凑,枝条稀疏。幼枝青绿色,老枝浅褐色。幼叶浅绿,成叶宽大浓绿。枝刺少。白花。坐果率59%。果实圆形,果皮黄白色,洁亮。平均果重348.6

g,最大果重850 g,籽粒水晶色,出汁率89.4%,百粒重34.6 g,可溶性固形物14.0%,味甜。9月下旬成熟。该品种抗旱、抗寒,适生范围较广。

10. 豫石榴3号

该品种由河南省开封市农林科学研究所选育。其树姿开张,枝条稀疏,成枝力中等。幼枝紫红色,老枝深褐色。幼叶紫红色,成叶浓绿。红花,坐果率72.5%。果实扁圆形,果皮紫红色,果面洁亮。平均果重281.7 g,最大果重536 g。籽粒紫红色,百粒重33.6 g,出汁率88.5%,可溶性固形物14.2%,味酸甜。9月下旬成熟。

11. 峄白2号

该品种1988年由山东省枣庄市峄城区堂阴乡选育。其树冠开张,一年生枝青灰色,多年生枝灰色。披针叶,浅绿色,果小,平均果重230 g。果皮黄白色,百粒重41 g,籽粒白色,核较软。含糖量16%,风味甜,在当地于8月中旬成熟。

12. 豫石榴4号

该品种由河南省开封市农林科学研究所选育。该品种果实近圆形,平均果重366.7 g,最大单果重757.0 g,果皮浓红色,光滑洁亮;籽粒玛瑙色,出籽率56.4%,百粒重36.4 g,出汁率91.6%,籽粒可溶性固形物含量15.3%,风味甜酸纯正,鲜食品质上等;树形紧凑,枝条稀疏,幼枝紫红色,老枝深褐色。幼叶紫红色,成叶浓绿色,宽大,呈倒卵圆形。树体生长势较强,枝条粗壮,节间短,易成花,易坐果。完全花率46.5%,自然坐果率66.5%,除当年生徒长枝外,其余枝上均可抽生结果枝,结果枝长1~20 cm,着生叶片2~20个或无,顶端形成花蕾1~9个,多花簇生现象较多,也极易多果簇生。郑州地区7月中旬果实开始着色,9月底果实成熟。

13. 豫石榴5号

该品种由河南省开封市农林科学研究所选育而成。2005年6月通过河南省林木品种审定委员会审定。该品种果实近圆形,平均果重344.0 g,最大单果重730.0 g,果皮浓红色,光滑洁亮;籽粒玛瑙色,出籽率58.5%,百粒重36.5 g,出汁率92.1%,籽粒可溶性固形物含量15.1%,风味微酸,适合鲜食加工兼用;树形开张,枝条密集,成枝力较强,幼枝紫红色,老枝深褐色。幼叶紫红色,成叶浓绿色,宽大。刺枝坚硬,量大。5年生树高/冠幅=2.5 m/3.8 m。易成花,易坐果。完全花率42.4%,自然坐果率65.8%,以短果枝结果为主。8年生树平均株产25.8 kg,单位面积产量1 419.0 kg/亩^❶;8月中旬果实开始着色,9月底果实成熟。

14. 豫大籽

该品种是河南省林业技术推广站和河南省农科院以河阴铜皮石榴为父本、新疆大红袍石榴为母本人工杂交培育的优良品种。该品种花瓣红色,5~8片,总花量大。果实近圆形,平均果重350~400 g,最大单果重850.0 g,果皮薄,果皮黄绿色,向阳面着红色。果皮光滑洁亮,少锈斑;籽粒红色,百粒重75~90 g,出汁率90.0%,可溶性固形物含量15.5%,味酸甜可口,品质极优。4~5年进入盛果期。10月上中旬成熟。树势较旺,成枝力较强。幼枝红色或紫红色,老枝浅褐色。幼叶紫红色,成熟叶片较厚。枝刺少。该品种抗旱、抗寒、耐瘠薄,成熟早、抗裂果,树体栽后结果早,丰产稳产,适生范围较广,为河南省山区、丘陵地区适宜发展的品种。

15. 白玉石籽

该品种2003年通过安徽省林木品种审定委员会审定,定名为'白玉石籽'。树势强旺,树冠较大,自然半圆形。枝条粗壮,开张,皮灰白色,茎刺稀少。叶片较大,披针形,长×宽约为7.2 cm×1.9 cm,叶色浓绿,叶尖微尖,幼叶和叶柄及幼茎黄绿色。花两性,1~4朵着生在当年新梢的顶端或叶腋处。子房下位,萼片黄白色,肉质厚硬,与子房连生,宿存。花瓣白色,互生。

果实近圆球形,果皮黄白,蒂部平坦,果面光洁,萼片直立,果棱不明显。平均单果重469 g,纵径×横径为8.81 cm×10.31 cm,出籽率58.3%,单果平均籽粒数313粒,百粒重达84.4 g(大者超过100 g),在现有石榴品种中籽粒最大。出汁率91.4%,核软,硬度为3.29 kg/cm²,可溶性固形物含量14.1%,含糖12.4%,含酸0.315%,维生

素 C 含量 149.7 mg/kg。采前裂果少,耐贮性和抗病性同三白石榴,大小年结果不明显。

16. 红玉石籽

1996 年在安徽省怀远县树龄百年以上的老石榴园进行石榴品种资源调查时,发现玉石籽营养系变异,暂命名皖榴 3 号。1997～2002 年从变异母株上采取枝条,分别进行高接鉴定、扩大繁殖与栽培区域试验,其无性系后代植株变异性状稳定。2003 年 5 月该品种通过安徽省林木品种审定委员会审定,定名为'红玉石籽'。

树势中庸,萌发率高,成枝力弱,针刺稀少、细软。叶片披针形、小、色淡。花细长,花瓣、花萼 4～6 片。果实扁圆形,有 4～6 棱,果实纵径 7.94 cm,横径 9.13 cm,果皮深红色,全面着色,表面光滑,果皮厚度 0.32 cm,平均单果重 307.1 g,最大 366.4 g。平均单果籽粒数 383.2 粒,百粒重 56.9 g,籽粒色泽淡黄,顶端淡红色。可溶性固形物含量 15.4%,可溶性糖含量 11.5%,酸含量 0.382%,维生素 C 含量 168.9 mg/kg,可食率 55.7%,出汁率 83.1%。软籽,核硬度 3.31 kg/cm^2。味甜酸,品质上。'红玉石籽'在皖中地区 9 月中下旬成熟,果实脱涩早,8 月下旬即可采收。植株耐旱、怕涝,抗褐斑病、干腐病,丰产性好。'红玉石籽'适应范围较广,能够栽培石榴的地区均可种植该品种。株行距以 3 m×4 m 为宜,栽植密度 840 株/hm^2。

17. 霜红宝石

该品种为 2003 年在石榴资源普查中发现的一优良变异单株。2007 年 10 月通过市级专家验收并命名为'霜红宝石'石榴。该品种树干灰黄色,树皮易剥落。主干平滑,多年生枝几无扭曲现象,其上无瘤状突起,皮呈灰黄色。1 年生枝条青褐色,略带黄褐色,长 40～60 cm,针刺无或极少。枝条较'大青皮甜'品种略显粗壮。叶片革质、中大、长椭圆形、浅绿色,叶面平整。花量多,筒状完全花比例较'大青皮甜'高。

树势较旺,树姿开张。成龄树高 2.8～3.5 m,冠径 2.7～3.2 m,树形为自然圆头形,生长势较'大青皮甜'、'泰山红'、'大马牙'等强。萌芽力及成枝力均强,幼树生长势旺,树冠成形快。小枝多呈水平生长,2 年生以上结果母枝坐果能力强,可连续结果,较稳产。早果性较好,2005 年春季定植树,2006 年株产石榴 8 ~ 19 个,折合株产 3.5 kg。丰产,5 年生树平均株产 29 kg 以上。10 月下旬为果实成熟期,霜红宝石石榴抗旱耐瘠薄,在厚 40 cm 以上土层均能正常生长结果,丰产稳产。病虫危害较少。适应性强,在枣庄原产地极端低温 – 16 ℃时没有发生冻害,对低温的适应性较突尼斯软籽和泰山红石榴强。

18. 冠榴

1999 年以来,对枣庄市石榴品种资源进行了调查研究,从主栽品种'大青皮甜'中选育出新品种冠榴。该品种半开张或开张,成龄树呈自然单干圆头形和丛状形。干性较强,骨干枝上瘤状突起较多。1 年生枝条褐色或灰褐色,刺多而短,比较细弱。叶片椭圆形或倒卵圆形,绿色,叶片平展较宽,对生、肥大、光滑无毛,叶缘具有小波浪皱纹,叶尖圆钝,叶基楔形,叶脉黄绿色,叶柄微红色。花量大,完全花率高,筒状花比例为 26.30%,原品种'大青皮甜'筒状花比例为 25.90%。果实近圆球形,果形指数 1.09。果个明显大于原品种'大青皮甜'(平均单果重 490.0 g),其平均单果重 630.0 g,最大单果重 1 820.0 g。成熟石榴果实紫红色,有少量锈斑,萼筒中长,萼片 6 片居多,半开张或直立,黄白色果点小而密。籽粒红色或浅红色;百籽重为 48.0 g;籽粒中放射线状"针芒"多而密,种仁比原品种'大青皮甜'稍软,可食;汁液多,风味甘甜。可溶性固形物含量 15.30%,比原品种'大青皮甜'(可溶性固形物含量 13.80%)高。较耐贮藏,室温下货架期 2 个月左右,采用塑料膜袋及卫生纸包装窖藏能保存 5 个月左右。

19. 奇好

山东省果树研究所自 2001 年开始从事国外石榴品种引进与研究工作。经过 10 年的综合评价,筛选出丰产、优质、抗病性强的石榴新品种'奇好'。树势开张,成枝力强,幼枝紫红色,枝条有条纹,四棱,老枝褐色,有刺。幼叶紫红色,成叶窄小,平均叶长 5.15 cm,叶宽 1.48 cm,浓绿,叶面光滑无茸毛,叶柄较短,叶缘波浪大而反卷,叶片厚而硬。花红色,单瓣,花瓣 5 ~ 6 片,总花量大,盛花期 6 ~ 7 月。萼筒钟形,萼片开张 6 ~ 7 裂。树势中庸,成枝力强。

'奇好'树体生长正常,坐果稳定,能保持丰产、稳产、抗逆性强等特性,在土壤肥沃的平原地,生长结果表现更好,在黏土通气性差的土壤中生长,幼树果实颜色不佳,有黑色斑点,但随树龄增大而好转。在平地、河滩、山地均表现良好,抗病虫能力也强,具有较高的生长适应性。

20. 丽人皇后

该品种是河南省长葛市争艳苗木场选育的高产、优质石榴新品种。该品种5～7月盛花,可一直开花到10月初,具有多次开花、结果特性,在河南一年可二次结果。花径10 cm左右,花瓣多层排列,不露花心,形似牡丹,状如绣球,花色水橙红色。树姿优美,开花结果多,果实中秋节前成熟,二次果国庆节前后成熟。果实近圆形,鹅黄色,光洁亮丽。

该品种抗逆性强,适应性广。该品种根系发达,须根多,生长快,开花结果早,无大小年现象,结果年限长。抗寒、耐热、抗旱、喜光、耐盐碱,择土不严。北京以南地区可露地栽培,北京以北地区可盆栽,但冬季应置室内越冬。好种易管,病虫害少。

21. 红宝石

1999年从山东枣庄万亩石榴园'大红袍'栽培群体中发现一个优良芽变单株,成熟时果实色泽美观,综合性状良好。2011年10月通过山东省农作物品种审定委员会审定,命名为'红宝石'。树体中等,树姿开张,成枝力强。多年生枝干深灰色,小枝密生,枝条细软柔韧,不易折断,生长旺盛营养枝常发生二次枝或三次枝,角度较大,与一次枝成直角对生,枝条尖端有针刺,嫩梢红色。叶片单叶对生或簇丛生,质厚有光泽,全缘,叶面光滑无茸毛,叶柄较短。花为两性花,单生或数朵着生于叶腋或新梢先端呈束状,子房下位,萼筒与子房相连,子房壁肉质肥厚,萼筒先端分裂成三角形萼片,萼片开张,5～7裂,花红色、单瓣。果实近圆形,果肩齐,表面光滑,果实成熟时果皮全红,色泽美观,外观品质极好。平均单果重487.5 g,最大675.0 g,平均百粒重38.8 g,果皮较厚,可食率(出汁率)为68%,含可溶性固形物14.8%,可溶性总糖12.98%,维生素C 40.6 mg/kg,可滴定酸0.30%。在果实着色至成熟的35 d内,果汁的花青苷含量达到63.47 mg/L。

扦插苗 3 年开始坐果,4 年形成产量,5 年生产量为 20 884.5 kg/hm²,连续结果能力强。果实轻微裂果,不易感染病害。适应性强,第一茬花坐果率高。抗旱,较耐瘠薄,在山地、丘陵等地生长结果良好。在山东峄城,4 月上旬萌芽,5 月上旬始花,5 月底 6 月初盛花,8 月中旬开始着色,9 月中旬成熟采收,果实生长期 90 d 左右。属于中熟品种。11 月上旬落叶。

22. 水晶甜

该品种是从山东枣庄三白甜石榴栽培群体中选出的优异芽变新品种,2011 年通过山东省农作物品种审定委员会审定,定名为'水晶甜'。该品种树势开张,成枝力强,幼枝绿色,枝条有条纹,4 棱,老枝褐色,有刺。叶片单叶对生或簇丛生,质厚有光泽,全缘,叶脉网状,叶面光滑无茸毛,叶柄较短,幼叶紫红色,成叶浓绿、窄小,长 5.15 cm,宽 1.48 cm,长宽比为 3.48:1。花为两性花,单生或数朵着生于叶腋或新梢先端,呈束状,花白色单瓣,花瓣 5～6 枚,花瓣极薄,有皱褶,总花量大。萼筒钟形,先端分裂成三角形萼片,萼片开张,6～7 裂,子房下位,萼筒与子房相连,子房壁肉质肥厚,萼筒内雌蕊 1 枚居中,雄蕊 210～220 枚。果皮白色,果棱不明显,无锈斑。果实平均单果重 409.2 g,最大单果重 575.0 g,百粒重 36.4 g。可溶性固形物 15.1%,可溶性总糖 12.16%,可滴定酸 0.29%,维生素 C 含量为 98.2 mg/kg。果皮白色,籽粒白色,丰产。扦插苗 3 年开始坐果,4 年形成产量,5 年生每亩产量 1 076.5 kg 左右。

果实轻微裂果,不易感染果实病害。适应性强。较耐瘠薄,可在山地、丘陵等地带栽植,山东泰安及以南石榴适生区较少发生冻害,抗寒性较强。

23. 绿宝石

该品种是从山东枣庄万亩石榴园'大青皮甜'的栽培群体芽变单株选育而来的石榴新品种。2011 年 11 月通过山东省农作物品种审定委员会审定并定名。该品种果实扁圆形,成熟时向阳面果皮红色,外观品质良好。平均单果重 560.0 g,最大果重 620.0 g;籽粒平均百粒重 38.3 g,可食率(出汁率)为 62.0%。含可溶性固形物 14.8%,可溶性总糖 12.98%,可滴定酸 0.30%。在果实着色至成熟时的 35 d 内,果汁花青苷含量达到 56.37 mg/L。植株树体中等,树姿开张,成枝力强,树高可达 5 m。扦插苗第 3 年开始着果,第 4 年形成产量,5 年生树平均单株着果 83 个,株产 46.5 kg,平均每亩产量为 2 602.9 kg。连续结果能力强。

在山东枣庄峄城区,一般 4 月上旬萌芽,4 月中旬展叶,5 月上旬始花,5 月底 6 月初盛花;果实于 8 月中旬开始着色,9 月下旬成熟,果实生长期 100 d 左右,属于晚熟品种;11 月上旬落叶。

24. 九州红

枣庄市农科院针对本市石榴生产现状,历经 8 年,选育出了优点突出、具有开发潜力的石榴新品种'九州红',并于 2006 年 12 月通过了山东省林木品种审定委员会审定。该品种树势中庸,树冠开张,干性强,萌芽率、成枝力均强,主干和多年生枝扭曲,其瘤状突起较小,一年生枝灰褐色,较直立而硬脆,针刺较多。叶片较大,叶质较厚,叶尖稍锐而反卷,平均长 4.78 cm,宽 1.86 cm,长宽比为 2.55:1,叶缘稍有波浪皱褶。花红色。红皮甜树体中等,圆头形,果实扁圆形,果肩齐,表面光滑,果皮淡红色,向阳面棕红色,果实中部色浅或呈淡红色。果型指数为 0.95,一般单果重 490 g,果皮较厚,可食部分为 48%,百粒重 41 g,含可溶性固形物 13.8%。早熟品种,在枣庄地区 8 月 20 日成熟,初成熟时有涩味。

成株以短枝结果为主,幼树以中长枝结果为主,但幼树期结果果个偏小,随树龄的增大,果个逐渐变大。较易形成花芽但花量相对较少,筒状花数量明显多于钟状花数量,一般年份坐果率为 15.0%,能连年丰产,没有大小年现象。通过多年观察,'九州红'抗逆性较强,在区域试验范围内常规管理情况下,无特殊病虫害发生,而且对本市石榴园普遍发生的石榴干腐病、早期落叶病抗性强,幼苗定植后能正常越冬,无苗木冻死现象,抗晚霜危害能力强。没有出现冻害。

25. 秋艳

该品种于 2013 年 12 月通过了山东省林木良种审定委员会审定。该品种为小乔木,树势中庸,树姿开张;成龄期树高 2.6 ~ 4.2 m,有主干,但干性不强,干高 50 ~ 100 cm;冠形为自然圆头形;主干黄褐色,树皮易脱落、光滑;多年生枝灰褐色,无茎刺或少茎刺;一年生枝灰白色,茎刺稀疏。果实属中型果,果实近圆形,果型指数 0.9,平均纵径 7 ~ 9 cm、横径 8 ~ 10 cm,果实比较均匀;果面光洁,无锈斑,果实底色为黄色,表面呈鲜嫩红色;果皮薄,平均 3.0 mm;果实棱肋明显;果萼开张,平均长 1.5 cm,萼裂 5 ~ 7 个;果梗粗度中等,直立着生状;单果重 450 g,最大单果重 600 g;果实成熟时极少裂果;籽粒特大,平均百粒重 76 g,最大百粒重 90.6 g;籽粒呈粉红色、透明,具放射状"针芒",可溶性固形物含量 16.8%,鲜果出汁率 49.6%,品质极佳。

该品种适合在山东石榴产区进行栽培。定植株行距(2 ~ 3) m × 4 m。宜选用'峄城大青皮甜'、'峄城青皮岗榴'、'泰山红'等品种为授粉树,落叶到翌年萌芽时期均可进行建园栽植,以刚刚萌芽时栽植最为适宜。

26. 晶花玉石籽

安徽怀远石榴传统优良品种'玉石籽'因籽粒晶莹、风味醇厚而闻名全国。20 世纪 90 年代,在怀远县果农孙本利扦插繁殖的'玉石籽'石榴园中,发现 1 株树上的果实明显大于母株'玉石籽'及同时扦插其他植株上的,平均单果重在 350 g 以上,果皮比母株'玉石籽'的厚,果实成熟期比母株'玉石籽'的晚熟 10 d 左右,成熟期即使遇到连续的阴雨天气也不裂果或很少发生裂果,抗裂果能力比母株'玉石籽'的强。2014 年 10 月,安徽省园艺学会园艺作物品种认定委员会组织专家对该变异进行了现场认定,11 月获认定登记证书,并命名为'晶花玉石籽'。

该品种树势强健,当年生枝木质化部分浅灰色,新生嫩枝淡红色。平均节间长 3.0 cm,茎刺少。新叶淡红色。开花量大,花萼筒状、6 裂,淡红色。花单瓣,6 枚,倒卵圆形,橙红色,花冠内扣,雄蕊多数。果面光洁、锈斑少。平均单果重 380.12 g,最大 612.38 g;百粒重 90.99 g;可食率 55.4%,出汁率 82.1%;保留了'玉石籽'原有的风味,甘甜爽口,可溶性固形物含量 14.0%。果实成熟后挂果期长,抗裂果,耐贮藏。丰产性好,7 年生树平均产量可达 23 668 kg/hm²。在安徽怀远地区,3月下旬萌芽,5月初开花,5月中下旬进入盛花期,10月中下旬果实成熟。生育期150 d左右。

27. 青丽

该品种是2015年通过山东省林木品种审定委员会审定。该品种为小乔木,树势旺,干性强,树冠半开张;成龄树高2.6~4.2 m,有主干,干高0.5~1.0 m;冠形为自然圆头形;主干黄褐色,树皮脱落较少,光洁;多年生枝深灰色;单叶对生或簇生,叶片长椭圆形,全缘,叶基楔形,叶渐尖,叶面革质、光滑;幼叶黄绿色,成熟叶深绿色,叶脉黄绿色;叶片长7.5 cm、宽1.9 cm;单果重410 g,果实近球形,果面光洁,果皮底色黄绿、表面着鲜嫩红色,籽粒红色,平均百粒重45 g。可溶性固形物含量17.1%,总酸含量2.70 g/kg,鲜果出汁率47.5%。平均裂果率低于6.2%。果实成熟期为10月上中旬。

幼树生长势强,树冠成型快,4年生树高2.65 m,树冠冠幅2.13 m,地径5 cm。扦插后第一年即开花,第二年即有一定产量,结果株率达到7.7%,第四年单株产量达到9.8 kg,表现出早实特性,连续结果能力强。

28. 桔艳

该品种由2015年11月通过枣庄市科技局组织的石榴新品种鉴定。2015年12月通过山东省林木品种审定委员会审定。该品种为小乔木,树姿开张,生长势强,萌芽率高,成枝力强,针刺少。花红色,单瓣,萼短小,半张。平均单果重为420 g,果个均匀,果面光洁,果皮橘红色,平均百粒重52 g,可溶性固形物含量14.7%,总酸含量0.16%。果实9月下旬成熟,平均裂果率低于8.7%。综合品质优良,适宜鲜食和加工。

该品种树势生长旺盛,具有优良的抗裂果特性,适应性强。

29. 晶榴

2006年在枣庄市峄城区榴园镇发现的白皮类优良单株,编号为'鲁白榴1号',采用扦插苗建园或高头改接等方式,分别在山东省泰安市和枣庄市峄城区、市中区等地进行品种对比试验、区域试验,结果表明其重要性状指标稳定一致,2013年12月命名为'晶榴',2015年

12月获得国家林业局植物新品种权。该品种为小乔木,枝条软,树姿开张,枝皮灰白色,茎刺稀少。新叶黄绿色,成熟叶长披针形,浓绿色,较大,长7.2 cm,宽2.7 cm,叶尖微尖,幼叶和叶柄及幼茎黄绿色。两性花,1~4朵着生于当年新梢的顶端或叶腋处;花瓣白色,互生;花瓣、花萼数量少,4~6片,花萼橙色。子房下位,肉质厚硬,与子房连生,宿存。果实近圆形,纵、横径为8.81 cm和10.31 cm。平均单果重455 g,最大单果重820 g。果皮白色,果面光洁,果形圆或有棱,萼片直立。籽粒白色,硬,长马牙状,内有少量针芒状放射线,平均百粒重78.3 g,最大百粒重96.0 g。可溶性固形物含量15.1%,风味甜。较抗裂果,丰产性强。

在山东省南部地区,3月下旬萌芽,9月中下旬果实成熟,11月上旬开始落叶。

30. 中石榴2号

该品种是以'突尼斯软籽'为母本、'豫大籽'为父本杂交选育而成的抗病性强的早熟半软籽新品种。2016年12月通过了河南省林木品种审定委员会审定,定名为'中石榴2号'。该品种为小乔木,树姿半开张,树势强健。幼树针刺稍多,成年树针刺不发达,树干青褐色,多年生枝青灰色,皮孔稀而少,1年生枝条绿色,阳面紫红色。成枝力较强。叶片深绿色,长椭圆形,大而肥厚,平均叶长8.3 cm,宽2.4 cm。叶柄红色,长度3.3 mm,基部绿色;成叶叶色浓绿,幼叶叶色绿色,叶面光滑,有光泽,叶尖渐尖,叶全缘,叶柄茸毛中等。该品种果个较大;平均单果重450 g,最大690 g。该品种外观漂亮,果实近圆形,果皮光洁明亮,果面红色,着色率在85%以上,裂果不明显。籽粒红色,汁多、味酸甜,出汁率85.7%,核仁半软(硬度4.16 kg/cm²),可食用,尤其适合老人和儿童食用。可溶性固形物含量15.0%以上,风味甘甜可口,品质极佳。

该品种树势强健,幼树干性强,萌芽率高,成枝力强,幼树以中、长果枝结果为主,成龄树长、中、短果枝均可结果。多数雌蕊高于雄蕊或与雄蕊平,自花即可结实,配置'突尼斯软籽'石榴或'中农黑籽'石榴作为授粉树,坐果率更高。大小年结果现象不明显。

31. 皖黑一号

该品种是安徽省淮北市软籽石榴研究所选育的石榴新品种,该品种通过了安徽省林木品种审定委员会审定。果实紫黑色,籽粒红白色,百粒重 56 g,糖含量 15.6%,单果重 300 g 左右,最大单果重 520 g,口感酸甜可口。成熟期在 10 月中旬。该品种花紫红色,枝条紫褐色,株型紧凑,树势开张,结果早,丰产性好,适于密植。

该品种由于果实颜色别致,在市场上很受欢迎,价格要高于其他石榴品种,同时由于其结果早、结果多、在树上挂果时间长,因此是园林绿化和制作盆景的理想品种。

32. 塔山软籽

2004 年,农业技术人员在烈山区榴园村发现 1 株石榴,果实外形像淮北软籽 1 号,叶片似青皮甜石榴,具有粒大、籽软等优点。2010 ~ 2015 年,进行了区域试验,2017 年 12 月通过安徽省林木品种审定委员会审定,命名为'塔山软籽'。该品种树冠开张,树势强健,干性较强,主干深褐色,大树主干稍有扭曲;嫩枝紫红色,枝棱不明显,刺和萌蘖少,叶色深绿,叶片卵圆形,叶长 4 ~ 5.5 cm,叶尖半圆形,顶端叶片细长、窄,以后老化;叶片蜡质一般,叶缘光滑、月牙形,叶柄长度 0.2 ~ 0.6 cm,披针形,狭长;花瓣红色,6 ~ 8 片;萼筒 0.3 ~ 0.8 cm,萼片较薄,4 ~ 7 片,外卷;果实椭圆形,果皮青绿色,阳面带红晕,皮薄,约 0.3 cm,籽粒马齿状,籽粒大,淡红色,核小而软。

该品种单果重平均 370 g 左右,最大 630 g,百粒重 85 ~ 90 g,可食率 64%,出汁率 84.6%,含可溶性固形物 15.1%,含糖量 13.2%,总酸 1.96 g/kg,维生素 C 含量 3.75 mg/100 g。4 月 25 日前后开始现蕾,5 月上旬进入始花期,5 月 20 日至 6 月 10 日进入盛花期,6 月下旬进入末花期;5 月下旬至 6 月底开始坐果,9 月中旬果实可食,9 月下旬生理成熟。11 月上旬开始落叶,11 月下旬叶落尽。

塔山软籽石榴表现出较强的抗病虫害能力,除桃蛀螟、蚜虫轻度危害外,其他虫害较少发生,较耐干腐病等病害,较抗裂果。

33. 冬艳

'冬艳'来源于资源调查选出的优良单株。2011 年 12 月通过河南省林木新品种审定委员会审定,定名为'冬艳'。该品种植株树姿半开张,自然树形为圆头形;萌发率和成枝力均中等。当年可抽生二、三次新梢,小枝有棱、灰绿色,多年生枝条灰褐色,刺少。叶片中大,倒卵圆形或长披针形,叶片长 3.00 ~ 8.46 cm,宽 1.01 ~ 2.20 cm,颜色绿,全缘,叶先端圆钝或微尖。叶片多对生。新梢健壮,易成花芽。花芽多着生在一年生枝的顶部或叶腋部,萼片、花瓣为红色。花瓣多 6 枚,完全花。

果实近圆形,较对称。果实大,平均单果重 360 g,最大 860 g。平均纵径 8.6 cm,平均横径 8.8 cm,果形指数 0.97。果皮底色黄白,成熟时 70% ~ 95% 果面着鲜红到玫瑰红色晕,光照条件好时全果着鲜红色,有光泽。萼筒较短,萼片开张或闭合。果皮较厚;籽粒鲜红色,大而晶莹,且极易剥离,平均百粒重 52.4 g;风味酸甜适宜,核半软可食,品质极上;可溶性固形物 16%;出汁率 85%。果实耐贮运,室温可贮藏保鲜 30 d 左右,冷库贮藏 90 d 左右,好果率 95%。裂果现象极轻。

在郑州地区,正常年份 3 月下旬开始萌芽,5 月底到 7 月中旬开花,9 月底枝条停止生长,果实 10 月上旬开始着色,10 月下旬开始成熟,果实发育期 140 d 左右,11 月中旬开始落叶。'冬艳'进入丰产期早,定植后 2 年见果,3 年产量可达 4 500 kg/hm^2,5 年生株产 25.5 kg,产量可达 28 500 kg/hm^2 左右。

果实发育期较长,晚熟,对蚜虫、桃小食心虫、桃蛀螟、干腐病、褐斑病等病虫害抗性比一般品种强,抗寒性、丰产性均较强。

在河南石榴产区均适应,无论平原、丘陵、山地,在肥力中等,即使较为瘠薄的土壤条件下,也均能够表现出该品种的生长和结果特性。

(三)引进的优良品种

突尼斯软籽石榴

河南省 1986 年由突尼斯引进,郑州以及荥阳一带栽培较多。河南各地及周边省市也有引种和栽培。自 2010 年始,全国各地纷纷进行引种试栽,目前以云南、四川等地引种面积最大,部分地区已形成规模化生产。该品种花瓣红色,5 ~ 7 片,萼片 5 ~ 7 片,总花量大。果实近圆形,平均果重 350.0 g,最大单果重 900.0 g,果皮薄,果皮黄绿色,向阳面着鲜红到玫瑰红色。果皮光滑洁亮;籽粒玛瑙色,百粒重49.5 g,出汁率89.0%,可溶性固形物含量15.1%,味纯甜,品质极优,适合鲜食。由于籽粒特软,老人、小孩也能食用。5年生平均株产30.6 kg。8月上旬果实开始着色,9月中旬即可食用,9月底到10月初充分成熟时果面可80%～100%着色。树形紧凑,枝条柔软。幼枝青绿色,老枝浅褐色。幼叶浅绿,叶片较宽。枝刺少。

　　该品种抗旱、耐瘠薄、成熟早、基本不裂果,树体栽后结果早,品质极优,适生范围较广,为河南省山区、丘陵地区适宜发展的品种,但露地栽培适宜于黄河以南地区。该品种幼树期树体易受冻,抗病性稍差。生产中应注意加强防冻和防病管理。

第三章 石榴的形态特征及其生长结果习性

第一节 石榴的形态特征

一、根系生长及其分布特点

在石榴园中,要根据石榴树根系的生长、分布特性科学地开展土壤管理工作。

(一)石榴根系生长

石榴根为黄褐色,生长健壮,须根较多,且根际易产生根蘖,可直接用来分株繁殖,但同时生产园中大量根蘖的产生也给生产造成了不便。

石榴的根可分为延伸根和吸收根。延伸根在土壤中向下生长和向四周水平伸展,扩大根系,形成骨干根,有固定树体、输送和贮藏养分与水分的作用。这种根生长健壮,寿命长,分布深而广,为永久性根。在延伸根上着生大量各级侧根,为永久性根。在各级侧根上着生大量细小的根,称为须根。须根加粗生长慢,寿命短,大部分于营养生长末期死亡,须根主要作用是吸收水分和矿物质营养。未死亡的须根可发育为骨干根。

(二)石榴根系分布特点

石榴根系的垂直分布多集中在 20 ~ 70 cm 的土层中,在此深度范围内,根量最多,密度最大。水平分布的根主要集中分布于树冠以下及伸展到树冠外 1 ~ 3 m 处,但以靠近树冠边缘下土层中分布较多。根据河南省封丘县白寨村对 20 年生的石榴树土壤剖面的调查,地表 20 ~ 70 cm 深的根占总根量的 72% ,0 ~ 20 cm 深的根占总根量的 19% ,70 cm 以下深层的土壤中根量占总根量的 9% 。由此看来,石榴园中在

20~70 cm 的地下土层中,是石榴树水肥吸收的集中区。石榴的根系从土壤中吸收养分和水分以供其正常的生长和开花结果需要,所以土壤中 20~70 cm 范围的营养水平直接关系到石榴树生长发育状况。土壤的管理目的就是要创造良好的土壤环境,使分布其中的根系能充分地吸收养分,这对石榴树健壮生长、连年丰产稳产具有极其重要的意义。

(三)石榴根蘖

根际周围根蘖不仅发生量大,而且一年可产生多次根蘖。根蘖的产生在生产园中不仅造成通风不良,而且消耗大量的营养,因此及时去除根际周围的根蘖或采取适宜的措施抑制根蘖的产生对于减少营养消耗、保证坐果和果实发育至关重要。

二、石榴的枝、干及芽的特点和类型

了解石榴枝、干及芽的特点和类型对于通过人为地整形、修枝,促进石榴营养生长和生殖生长的平衡,创造高产优质的树形结构,获得理想的经济价值具有重要意义。

石榴为落叶性灌木或小乔木,但在热带地区则变为常绿植物。其根际易生根蘖,一般多将根蘖挖除,留单干或多主干直立生长,树高可达 4~6 m,一般为 3~4 m。

(一)石榴的枝、干的特点及类型

在石榴的枝、干上有瘤状凸起,并且干多向左侧扭转,有斜纹理现象,可增加其机械抗力。树冠内分枝较多,嫩枝有棱,呈方形或六角形,秋末成熟时,枝条棱消失。1 年生成熟枝条呈灰褐色,细而柔韧,不易折断。石榴的枝条 1 年有 2 次生长,春季第一次抽生的新梢称春梢,6~7 月抽生的枝条称夏梢。在幼龄或生长旺盛的枝上发生秋梢。旺枝上可产生大量的 2 次枝和 3 次枝,2 次、3 次枝在生长旺盛的枝上交错对生,具小刺。刺是枝的变态,刺的长短与品种和生长情况有关,旺树刺多,老树、弱树则刺少一些。

石榴的枝条因长短、发育状况和存在位置等不同被分成不同的类型。

1. 主干

地面根颈部到第一层分枝之间的树干部分。主干支撑树冠,是树冠与根系之间养分的交流通道。主干高度为干高。高干树体通风透光好,能更好地发挥单株树体的生产潜能,且有利于果园地面管理,但果树树冠部分发育慢,成形晚。矮干树体根系与树冠之间距离小,树冠形成快,干周增长快,对防风、积雪、保温、保湿有一定作用,但通风透光较差,也不利于地面耕作。

2. 主枝和侧枝

在主干上的大型分枝叫主枝。主枝上着生的分枝称侧枝。

3. 骨干枝

主干、主枝、侧枝共同构成树体的骨架,故也叫骨干枝。不同类型的骨干枝之间的生长势要有差别:中心干强于主枝,主枝强于侧枝,侧枝强于其上面着生的结果枝组。骨干枝间要保持严格的从属关系,从属关系明显是树体整形的基本要求。骨干枝的生长势可以通过骨干枝的粗度、高度和枝叶数量来判断。骨干枝粗大、枝叶多,表明其生长势强。一般骨干枝直径与其着生母枝直径比例不超过0.6,小冠密植园中保持为1/5。另外,各骨干枝之间生长势应保持相对平衡、均匀一致。

4. 枝组

结果枝组是指树体各级骨干枝及辅养枝上不断发生的和不断死亡的,可供结果用的小枝组成的各个群体。它是树冠生长和结果的基本单位。

合理培养结果枝组,对幼树适龄结果、丰产和连年高产有极其重要的作用。因此,幼树在培养骨干枝的同时,就应开始在骨干枝上培养结果枝组;否则,势必造成幼树推迟结果,成年树则往往造成内膛光秃。

枝组的合理配置:结果枝组可分大、中、小三种。枝组应该有适当的排列,才能充分利用空间,不影响通风透光,有利于生长结果。枝组在各级骨干枝上和不同层次上是不同的。

侧枝上的枝组应多于主枝上的枝组,下层枝上的枝组应多于上层主枝上的枝组。在一般情况下,主枝上配置的枝组要大、中、小相结合,以中型为主。按其位置说,主枝中部宜大,前部宜小,后部中型,构成所谓的"菱形"。而这种"菱形"不是固定不变的,它随树龄、树势和空间的大小而发生变化。

枝组可以通过修剪来达到相互转化。一个较小的枝组欲转化为较大的枝组时,应首先控制结果量,并在生长旺盛的分枝上多短截,其剪口以饱满芽及强枝带头,这样连续数年,即可形成一个较大的枝组。一个较大的枝组欲转化为较小的枝组时,应根据原枝组的强弱而定。如原枝组生长衰弱时,可直接缩剪,并对留存下来的枝条多缓放、多结果,以稳定生长势,这样即可由大枝组转化为小枝组;如果原枝组生长强旺,则要在加大枝组角度,对其发育枝去强留弱,适当缓放,多结果,并结合夏剪扭梢使生长势转缓,才能缩剪,直接缩剪则易抽生较多的旺枝。

结果枝组的培养方法一般有以下几种:

(1)先放后缩。枝条缓放拉平后,可很快形成花芽或提高徒长性结果枝的坐果率,待结果后再进行回缩,使其萌生侧枝,形成枝组,但其枝组的枝条粗度和生长势不能超过主干。

(2)先截、后放、再缩。对当年生枝条短截或重截(5~10 cm),改造辅养枝和临时性骨干枝;随着树冠扩大,大枝过多时可将辅养枝或临时性骨干枝缩剪控制,改造成大、中型枝组。

5. 辅养枝

辅养枝是石榴树体的营养来源中心,它是整形过程中留下的一种临时性枝。辅养枝在树冠中,不论中央领导干、主枝、侧枝上都可配备,在有利于冠内透光的前提下,适当多留。一般主枝上配备数量比侧枝上多。在小型树冠上,侧枝大多直接为辅养枝所取代。

辅养枝在幼树期要尽量多留,其留存的枝条应控制生长、延缓加粗;开张角度、轻剪长放,或直接环剥、扭枝促使花芽形成,达到提早结果的目的。但主要注意将其与骨干枝区别对待,并随植株生长、骨干枝的扩大、光照条件变差而与骨干枝发生矛盾时,及时为骨干枝让道,将它压缩改造成枝组或疏除。

6. 结果母枝

结果母枝指着生结果枝的2年生枝条。结果枝着生在结果母枝上。

7.结果枝

结果枝指当年开花结果的枝条。按其长短可分为以下几种：

（1）短果枝:长度小于5 cm 的结果枝。其正常花多,结果可靠,为主要结果枝类。

（2）中果枝:长度5～20 cm,结果能力一般,有3～5 对叶,着1～5朵花,此类枝数量多,仍为结果的主要枝类。

（3）长果枝:长度20～40 cm,5～7 对叶以上,着1～9朵花,此类枝上开花晚,数量少,结果少。

（4）徒长性果枝:50 cm 以上的一般在骨干枝外围萌生的果枝。其分枝多,其中个别隐芽成花,抽生极短果枝。其开花较晚,果实发育时间短,不能充分成熟,应除去。

（二）石榴芽的特点及类型

石榴的芽依季节而变色,也因品种而不同。有紫、绿、橙3 种颜色,其顶芽位于短枝顶端,大而饱满。腋芽位于枝条叶腋间,小而瘦弱。

各种枝条均是由芽发育而来的。石榴的芽大致可分为以下几种：

（1）叶芽。只能长叶不能开花的芽。叶芽位于成龄树枝条中下部和未结果的幼树枝条上。其形态瘦小、扁平,呈三角形。

（2）中间芽。在各类短枝上的顶生芽,无明显腋芽,比叶芽饱满,营养条件好,可以发育为花芽。如遇刺激,则萌发旺芽。

（3）花芽。石榴的花芽均为混合花芽,当花芽萌发后,先抽生一端新梢,在新梢先端或先端以下1 节处形成花蕾,开花结果。石榴花芽大而饱满,近卵圆形。

（4）隐芽。不能按时萌发的芽。一般隐芽寿命可达十几年至几十年,如遇刺激,老干上的隐芽即可萌发旺盛枝条,从而利于老树或老枝的更新。

三、石榴花的特点及开花习性

（一）石榴花的特点

石榴的花为两性虫媒花,一朵乃至数朵着生在当年新梢的顶端及顶端以下的叶腋间。花为子房下位,萼片较硬,管状,5～7 裂,与子房连生,宿存。花瓣 5~7 片,互生,覆瓦状,皱褶于萼筒之内,多为红或白色。中间一雌蕊,雄蕊多数为 220~231 个。花丝浅红或淡黄色,花药、花粉均为黄色。石榴的子房分 5~7 室。子房成熟后,变为大而多室多籽的果实。每室内有许多种子,种子由外种皮、内种皮和胚组成。食用部分即外种皮,内种皮呈角质,也有退化变软的,即称为软籽石榴。

石榴萼片的开闭情况、果实大小形状、果皮的颜色及内部种子大小和颜色等,均与品种特性有关。

石榴的花可分为 3 种类型,即正常花、退化花和中间型花。正常花与退化花的区别在于子房和花柱发育的程度。退化花由于营养不良,子房和花柱发育瘦小。正常花的花冠较大,子房肥大,雌蕊粗壮,高于雄蕊或与雄蕊等高,这种花称为果花。中间型花介于正常花和退化花之间,部分也可坐果。石榴外部形态的不同取决于其花芽分化时间的长短及当时的温度、湿度和营养条件等。

(二)石榴的花芽分化

石榴的花芽分化需要较高的温湿度条件,其要求的最适温度为月均温(20±15)℃,当月均温低于 10 ℃时,花芽分化逐渐减弱并停止。同一品种,树势强弱、树龄、着生位置、营养状况等都影响花的形态。树势及母枝强壮的完全花比率高;树龄增大,雌蕊退化现象愈加严重;树冠上部、外围比下部和内膛的完全花比率高;负载量适中的比负载量过大的完全花比率高。

石榴的花芽分化分为初夏(7 月上旬)和初秋(9 月下旬)两个高峰,次年仲春(翌年 4 月上中旬)还有第三批花的分化高峰,因此石榴出现周年多次花芽分化并多次开花。

李绍稳等对安徽怀远 7 年生的'大笨籽'进行研究发现,石榴头批花花芽的形态分化过程分为:未分化期(7 月上旬)、分化初期(7 月上旬至 8 月上旬)、花萼分化期(7 月底至 10 月上旬)、花瓣分化期(9 月底至翌年 4 月中旬)、雄蕊分化期(4 月上旬至 5 月下旬)、雌蕊分化期(4 月中旬至 6 月上旬)等六个时期。头批花从上年的 7 月上旬开始分化,到 9 月底形成花瓣原基后进入花瓣分化期,该期历时较长,从 9 月底到翌年 4 月上旬;第二批花的形态分化从 9 月下旬开始(第二次分化高峰),花芽分化程度较浅,有的处于花萼分化期,有的尚在始分化状态。

据蔡永立等对安徽怀远的'粉皮'石榴的研究,石榴花芽的形态分化从6月上旬开始,到翌年末茬花开放结束,历时2~10个月不等,当年的7月上旬、9月下旬和翌年的4月上中旬为花芽分化高峰。石榴的头批花花芽形态分化历时较长,从上年的7月上旬(第一次花芽分化高峰)到次年开花,约10个月,这批花多着生于极短梢(发梢后仅生长0.2~0.5 cm,1~3对叶)上,顶生、两性,多数为正常花。头批花由较早停止生长的春梢顶芽的中心花蕾组成,花芽分化到花瓣期越冬,翌年5月下旬至6月上旬开花('粉皮'石榴)(蔡永立等),或5月上旬开花(安徽怀远的'大笨籽')(李绍稳等);第二批花的花芽分化从上年的9月下旬或果实采收后开始,形成翌年夏梢顶芽的中心花蕾和头批花芽的腋花蕾,即从第二次分化高峰开始,分化到初萼期越冬,翌年5月下旬至6月上旬开花,这两批花结实较可靠,决定了石榴的产量和质量。第三批花由秋梢的顶生花蕾及头批花芽的侧花蕾和第二批花芽的腋花蕾组成,年前处于原基状态越冬,翌年4月上中旬开始形态分化,不足两个月即可完成花芽分化,6月中下旬直至7月中旬开花,该批花发育时间短,完全花比例低,发育果也小,生产上多疏除其花或果以节约营养供应果实发育和花芽分化。

(三)石榴花的开放

石榴花蕾以单蕾为绿豆粒大小时为现蕾,现蕾至开花时间的长短与温度有很大的关系,春季蕾期温度低,历时长,为20~30 d,一般为5~12 d。顶生花蕾开花早,现蕾后随着花蕾增大,萼片开始分离,分离后3~5 d花冠开放。花的开放一般在8时前后,一朵花的寿命一般为2~4 d。石榴花的散粉时间一般在花瓣展开的第二天,当天并不散粉。一般情况下,同一品种花期前期或盛花期完全花的比例较高。冯玉增等研究'大红甜'和'大白甜'发现,两个品种均表现为:盛花期(6月6~10日)完全花的比例较高,占花量的76.9%~83.3%,随着时间的推移,至6月21~25日,完全花比例下降为20.3%~13.3%,6月26日后花量极少,且多为败育花。有些特殊年份由于气候的影响,石榴的开花情况会有变动,如前期败育花量大,中后期完全花量大;或前期完全花量大,而中期败育花量大,后期又出现完全花量大的现象,这与花芽分化期的温度、湿度、营养等有着密切的关系。

第二节 石榴的生长结果习性

一、石榴坐果率

石榴自交结实率平均为33.3%,品种不同,自交结实率不同,一般花瓣数多的自交结实率也高,如白花重瓣和红花重瓣品种自交结实率为50%,一般花瓣数的品种(5~8片)自交结实率为23.5%。相对而言,异花授粉结实率远远高于自花授粉结实率,可高达83.9%。

二、石榴的结果枝

结果枝自春至夏,陆续抽生,不断开花。春梢的结果枝最多,结果率也高;夏梢和秋梢上的结果枝,因开花较晚,果实常发育不良或花而不实。

北方地区自4月下旬或5月上旬开花,花期可持续2~3个月。每抽1次枝,就开1次花,坐1次果。因此,石榴的花就有了头茬花、二茬花、三茬花和末茬花之称。一般春梢开花结果比较可靠,果实发育好,但如遇倒春寒会影响到果实的发育,导致果形不端正。秋梢上的花,除在温暖地区可坐果外,北方一般发育不到完全成熟的程度。因此,头茬果个大、品质好,二茬果、三茬果逐次变小或发育不良。末茬花、果作为疏花疏果的对象,应及早地进行疏除。

据山东省枣庄市、山东农业大学等单位观察报道,5年生幼树,头茬果占6.8%,二茬果占56.7%,三茬果占26.5%,末茬果占10%。前3茬果是构成产量的主要成分,尤其是头茬果和二茬果。

三、石榴果实生长发育周期

石榴果实的生长发育,从授粉受精开始直到果实成熟,大体上可以分3个时期:幼果迅速生长期、果实缓长期、采前稳长期。其生长曲线基本属于双S形。

(1)幼果迅速生长期。石榴坐果后5~6周时间内为幼果期,此期内子房迅速膨大,果实增长最快,是日平均增长速度最快的时期。在授粉受精的初期,细胞分裂速度快,分裂期内,细胞数目增加得越快、越多,则将来果实就越大。幼果期是果实细胞分裂和生长的关键时期,需要消耗大量的营养物质。此阶段如果肥水不足,不仅果实瘦小,且造成落果严重。

(2)果实缓长期。出现在坐果后的6~9周时间内,此期细胞和果实各部分的生长速度减缓,种核开始变硬,因而也称硬核期。此期一般在8月上中旬,此时果实的膨大速度变缓。

(3)采前稳长期。也可称为果实生长后期或着色期,出现在采收前6~7周时间内,此期果实的生长速度较缓长期快,日均生长量大于中期、小于前期。果皮和籽粒均开始着色,直到果实成熟达到品种的应有色泽。同时,该期内果实进行大量营养物质的转化和积累,糖分迅速增加,风味开始变浓,直至果实着色成熟。

四、石榴果实的成熟及其品质形成

通常情况下,石榴从开花到果实成熟,需要120~130 d,成熟期各地略有不同。长江以北地区多为9月中旬至10月上旬才能成熟。河南荥阳栽培的"河阴石榴"多在9月下旬至10月上旬成熟,开封的'大红袍'石榴多在9月上旬成熟,封丘的'大钢麻子石榴'多在10月上旬成熟。

蔡永立等对安徽怀远'粉皮'的研究发现,石榴头批花为5月上中旬开花,二批为5月下旬至6月上旬开花,三批花于6月中下旬至7月中旬开花,前后跨时70 d左右;开封地区花期自5月15日前后到7月中旬大量开花结束,历时60 d左右。可见,头批果的发育要比二批果的发育早20 d左右,比三批果的发育早40 d左右。因此,对石榴来说,分期分批采收至关重要,只有适时采收,才能既保证采收果实的采后贮藏特性,又保证后批果实发育所需要的营养,最终达到提高果实品质、增加经济收益的目的。

石榴外观的色泽发育取决于叶绿素、胡萝卜素、花青素及黄酮等的含量。石榴果实外观色泽随果实的发育有3个阶段:第一阶段,花期花瓣和子房为红色或白色,直至授粉受精后花瓣脱落,果实由红或白色渐变为青色,萼筒处变色最晚,这个时期需要2～3周;第二阶段,即在幼果生长的中后期和果实缓长期,此期果皮为青色;第三阶段即从开始着色始,随果实发育,花青素增多,叶绿素逐渐消退,果实发育为该品种固有的色泽,对白色品种来说,叶绿素逐渐消退,果实呈现黄白色。

树体营养状况、通风透光情况、水分、温度等均影响果实的着色。如果是幼旺树或氮肥过量,则不利于着色;若修剪不当,内膛郁闭也影响着色,而光照过强,果实曝露在阳光下受到日灼的情况下,果实外部受到灼伤,内部籽粒则不着色;过于干燥不利于着色;成熟前一个月内温度过高或温差过小,果实着色不良;昼夜温差大果实着色更好,这也是为什么同一地区山上的果实上色比山下好的原因。

石榴果实的风味是由其可溶性固形物与酸的比值(固酸比)决定的。可溶性固形物包含果汁中能溶于水的糖、酸、维生素、矿物质等主要营养物质,是反映石榴果汁主要营养品质的一个重要指标。可溶性固形物含量达到14%以上,可溶性糖含量达到10%以上,即可评价为优良品种。随着果实成熟,总可溶性固形物和糖类(葡萄糖和果糖)大幅度增加,可滴定酸、有机酸和酚类物质含量大幅度降低,果实逐渐呈现该品种应有的风味。可溶性固形物的积累与果实发育后期的温差有很大的关系。

果皮厚度也是石榴果实的重要特征指标之一,果皮的厚度及厚度差对果实的采摘、包装、运输、销售和食用有重要的影响。一般来说,石榴果实的两端最厚,不易伤及内部结构;而中间最薄,距顶端1/4处较薄。距离果实顶端1/2和1/4的平均值及二者差的绝对值可以较好地反映果皮的厚度情况及果皮厚度的变化,可为果实采摘和采后处理提供很好的科学依据。

第四章　石榴苗木繁育技术

石榴苗木的繁育方法主要有扦插、嫁接、压条、分株、实生繁殖等，扦插繁殖是目前生产中最主要的繁殖方法。苗木繁育技术主要包括苗圃建立、育苗方式、插后管理、病虫害防治和苗木出圃等方面。

第一节　苗木繁育方法

一、扦插繁殖

石榴生根能力强，扦插为石榴主要的繁殖方法。

（一）母株和插条的选择

为保持优良品种的特性，防止品种退化，一定要选择品种纯正、发育健壮、无病虫害、丰产性好的母株采插条。一般采用生长健壮、灰白色的 1~2 年生枝作插条。插条粗度以 0.5~1 cm 为宜。

（二）扦插时期

石榴的插条可结合冬剪采取，贮藏过冬后春季扦插，也可随采随插而不必贮藏，只要温度适宜，四季均可进行。北方以春季扦插为好，春天的适期为土壤解冻后的 3 月下旬春分后、4 月上旬清明节石榴发芽前。云南则在多雨的 7~9 月进行，8 月最适宜于成活。在南京用嫩枝扦插，成活率很高。一般苗圃大量育苗仍以春季扦插为主。

秋季插条的采集和贮藏。秋天从选出的优良母树上剪取发育充实、无病虫害、芽眼饱满的合格枝条。剪去枝条基部、顶端不成熟部分以及多余分枝，每 50~100 根打捆，拴上标明品种的塑料标签运往圃地，分品种进行贮藏。贮藏一般用沟藏法，方法是选地势高燥背阴处开沟，沟深 60~80 cm、宽 1~1.5 m，长度依插条多少而定。沟挖好后，先在沟底铺 10~15 cm 的湿沙或细土，然后将种条平放于沟中，用湿沙将种条埋起来,厚度5~7 cm,上面再放,直到平地面。最后上面再盖15 cm厚的沙,然后培成脊形,以利排水。贮藏期间要加强管理,定期检查,掌握好贮藏的温湿度,温度以 – 2~2 ℃为宜,不可高于6 ℃或低于 – 8 ℃。

(三)扦插基质

石榴扦插地应选在交通便利、能灌能排、土层深厚、质地疏松、蓄水保肥好的轻壤或沙壤土。每公顷结合深翻施入37 500~45 000 kg优质有机肥以及1 500 kg磷肥,然后起垄做畦。畦宽一般1 m,长度10~30 m。土地平整条件好,畦可长些,土地不太平整时畦可适当短一些,以利灌溉,畦梁底宽0.3 m、高0.2 m。

(四)扦插方法

石榴扦插可分为短枝、长枝、绿枝扦插。前2种在春季发芽前扦插,后1种在生长季节扦插。

1.短枝扦插

扦插前,先整地打畦,灌一遍透水后待土壤见干见湿时翻松土壤,铺上塑料薄膜备用。

短枝扦插插条利用率高,可充分利用修剪时获得的枝条进行繁殖。插前,将沙藏的枝条取出剪去基部3~5 cm失水霉变部分,再自下而上将插条剪成长10~15 cm,有3~5节的枝段。枝段下端剪成斜面,上端距芽眼0.5~1.0 cm处截平。剪好后,立即插入清水中泡12~24 h,使枝条充分吸水。在插前浸入300 mg/L生根粉5 min,浸泡深度为2~3 cm;也可在10~20 mg/L萘乙酸或5%蔗糖溶液浸泡12 h,以增加枝内营养和生长素,对促进生根有明显作用。为了避免扦插时塑料薄膜封住插条端部不利生根,可在扦插前,先用其他粗度相近的枝条插入塑膜后拔出,再插入石榴插条。扦插时,按(25~30) cm×(5~10) cm的行株距,斜面向下插入育苗畦中,上端芽眼高出畦面1~2 cm。插完后顺行踏实,随即记好插条档案,记录扦插品种、数量、位置、时间等。最后灌1次透水,使枝条与土密接,并及时松土保墒、中耕除草,促使生根成活。

2. 长枝扦插

长枝扦插包括盘状枝扦插、曲枝扦插。其优点是可直接用于建园成树,苗木质量好、生长快。缺点是用种条量大,繁殖率低。在新建园内以栽植点为中心,挖直径60～70 cm、深50～60 cm 的栽植坑,坑内填土杂肥和表层熟土的混合土。挑选经沙藏的枝3 根,下端剪成马蹄状,速蘸300 mg/L 生根粉后,直接斜插入栽植坑内,上端高出地面20 cm 左右,分别向3 个方向伸展,逐步填入土壤并踏实。为扩大生根部位,下端1/3 处弯曲成60°～70°弓形放在定植坑内,即曲枝扦插或枝条下端盘成圆圈放入栽植坑内,即盘状扦插。这种繁殖方法得到的苗木,根系发育好,生长健壮,为早结果、多结果打下基础。

3. 绿枝扦插

绿枝扦插在生长季进行,利用木质化或半木质绿枝插枝来进行繁殖。四川、云南等地多在8～9 月雨季时进行。插枝长度因扦插目的而不同,大量育苗时插枝剪成长15 cm,从距上端芽1 cm 处剪成平茬,下端剪成光滑斜面,可保留上部一对绿叶,或留3～5 片剪去一半的叶片,以减少水分蒸发。剪好的短枝放到清水中浸泡,或用300 mg/L 生根粉速蘸后扦插。插后要进行遮阴,并加强土壤管理和避免土壤干旱,待苗生根,生新叶后逐步撤去荫棚。若用绿枝扦插建园,插枝长度以0.8～1.0 m 为宜。雨季插枝成活率高,方法同春季硬枝扦插,注意遮阴并及时灌水以促使成活。

(五)日常管理

1. 灌溉与排水

石榴扦插后,要注意保持育苗地或栽植坑土壤含有充足的水分,要经常浇水,并在土壤稍干时,注意及时松土保墒增温,促使插条早生根发芽。一般扦插后30～40 d 即可生根。当覆盖地膜干时要及时浇水,且要小水勤浇,避免泥浆沾到幼叶上或淹没幼苗,影响成活率。苗木速长期间要采取多量少次的办法灌溉。苗木生长后期要控制灌溉,除特别干旱外,可不必灌溉,以使苗木生长充实,增强越冬抗寒力。圃地发现积水应即时排除,做到内水不积、外水不淹。

绿枝扦插后要早晚洒水,保持苗床湿度。阴雨天要注意排水。

2. 除萌枝

当石榴苗高 10 cm 左右时,只保留 1 个健壮的新梢,其余萌枝则全部抹除。

3. 追肥

可在新梢长到 15 cm 时追 1 次速效氮肥,每公顷可用尿素 150 ~ 187.5 kg,施后浇水,以利苗木吸收,促进生长。7 月下旬再追 1 次肥,要控制氮肥,适当加大磷、钾肥,以促进苗木的充实和成熟。此外,在石榴苗生长季节,可喷施 3 ~ 4 次叶面肥,前期用 0.3 % 尿素溶液,后期用 0.4 % 磷酸二氢铵溶液。

4. 病虫害防治

苗圃中要注意及时防治病虫,刺蛾、尺蠖、大蓑蛾、石榴巾夜蛾等食叶害虫易发生,要注意在其幼龄期及时防治,保护叶片。另外,对蚜虫、红蜘蛛、食心虫等要注意芽前喷药消灭。

二、嫁接繁殖

嫁接即人们有目的地将一株植物上的枝条或芽接到另一株植物的枝、干或根上,使之愈合生长在一起,形成一个新的植株。通过嫁接培育出的苗木称为嫁接苗。用来嫁接的枝或芽叫接穗或接芽,承受接穗的植株叫砧木。

石榴嫁接可用于劣树种的高接换头,改接成结果多、品质优、抗逆性强的优良树种,同时还可使优良品种利用抗逆性强的砧木很快适应不同的条件。近些年来,为了使引进的软籽石榴等不抗寒品种适应当地的环境,可采用嫁接的方法进行育苗,通常利用抗寒能力强的'千层花'石榴或当地的石榴进行嫁接,为了避开低温层,嫁接高度应不低于 110 cm。利用石榴高接换头枝术,可获得接后第 2 年即开花结果,第 3 年大量结果,丰产、稳产和树冠基本恢复到原来大小的良好效果。嫁接多在生长期进行。

枝接法主要掌握的物候期是萌芽初期,一般 3 月下旬至 4 月中旬最为合适。①砧木。换头树应是生长健壮、无病虫害、根系较好的植株。换头前,要进行抹头处理,对有形可依的树一般选留 1 ~ 3 个主干,每个主干上选留 1~3 个侧枝抹头。主干留长,侧枝留短,主侧枝保持从属关系,抹头处锯口直径以 3~5 cm 较好,抹头部位不要离主干太远,以 1/3 为宜。一般 5 年生树可接 10 个头,10 年生树可接 20 个头,20 年生树可接 40 个头。如果砧木过粗,可接 2 个接穗,以促进砧木切面的愈合。②接穗。要从良种树上采取发育充实的一、二年生枝。接穗最好现采现用,全部采用蜡封处理。

(一)嫁接方法

石榴嫁接用得最多的是劈接、皮下接、切接等枝接法。

(1)劈接。在春分前后砧木不离皮时进行。将砧木在适宜的位置剪平,用劈接刀从砧木中心向下劈开长 4 cm 左右的劈口;接穗在其下端芽两侧各削以长 3~4 cm 的削面,削接穗时,注意使接穗外侧稍厚于内侧。用刀背将砧木劈缝撬开,将接穗插入劈缝,使接穗、砧木形成层对齐,并使接穗露白 0.5 cm,最后用塑料条密封绑紧即可。

(2)皮下接。在砧木萌芽、树皮易于剥离时进行。方法是:先在砧木嫁接位置,选光滑无疤处垂直锯断,用刀将断面削光,然后从接穗下端的侧面削一个 3~4 cm 长的马耳形大削面,翻转接穗在削面的背侧削一个大三角形小削面,并用刀刃轻刮大削面两侧粗皮至露绿。接穗削后留 2~4 个芽(节)剪断。接着在砧木上选择形成层平直部位与断面垂直竖切一刀,深达木质部,长度 2~3 cm。竖口切好后随即用刀刃轻撬,使皮层与木质轻微分开,再将接穗对准切口,大削面向着木质部缓缓插入,直至大削面在锯口上露削口 0.5 cm 左右。每个砧木断面可插 2~4 个接穗,接穗插好后用塑料薄膜带从接缝下端扎起,直至把接穗砧木扎紧扎严。

(二)接后管理

(1)除萌蘖。

(2)查成活补接。接后 15 d 左右检查成活,当发现接口上所有接穗全部皱皮、发黑、干缩,则说明接穗已死,需要补接。

(3)抹芽。嫁接成活后剪砧,砧木的芽萌发早、长势强,因此必须将砧木的芽及时抹除,通常要抹芽除萌 3~4 次。

(4)去薄膜、设支护。接活的芽于接后 4 周左右用针锥将芽上的薄膜挑破,助芽破膜,当接芽抽生的新枝长至 20 cm 左右、基部木质化时,将密封绑缚接穗和砧木的薄膜全部及时去除。成活后长出的新枝,由于尚未愈合牢固,容易被风吹断。因此,当新梢长至 15～20 cm 长时,在树上绑部分木棍作支护(俗称绑背)。此后,随苗木不断生长,每隔 15 cm 加绑一道。

(5)夏季修剪。当新梢长至 50～60 cm 时,对用作骨干枝(主侧枝)培养的新梢,按整形要求轻拉,引绑到支棍上,调整到应有角度。其他枝采用曲枝、拉平、捋枝等办法,变枝条由直立生长为斜向、水平或下垂状态,以达到既不影响骨干枝生长,又能形成较多混合芽开花结果。

(6)肥水管理。萌芽后每隔 20～30 d 追施速效氮肥 1 次,共追3～4 次,每次每亩施用尿素 12.5～15 kg,追肥后及时灌水,以促进吸收利用。7 月下旬后一般不再追施氮肥,应追施磷、钾肥,同时适当控制水分,防止苗木徒长。

(7)深秋喷施乙烯利,促进落叶,提高越冬能力。据李宗圈等(1996)的研究,喷施 1 500 倍 40% 乙烯利后 40 d 左右,落叶率可达87.4%,而对照为 42.3%。该研究对于河南等北方产区软籽石榴的越冬具有借鉴意义。若以防冻害为目的,可于当地早寒流来临前 40 d 喷施适当浓度的乙烯利,如在河南,早寒流降温时间多在 11 月 20 日前后,因此喷乙烯利的时间应在 10 月 10 日前后。值得注意的是,乙烯利出厂时间、树龄大小、密度大小、用药时的温度、使用器械等均影响使用的效果。一般出厂时间短的浓度宜小些,温度高时使用浓度宜低些。

三、实生繁殖

实生繁殖即用种子进行繁殖。因种子繁殖变异大,结果迟,因此多在进行杂交育种时应用。

秋季果实成熟时,将其采下。取出种子,搓去外种皮,将种子与河沙按 1:5 的比例混合后贮藏,也可阴干后贮藏。另外,将果实整果进行贮藏,待春季时取出种子也可。

春季 2～3 月播种。播种前,将种子浸泡在 40 ℃的温水中 6～8 h,

待种皮膨胀后再播,也可采用适当浓度的赤霉素进行处理,以提高出苗率。将浸泡好的种子按 25 cm 的行距播在培养土中,覆 1 ~ 1.5 cm 厚的土。上面覆草,浇一次透水。以后保持土壤湿润,土温控制在 20 ~ 25 ℃。经过 1 个月左右,便可发出新芽和新根。苗高 4 cm 时按 6 ~ 9 cm 的株距进行间苗。6 ~ 7 月拔除杂草后施 1 次稀薄的粪水,8 月追施一次磷、钾肥。夏季抗旱,冬季防冻。秋季落叶后至次年春天芽萌动前可进行移植。为了提高管理效率,目前多采用育苗穴盘进行育苗。

四、压条繁殖

压条繁殖是在枝条不与母株分离的情况下,将枝梢部分埋于土中,或包裹在能发根的基质中,促进枝梢生根,然后再与母株分离成独立植株的繁殖方法。这种方法不仅适用于扦插易活的园艺植物,对于扦插难以生根的树种、品种也可采用。因为新株在生根前,其养分、水分和激素等均可由母株提供,且新梢埋入土中又有黄化作用,故较易生根。缺点是繁殖系数低。石榴可以利用根际所生根蘖,于春季压入土中,至秋季即可生根成苗。还可采用空中压条法。可在春、秋两季进行,将根际萌蘖苗压入土中,当年即可生根,第二年即可与母株分离,另行栽植。旱地少量繁殖可用此法。

五、分株繁殖

凡新的植株自然与母株分开的,称作分株。凡人为将其与母株割开的,称为分割。此法繁殖的新植株容易成活,成苗较快,繁殖简便,但繁殖系数低。

石榴分株繁殖可选良种根部发生的健壮根蘖苗,挖起栽植,一般于春季分株并立即定植为宜。可在早春芽刚萌动时进行,将根际健壮的萌蘖苗带根掘出,另行栽植。对自然形成根蘖苗少的品种,可在萌芽前将母树根际周表土挖开,晾出大根适当造伤,然后施肥、覆土和浇水,促使产生大量根蘖苗。

第二节　石榴优质苗木生产标准

为了规范石榴苗木生产,特从石榴苗圃建立、育苗方式、苗木出圃、病虫害防治和苗木出圃等方面提出石榴优质苗木生产标准。

一、苗圃建立

(一)圃地选择

选择地势平坦、背风向阳、土质疏松、肥力较高、给排水条件良好、无危害性病虫源,地下水位最高不超过 1 m,土层厚度一般不小于 50 cm,微酸至微碱性的沙壤土、壤土或轻黏壤土的地块作圃地。另外,育苗用灌溉水质要清洁无污染,切忌用污水灌溉。

(二)苗圃规划

苗圃地包括两部分:采穗圃和苗木繁育圃,比例为 1:10。对规划设计的小区、畦,进行统一编号。采穗园推荐选用经省级以上果树品种审定委员会审定通过、在当地引种栽培试验表现优良的品种。

(三)整地施肥

育苗整地一般在秋末冬初进行深翻,深翻以 25~30 cm 为宜,深翻后敞垄越冬,使土壤风化,利用冬季低温冻死地下越冬害虫。2 月土壤解冻后精细整地,每亩施入腐熟农家肥 4 000 kg,可同时混入过磷酸钙、尿素、草木灰等。

(四)做畦

整地后,规划好灌排水渠道,然后耙平做畦,一般畦宽 100 cm,畦埂宽 30 cm,畦长 10~30 m。

二、育苗方式

一般采用扦插育苗,主要是硬枝扦插。详见本章第一节。

三、苗木出圃

(一)出圃时间

秋季落叶后至土壤结冻前,或翌年春季土壤解冻后至萌芽前,为石榴苗的出圃时间。冬季寒冷地区,如果培育的是不抗冻的石榴品种,宜在早寒流之前起苗出圃,为了提高苗木抗冻能力,可提前 40 d 喷施适当浓度的乙烯利进行处理。

(二)起苗方法

起苗应在暖和的天气条件下进行,要按品种起苗。起苗时,要尽量多带根系,不伤大根。起苗后,应及时用湿土掩埋保护根系。

(三)苗木分级

苗木出圃后,可参照以下苗木质量分级标准进行分级(见表4-1)。

表4-1　石榴苗木质量分级标准

苗龄	等级	高度(cm)	地径粗度(cm)	侧根数(个)	根系
1 年生	一	≥80	≥1	≥6	完好无伤根
	二	60 ~ 80	0.7 ~ 1	4 ~ 5	无伤根
	三	40 ~ 60	0.5 ~ 0.7	2 ~ 3	少数伤根
2 年生	一	≥120	≥2	≥10	完好无伤根
	二	100 ~ 120	1.5 ~ 2	6 ~ 10	少数无大伤
	三	80 ~ 100	1 ~ 1.5	4 ~ 6	大伤少

注:1. 本标准以单干苗为对象制定,多干苗高度、地径粗度可相应类比降低,侧根数不变。

2. 侧根数以侧根粗度≥5 为标准计算。

3. 所有苗木须经检疫合格。

(四)苗木假植

苗木大量假植时,选择避风、高燥、平坦处,东西向挖宽 10 ~ 15 m、深 30 ~ 40 cm 的假植沟,长度根据苗木数量和地形而定。将苗木分品种、按级别,每 100 ~ 200 株为 1 排,苗木梢部向外、根部向内放入沟内,用湿细土或沙逐行填埋,注意边填边抖动苗木,使根系、苗干之间充满细土。最后覆土厚 10 ~ 15 cm。墒情不好要洒水,温度过低要覆盖。对于冬季寒冷地区,不抗寒的苗木要全部埋入土中,上部根据天气变化逐步加厚覆土至 20 cm。

(五)苗木检疫

在苗木落叶后出圃前,应进行产地检疫。苗木调运前,应申请植物检疫部门进行调运检疫。

第五章 石榴简约化栽培技术体系

随着我国经济的飞速发展,人民收入的日益提高,劳动力价格也不断上涨,加上肥料、农药等农用物资价格的上涨,使果品生产成本不断增加。所以,在保证果品质量的同时如何降低果品生产成本,已成为果品生产者,尤其是大型果园所面临的具体问题。省力化栽培着眼于充分利用先进生产技术,努力节省生产成本,将是未来果品生产的主流模式。石榴的优质丰产简约化栽培技术体系,是结合特定的立地条件,在建园的基础上,根据石榴本身生物学特性及生长发育规律所制定的以减少投入成本为目的的果园配套栽培管理技术措施。这套栽培技术体系包括石榴园栽植密度、栽植方式、树形、土肥水管理、整形修剪技术、病虫草害的防治等。

第一节 石榴栽培模式及现代新型果园建设

一、石榴栽培模式

石榴在我国已有 2 000 多年的栽培历史,但长期处于野生半野生的状态。近年来,由于石榴较高的营养和观赏价值,成为世界各国消费者喜爱的果品,而且在国内外市场上价格较高,供不应求,许多石榴经营者也取得了较好的经济收益,但在我国的石榴产区多数仍属于一家一户的生产管理模式。

随着我国经济的飞速发展,人民生活水平有了较大的提高,一方面,消费观念发生了巨大的变化,对果品的要求日益重视其产品的质量,尤其注重是否对健康产生危害,有没有安全保证等,也就是说,市场对果品质量的要求越来越高,市场竞争也会越来越激烈;另一方面,劳动力成本日益上升,在今后的竞争中,要想获得较高的经济效益,这就对我国现有的一家一户的生产模式和粗放、任意的管理技术提出了挑战。

我国石榴栽培管理中还存在着诸多方面的突出问题。一是缺乏与不同立地条件相适宜的科学合理的栽培模式、栽培管理技术和设施，造成标准化、规范化程度不高。近年来，我国石榴种植面积有了较大发展，但在很多石榴园，却仍然存在不少问题，有的密度过大、产量低、品质差；有的果园 4~5 年生树仍无收益等，除品种原因外，主要就是栽培模式任意、栽培管理技术跟不上所致。有些树基本上是放任自长，造成树形紊乱，通风透光不良，花芽分化受到抑制；有些石榴园土肥水管理投入少，树势弱，加之超负荷留果，追求高产指标，造成果个小、品质差。另外，随意早采、分级不严、贮藏运输手段差和缺少必要的加工设备等，同样导致效益低下。石榴园在不合理的栽培模式、粗放管理、技术落后的情况下，即使是优良品种也难以发挥较高的效益。二是许多果园不重视苗木的质量标准以及栽后各种技术的应用。有些石榴园苗木达不到出圃要求就进行建园，同时根本就没有基础设施，机械化、标准化程度极低，无法及时进行科学施肥和浇水，植保措施滞后而且不能够统一，病虫害大量发生，果实品质差。三是市场竞争意识淡薄，高档优质果品率较低。果农忽视花果的精细管理，许多果农不注意疏花疏果等增进品质措施的应用，高产并没有换来真正的高效益，也就是说，石榴的品质存在着较大的问题，高档优质果很少，与市场对优质高档石榴果的需求相差甚远。

要解决存在的问题，首先要探索石榴的栽培模式和建立配套丰产栽培技术体系。从过去一家一户的生产模式和粗放、任意的管理技术转为从石榴的产前、产中、产后各个环节逐渐改进落后的管理技术，在适宜生态条件的地区建立优质石榴生产基地的前提下，采用配套、科学的技术措施，如覆膜法、覆草法、种植绿肥等土壤管理制度，科学合理地使用生长调节剂，精量适树施肥，合理进行整形修剪，采用花期放蜂、摘叶转果、适树定产、果实套袋等措施，提高石榴果品的质量，增进果实品质，包括外观品质、风味品质和贮藏品质等。要切实注意土壤、肥料、农药等方面的无污染使用，建立标准化绿色食品生产基地，使石榴果品在无公害的前提下进行生产。加强新技术、新产品以及果园机械在石榴园的应用力度,严把苗木质量标准,建立严格的标准化生产管理体系。

二、现代新型果园建设

(一)现代新型果园规划的原则和建设目标

建立现代新型石榴园,必须走集约化、标准化的道路。从栽培模式、整形修剪、土肥水管理、病虫害防治和安全生产等方面适应现代化的要求,其指导思想是以市场为导向,以石榴生产良种化、规模化、产业化发展为目标,以效益为中心,依靠科技进步,强化品牌意识,努力建成名优石榴示范园、绿色果品基地和观光农业示范中心。

其规划的原则要立足:①集中连片,规模发展;②坚持生态、经济效果和社会效益相统一,突出经济效益;③统筹规划,合理布局,突出重点,分步实施;④栽管并重,注重实效;⑤适地适树,以优质果用为主兼顾观赏。其总体面积应根据地理位置、社会经济发展水平及市场前景等方面综合考虑。要进行经济效益分析,并制订资金筹措计划。石榴现代新型果园建成后,还要力争使果园的"山水林田路"得到综合治理,立体开发,合理布局,使荒山变青山、秃岭成果园,解决水土治理和生态保护问题。

1. 集约化栽培与规模化建园

石榴园的规模化和集约化栽培是高效益生产最根本的保证。当前世界上果树生产发达的国家,其果园农场的规模日益变大,并且部分经济实力雄厚的集团也涉足果树生产和果品经营。这些大农场财力雄厚,技术力量强大,雇用了专职的研究员和农艺师,机械化生产水平高,生产技术规范,并能很快地采用果树研究的新成果和新技术,产品在国际和国内市场上竞争力强,经济效益显著。另外,规模化生产也是果树集约化栽培的前提。

集约化栽培主要表现在以下几方面:①实行合理密植栽培,以实现早果、丰产、优质,并能加快品种的更新。②生产的机械化程度高,可以减少对劳动力的需求。③灌溉和施肥标准化与自动化,即用科学的方法指导灌溉与施肥,满足石榴树生长发育过程中对水、肥的合理要求。④生产的产业化使人们越来越重视应用植物生长调节剂等控制果树的生长发育。⑤重视石榴树病虫害预测预报及病虫害的综合防治,重视生物防治技术的应用。

目前,我国的石榴除陕西、山东、云南、四川、河南等几个大的老石榴产区外,一些石榴的适宜栽培区新发展的石榴果园仍呈现出零星栽培现象,只能满足附近人口的鲜果供应,根本不能适应现代农业发展的要求,这与目前我国农副产品走向世界的大趋势显得不相协调。因此,从管理角度上积极调整产业结构,因地制宜地相对在一个地区规模化地建立石榴生产基地,对于推广石榴生产的先进技术、创牌竞争有重要的意义。只有实现相对的集约化栽培和规模化生产,才能真正做到增加科技投入,实现生态农业的管理模式,带来较高的经济效益,同时也才有可能为生产石榴果汁等高附加值的产品打下基础,才能真正地推动石榴的标准化和产业化发展。

2. 规范化、标准化与无公害化建园

石榴的生产越来越强调标准化和规范化,同一品牌、规格的果品质量应该完全一致。近年来,西欧各国大力推广标准化水果生产制度,不仅保护了环境,降低了成本,消费者也能买到放心的优质果品。在新西兰和日本,根据果实表皮底色的变化,用比色卡对每一个果实进行比色来确定其是否适合采摘(不同品种制定不同的比色卡),在一些果品生产中已成为常规的手段。现代果实分级机械已高度自动化,在分级时能对每一个果实的重量、颜色进行测定,在计算机控制之下,依据采收的标准进行分级。在果实的包装上,对每一箱果实的重量和每一等级相应的果实数量都有严格的规定。尽管适合我国具体情况的生产标准尚未制订,但这毕竟是一个世界性的发展方向。执行规范化的管理,包括耕作制度、病虫害防治措施、产量的限量,以及果实具体的规格标准都要有统一的、精确的值域范围。中国要遵照国际惯例,按照标准果品生产模式组织生产,才有可能参与国际竞争。目前,无公害石榴的市场占有率越来越大,无公害石榴的生产,要求不使用或尽量少地使用化肥,重点强调果品中无农药残留以及无有害物质的污染。无公害果品的生产关键是病虫害的防治,它要求石榴的生产者不到万不得已时最好能不使用化学农药,而且要求只能允许在一定时期内使用某些高效低毒的化学农药。因此,推广生物防治和综合防治技术,维持良好的果园生态环境,保护害虫的天敌,并为果园害虫的天敌提供更为良好的寄宿条件。另外,今后还要拓展果品深加工业。近年来,国际市场对果汁等加工品的需求量正在以6.13%的年增长率上升,5年后,果汁的进出口量将翻番。那么,中国今天的石榴生产,将为10年后的高附加值石榴果品生产奠定坚实的物质基础。总之,只要我们按照国际标准建立石榴果品的生产基地,在国际市场上一定会有较大的市场份额。

3. 结合荒山造林或美化、绿化等要求的石榴园建设

在我国还有大面积的较为偏僻地区的荒山没有得到高效的利用,在石榴适宜区今后还可以结合荒山造林建立石榴生产基地。石榴耐旱、耐瘠薄,管理简单,投入少,结合荒山造林不仅绿化了荒山,又可以形成新区果园,在环境的控制等方面没有土壤、水源、空气等方面的污染和残毒,是建立无公害化生产基地的合适选地。在这种荒山绿化中,可以适当发展加工品种和耐贮藏品种,也可以为今后的加工业提供优质的原料来源。另外,石榴花期长、果色美,是良好的园林绿化树种,荒山绿化也可以因地制宜地结合观光度假果园大面积地发展。石榴作为花果共赏的良好美化树种,供游人观赏、享用,给荒山以绿色,形成独特的石榴园景观。

(二)现代新型果园建设内容和要求

石榴是多年生果树,定植后在同一地点上要生活十几年,甚至几十年之久,它不像大田作物那样周期短,因此在建园前要慎重选择园址。在选择园址时,不但要考虑当地的环境条件,而且要估计到今后数十年间可能会发生的变化。

1. 选择适宜园地

石榴喜暖,适应性广,但抗寒性不是很强,在绝对最低温度低于-17 ℃时即使耐寒品种也易发生冻害,南方品种以及部分引进的不耐寒品种,在河南以及周边地区,绝对最低温度低于-10 ℃时就会发生冻害。值得注意的是,发生冻害的严重程度与石榴树体的状态、低温的程度以及低温下持续的时间有关。通常情况下,旺长的树或枝条易受冻害;未进入休眠期而突然寒潮来临的情况下,树体容易受冻;如果低

温持续时间长,即使温度并未达到 -10 ℃,果树也会受冻,这也是为什么在平原地带或通风不良的地段果树更容易受冻的原因。

在一般情况下,要求生长期大于或等于 10 ℃ 的活动积温均在 3 000℃ 以上才能够发展石榴。石榴的分布区域有明显垂直分布的特点,介于亚热带果树和温带果树之间,其垂直分布范围与温度有关,特别与最低温度密切相关。在河南荥阳、巩义,山西临汾、运城,陕西临潼、礼泉等地,主要分布在黄河两岸海拔 100 ~ 600 m 的黄土丘陵地带;山东枣庄主要分布在海拔 100 ~ 150 m 的丘陵地带;安徽淮北、蚌埠等地主要分布在海拔 50 ~ 100 m 的淮河两岸;云南蒙自、建水和巧家县及会泽县,四川会理的石榴主要分布在海拔 1 300 ~ 1 800 m 之间;四川重庆巫山县和奉节县石榴分布在海拔 600 ~ 1 000 m。总体而言,在高纬度地区垂直分布较低,低纬度地区垂直分布较高。因此一定要充分考虑石榴的这一特点选择园地,并对石榴的品种有充分的了解,真正做到适地适种。选择园地时,平原地区以交通便利、有排灌条件的沙壤土、壤土地为宜;丘陵地区以土层深厚、坡势缓和、坡度不超过 20° 的背风向阳坡中部,且具有贮藏条件者为最好。

2. 科学规划石榴园

选好园址后,对园地进行科学合理的规划,不但要保证果园在整体上美观,更要符合石榴生长发育所要求的基本条件,同时还要满足果园作业必要的道路、灌溉、采收等要求。如果是生态型观光果园,就更要从休闲、度假等角度进行更高审美层次的规划和设计。

1) 栽植方式

在规划石榴园以前,首先要确定石榴的栽植方式。石榴树的栽植方式应因地制宜。城镇近郊,多以生产鲜果供应市场为目的,宜成片建园栽植,有利于集中管理,成批销售,取得较高的经济价值;远郊、山区发展石榴多以生产耐贮藏、宜长距离运输的品种为主。风沙区也可结合防风林网,做林内灌木使用。另外,在丘陵山区尽量坚持石榴上山的原则,结合山区开发,发展石榴生产。一是山区温差大,有助于糖分积累,果实含糖量高;二是丘陵山地的光照充足。据测定,海拔每升高 100 m,则光强度增加 4% ~ 5%,紫外线强度提高 3% ~ 4%,因此山地石榴果实病虫害少,树势中庸,易控制树形,果面光洁,着色艳丽,耐贮藏运输,优质丰产。

2) 园地规划

具体来讲,果园的规划与设计分果园土地规划、道路系统的设计以及排灌系统的配置、品种的选择搭配、防护林带的设置和水土保持工程的修建等。在规划时,封闭生产性果园应充分体现以果为主的原则,兼顾其他功能。栽培面积应占总土地面积的80%,防护林或围篱占10%,道路占5%左右,其他如工作房、包装间、工具室占5%左右较为合理。开放性果园应充分考虑其观光旅游、休闲嬉戏等功能进行规划,力争果园的"山水林田路"合理布局,综合开发。

(1)石榴园小区规划。

为便于果园管理,要把石榴园划分为若干个小区。小区就是果园耕作管理的基本单位,即所谓的"作业区"。合理地划分小区,应按照以下基本原则进行考虑:一个小区内的土壤、小气候、光照条件基本一致,有助于实施统一的农业技术,防止果园的水土流失,有利于果园中的物资运输和其他生产操作过程的机械化。为此,小区的大小可因地形、地势与气候条件而异,也可考虑品种的特性和成熟期早晚等,在不影响授粉的情况下,尽量使一个品种相对集中。平地小区面积一般$1 \sim 3 \ hm^2$;山地由于地形、地势复杂,气候变化较大,面积可小些。为便于耕作与管理,平原小区以长方形为佳,小区的长边与主风向垂直,这样果树行间也有一定防风作用。山地以等高线平行栽植。

(2)道路设计。

一般大型果园设有主路、干路、支路。主路应居石榴园中间,穿全园,将果园分成几个区。主路与外公路相连,宽度可为$5 \sim 7 \ m$。小区与小区间设干路,最好规划在两小区分界线上,宽$4 \sim 5 \ m$。为便于生产,小区内要设支路,宽$1 \sim 2 \ m$,与干路相连。小面积果园,应少设道路,以免浪费土地。

(3)排灌系统的规划。

排灌系统主要包括蓄水、输水和石榴园地灌溉网。山地石榴园多用水库、水塘或蓄水池,平原采用河水或井水灌溉。

（4）其他。

办公和休息用房、包装场、配药场及果实贮藏库等也应全面合理地进行考虑。

3. 科学建园

要做到科学建园,首先要考虑栽植时间、栽植的行向和密度、栽植方法。其次是不同气候地理环境等方面的特殊性。

1）栽植时间

石榴树在秋季和早春栽植均可,在北方,笔者建议早春栽植。秋季栽植的优点是,苗木出圃后立即栽种,栽种后经过一个冬季较长时间的缓苗期,根系伤口愈合完全,并能提早形成大量新根,对春季萌芽成活和生长大有好处。但在冬季寒冷干旱、春季多风少雨的地区,秋季栽植苗木冬季易枝条抽干,所以最适宜的栽植季节应为土壤解冻后至春季萌芽前。选择营养袋苗或容器苗则一年四季都可种植。

2）栽植的行向和密度

平原地区应采取南北行向。山区光照条件好,可不考虑行向,只按坡势进行等高栽植即可。石榴为喜光果树,因此栽植时,首先要考虑果园的通风透光问题,其次考虑合理密植的问题。石榴的合理密植能够充分发挥石榴的生产潜力,提高光能利用率,使果园提早丰产。河南省各地果园,在石榴的生产中已摸索出一套与当地自然条件相适应的栽植密度,且具有较高的丰产水平。平原地区的栽植密度为:株距 2 ~ 3 m,行距 4 ~ 5 m,栽 44 ~ 83 株/亩。丘陵、浅山区株行距可设为:株距 1 ~ 2 m,行距 3.5 ~ 4 m,栽 83 ~ 167 株/亩。但各地的土壤肥力、灌溉条件、管理水平等不同,在确定栽植密度的时候,都要进行综合考虑。凡土壤肥力和灌溉条件差的果园或树势稍弱的品种,栽植的密度可适当大一些;反之,则适当稀植。另外,新建果园规划建议宽行密株栽培,以适应机械化管理的需要。

3）栽植方法

栽植石榴之前,首先应按株行距的设计把定植点定准,然后挖栽植坑。栽植坑宜大不宜小,一般深度为 80 cm,直径 1 m 左右。一般每穴施厩肥 25 ~ 50 kg,掺入 0.5 kg 过磷酸钙与上层熟土混合均匀填入坑中。将底层心土填在上部呈馒头状,坑应在秋冬季挖好,使土壤熟化。

栽前将苗木从假植处挖出,选择无病虫害、根系完整、苗干光滑、无伤的优质苗木进行栽植。栽植前,还需将伤根剪平,短剪过长侧根,再放于清水中浸泡 12~24 h,使根系充分吸收水分以后,蘸上泥浆,以利于伤根愈合和新根的生长。苗木一定要按事先的设计分清品种,不能混淆。苗木应置于坑的中间,使根系自然舒展。在新疆埋土防寒区石榴定植时,使苗木在定植坑中向南倾斜 70°~80°。填土时,先把风化的表土填于根际,心土填于上层,随填土轻轻提幼苗,使根系伸展,并分次将土踏实与根系密接。苗的栽植深度以使根颈部位略高于地平面,然后灌透水使根颈稍稍下陷,保持原根颈部略低于地面为宜。在灌溉条件差的丘陵地区,定植前应沿等高线修建梯田或挖鱼鳞坑,以蓄水保墒。梯田田面较窄时,只栽 1 行,宜靠近梯田外缘栽植,栽植深度不宜过浅。

提高石榴苗木的栽植成活率,是建园的基础。要提高苗木栽植成活率,应注意做好以下几方面的工作:

(1)选择优质壮苗。壮苗是提高栽植成活率和早果丰产的基础。选择品种纯正、生长健壮、无病虫害的苗木进行种植,种植时按照 1/5 配授粉树。石榴苗木的生产多采用无性繁殖方式。目前据历年来各地石榴苗木出圃及栽植的实践,苗木的标准规格已大致达成共识。建园的苗木要选择枝干根皮无机械损伤,根系发达完整,≥0.2 cm 侧根 3 条以上,侧根长 20 cm 以上,地径粗(直径)≥1 cm,苗高 90 cm 以上且无检疫性病虫的二年生石榴壮苗。

石榴苗木标准针对单干性苗木而定,多干丛状树形的地径、干高可适当降低,但侧根数多少不变。

(2)苗木起苗、假植、运输过程要严格遵守技术规程。严防苗木失水,特别是根系失水干枯。

(3)挖大坑并注意栽后保墒。栽植时最好挖大坑,注意栽后保墒,尤其在盐碱地或春季干旱、水源缺乏的情况下,要想办法解决土壤的保墒问题,或者考虑用营养钵苗在水源保障情况下建园。在苗木定植后及时灌透水,当地面出现轻度板结时,应及时对树盘松土保墒,以减少水分蒸发和提高地温。待苗木发芽后,看墒情浇 1~2 次水,以满足幼树生长发育对水分的需求。也可采用地膜覆盖和树盘覆草,以减少土壤水分蒸发,提高地温,促进苗木新根形成,提高苗木的栽植成活率。

4. 栽植后管理

石榴苗栽植以后,应及时加强管理,不能放任自长。

(1)注意苗木定干和修剪。苗木栽植后,发芽前就应该按树形的要求及时定干,并剪除基部多余的瘦弱枝、病虫枝和干枯枝,减少树体的表面积,使树体少失水,同时减少了植株的生长点数目,使树体的营养物质能够相对集中。

(2)及时浇水。除栽植水要灌透外,以后只要天气无雨,就应当每月浇2~3次水,直到雨季到来,旱情解除。

(3)除草和松土保墒。及时清除果园杂草,减少土壤的养分流失,以免发生草荒。松土可以减少土壤水分蒸发,提高土壤湿度,起到保墒的作用。在水源条件不足的地方,可以在灌足栽植水后,采取树干四周即树盘覆盖地膜的措施保墒。

(4)补栽苗木。为了尽可能地一次保全苗,应做好生长季内缺株补植工作。首先要预留5%~10%的苗木按0.5~1.0 m距离栽于另一地块中暂时保存或栽植于营养钵内,春季萌芽后检查苗木成活率,对死亡苗木及时补苗。

(5)病虫害防治。要注意及时防治病虫害,保证幼苗的健壮生长。

(6)苗木防寒。石榴苗在秋季栽植时,易发生冻害和抽条现象,因此一定要注意冬季防寒。可在枝干上捆包稻草等材料,以利保温,同时基部培土,以保护根颈。新疆寒冷地区应埋土越冬。

5. 沙地、盐碱地和山区丘陵地带建园

沙地、盐碱地及山区丘陵地带是今后发展石榴园的主要地带。一是这些地区不宜种粮食作物;二是顺应国家开发荒滩、荒山的政策导向,也是退耕还林、防止水土流失的措施之一。在我国现仍有大面积的沙地、盐碱地和山区丘陵地带,据有关报道,仅黄河故道沙化面积已超过4 000万亩,加上沿海及内陆沙漠面积更大,就山丘、丘陵而论,占全国总面积的2/3,盐碱地面积则已达3亿~4亿亩,是我国发展包括石榴在内的各种适应性较强的果树种类的主要地区。

1)沙滩地建园

沙滩地特点是:第一,沙滩地果园土壤贫瘠,有机质含量低。沙土地主要是石英,矿物质盐分少,严重缺乏氮、磷、钾等,而且腐殖质含量低(不超过0.1%~0.2%),果树易患缺素症。第二,温差大,沙土的比热小,白天温度上升迅速,而夜间散热快,易造成白天灼伤、夜间冻害。第三,地下水位高,排水不良。沙地渗水快,雨水没有径流,全部下渗,地下水位容易提高。特别是在沙土下有黏土层的地方,往往易形成较高的假水位,阻碍果树根系向下发展,有时引起涝害。第四,保水保肥能力差。沙粒大,光滑,土壤水分易渗漏,空气含量高,所以平时田间持水量较其他土壤低。此外,风沙飞扬,打坏叶子和花朵,吹干柱头而不利授粉,而且很大一部分沙地属于盐碱化的沙荒。

沙滩地果园,首先要考虑的问题是防风固沙、改良土壤、防旱排涝。具体措施是:①改良土壤,将下层淤土层翻到地面上来,使其相互混合。对沙层厚,下面又无黏土层的,需从他处运土铺在沙土上,每亩铺5 t左右。有河水灌溉条件的滩地,可将带有泥土的河水引入园地,淤泥压沙,一般淤土30~50 cm。在石榴树定植前,泥土和沙深翻拌和,洪水中含有大量的细土粒、腐烂植物和牲畜粪便,故引河水淤灌能改造沙土松而不黏的不良特性,提高土壤肥力。也可施用有机肥和种植绿肥,施用有机肥是改良沙地的有效措施,种绿肥能固沙、保水,还能增加土壤中的有机质和营养元素含量。沙区以种植沙打旺最好,其他还有苜蓿、草木樨等。②防风固沙。没有植物覆盖的沙土地上,易造成风蚀和形成流动沙丘。防治的最有效办法就是营造防护林,即所谓群众所讲的"要想风沙住,必须先栽树",可以将高的防护林树种和石榴树结合种植。

2)盐碱地建园

我国的盐碱地主要分布于西北、华北、东北和海滨地区,一般为平原和盆地,地势较平坦、土层深厚。由于石榴园抗盐碱性较强,在土壤pH值为8.4时,仍能生长,故可在一些盐碱地区发展石榴种植。但pH值过高时,则易造成缺素症,根系生长不良,树体早衰,产量低。此时建园应采取相应措施,才能获得理想效果。采用的具体措施有:①土壤改良。首先是利用引洪水洗盐和排走地面及地下水的方法,达到排盐和洗盐的目的。生产上可在石榴园顺行间每隔20～40 m挖一道排水沟,以利盐碱顺利排出,同时定期引洪水灌溉,达到洗盐之目的。灌前要把盐碱地耕翻耙平,破坏盐结壳、盐结皮、板沙层和板淤层,以利透水淋盐。盐碱地排水沟应常年清沟,不能杂草丛生、堵塞排水。其次是增施有机肥,有机肥料中含有有机酸,可以对碱起中和作用,且能改善土壤理化性质,促进团粒结构形成,提高土壤肥力,减少蒸发,防止返盐碱。另外,种绿肥也有效果。再次是勤中耕,中耕可减少土壤蒸发,防止盐碱上升,结合追肥浇水,多次深锄,以及雨后及时松土保墒,这样可防止盐碱随水上升,减轻土壤碱化。此外,地面覆盖、铺沙等,均因减少土壤表面蒸发而具有压碱改土的作用。②改变栽植技术。把定植穴中含盐多的土除去,再换上一层好土。客土层越厚,效果越好。也可起垄栽培,垄宽1 m、高40 cm左右,在垄上栽植石榴树。如果地膜覆垄和覆草,则效果更好。

3) 山丘地建园

山丘地建园时,应选好地形,各处气温、日照、降水、土壤等都要综合考察后,符合石榴生长结果要求时再建园。石榴垂直分布区域较大,50～1 400 m均有栽培,但超过1 400 m即易受冻。就坡度而言,不超过20°的坡地较适宜。如果坡度过大,则土层越薄,肥力、水分条件越差。陡坡上极易产生水土流失。如果在四周地势较高的低洼地建园,容易发生石榴园冻害。因此,在经济和劳力允许的条件下,可以建立水土保持工程,以防止水土流失。在定植前,最晚在定植后做好水土保持工程,其中梯田、鱼鳞坑和撩壕应用最普遍,兴建这些工程时,均需按等高线进行施工。

6. 容器大苗的培育和建园

由于石榴属于童期长的树种,苗木栽植后的前3年内没有产量或者产量很低。利用容器培育3～4年生整形大苗,直接进行建园,当年结果,将节省大量的前期投入和管理成本,缩短前期田间管理周期,而且容器苗木运输方便,不伤根系,可直接栽植成活,栽植当年即可获得较高经济效益。对于经济条件较好的地区可以使用容器大苗建园。

第二节　石榴整形修剪技术革新与省力化修剪

一、整形修剪原则及技术

整形修剪要根据石榴树的生长结果习性进行。要考虑树体生长势强弱及品种的特性,通过人为地整形、修枝,促进石榴营养生长和生殖生长的平衡,创造高产优质的树形结构,以获得理想的经济价值。

过去石榴树的栽培,主要靠自由生长,属放任型的果树,经济产量低、品质差,石榴的优良特性得不到充分的表现。近年来,尽管人们在石榴的栽培生理方面进行了诸多方面的研究、尝试和应用,但和苹果、桃、葡萄等大宗果树相比,尤其是整形修剪的生理基础研究等方面还不够成熟和精细,需要进一步的研究和完善。实践证明,要让石榴高产优质,就必须进行合理的整形修剪,形成合理的树体结构。不同的栽培区域、不同的修剪时间,适用不同的修剪技术。在我国,非埋土防寒栽培区与新疆等地埋土防寒区的修剪要求与具体相关的栽培管理措施也稍有区别。

(一)整形修剪作用

整形修剪主要达到以下目的:

(1)培养健壮、牢固的树体骨架。有了良好骨架,才能使枝条结构合理,树冠各部分通风透光,达到立体结果的目的;有了良好的骨架,才能延长结果年限。

(2)调节营养生长和生殖生长之间的矛盾。通过修剪,使树体一面结果,一面生长,维持稳健树势,达到高产稳产。

(3)控制树冠大小。合理整形修剪,以便于密植和田间管理。

(4)促使结果枝组更新。合理修剪,可以保证结果枝正常发育,连年结果,防止早衰。

整形修剪后,石榴树体结构的基本要求要达到主从分明、骨架牢固、通风透光、枝量适中。

(二)整形修剪时期和基本手法

根据石榴树的生长结果习性和树形要求及土壤立地条件等,采用适当的修剪技术措施,进行合理的整形修剪,才能达到石榴园的优质高产。

对石榴树来说,整形是在幼树时期,通过修剪来达到效果,而修剪措施必须以整形为基础。因此,整形修剪是难以分开的两个概念,但是无论是整形还是修剪,都要遵循"因枝修剪,因树整形"的基本原则,综合运用各种修剪手段,达到结构合理,主从分明,通风透光,丰产、稳产、优质的目标。

1. 整形修剪时期

石榴树的整形修剪可分为休眠期修剪和生长季修剪。

(1)休眠期修剪,也叫冬季修剪,时间为秋季落叶后至翌年春季枝条萌发以前。冬季修剪要以调整树体骨架结构,调整树形,调整生长、结果的矛盾,合理配备大、中、小枝组和培养、更新结果枝组为目标。由于冬季时树体处于休眠状态,因此留枝量、枝条修剪长短等对翌年春季的影响较大,修剪反应强烈。

(2)生长期修剪。可从春季树体萌芽后一直到秋季落叶前的一段时间进行。一般生长季修剪多指夏季修剪,夏季修剪的方法主要有抹芽、扭梢、拉枝、疏枝、环剥等机械措施,此期修剪,树体的反应比冬季修剪要缓和一些,不易形成强旺枝。

2. 修剪措施和方法

冬季休眠期和生长季修剪,对石榴树的修剪手法有所不同。

1)冬季修剪措施

冬季修剪一般采用疏枝、短截、长放、回缩等措施,石榴树成枝力强,修剪以疏枝为主,避免树冠郁闭。①疏枝:指将一个枝条从基部全部去除。主要在强旺枝条,尤其背上徒长枝条以及衰弱的下垂枝、病虫枝、交叉枝、并生枝、干枯枝,外围过密的枝条,以达到改善通风透光、促进开花结果、改善果实品质的作用。②短截:指将枝条剪去一部分。主要在老树更新以及幼树整形时采用。石榴花芽一般分布在枝梢顶端,因此在成龄树上短截易出现新梢旺长,影响开花结果。③长放:指对枝条不加任何修剪。主要用于幼树和成龄树,促进短枝形成和花芽分化,具有促使幼树早结果和旺树、旺枝营养生长缓和的作用。④回缩:指将多年生枝条短截到分枝处。主要用于更新复壮树势,有促进生长势的明显作用。

2)夏季修剪措施

夏季修剪是为了改善树冠通风透光的状况。有些树生长过旺、发枝多,致使树冠郁闭,不通风透光。通过夏季修剪可调整大枝的方向、角度,对一些不当的枝条进行处置和疏除,从而改善内膛光照条件,对于病虫害的防治和提高果实品质等都有很大好处。另外,还可通过夏季修剪调节营养物质的运输和分配。尤其是生长条件良好的幼树,一般均生长过旺,枝条抽生多,利用夏季修剪可以促使生长势缓和,提早进入结果期。

生长季节还值得注意的是,当前推广的软籽石榴品种,树势较弱,干性不强,为了使其早成形,要及时采用扶干的方式使其直立生长,达到早成形、早丰产的目的。

夏季修剪的主要技术措施包括:①抹芽。即抹去初萌动的嫩芽,抹除根部及根颈部萌生的距地面30 cm以下的萌蘖。及时抹芽,可减少树体养分浪费,避免不需要的枝条的抽生,保持树形,还可改善通风透光,对衰老树可提高更新能力。②摘心。对幼树的主侧枝的延长枝摘心可以增加分枝,增大树冠;对要想培养结果枝组的新梢摘心,则可促使分枝,早一步形成结果枝组。摘心时期以5～6月为好。③扭枝、圈枝。6～7月对辅养枝进行扭伤,可抑制旺枝生长,促进花芽分化,利于早开花坐果。④增大枝条开张角度。各级主、侧枝生长位置直立时可采用绳拉、枝撑、下压的方法使之角度开张,改善树体的通风透光。⑤疏枝、拿枝、扭枝。疏除生长位置不当的直立枝、徒长枝及其他扰乱树形的枝条。对尚可暂时利用、不致形成后患的枝条用拿枝、扭伤缓放处理,使其结果后再酌情疏除。拿枝、扭枝一般要伤到木质部。⑥环剥。在辅养枝上或不影响主枝生长的旺盛枝条上进行环状剥皮。环剥宽度要求十分严格,过宽时有可能使树体在环剥以上位置枯死。一般要求宽度不得超过环剥枝条直径的1/10,深至木质部,一般在7月上旬环剥。切勿在主干上进行环剥;否则,会严重削弱树势,影响树体的正常生长和结果。⑦扶干。对于长势较弱的软籽石榴,干性弱,为了促进其快速成形,宜于生长季节进行扶干处理。可以插一竹竿绑缚最上部新梢使其直立生长,形成主干延长枝,并结合适时摘心。

夏季修剪是在果园土肥水综合管理的基础上进行的一项辅助性措施,只起到调节作用。只有配合良好的综合管理,夏季修剪才能起到良好的作用。夏季修剪时,要注意疏枝不能过重,避免砍锯大量过多的枝条,影响树势。树势弱的树最好不要夏季修剪或只疏除枯枝、病枝和极少量的细弱枝。对幼树旺枝、不结果成龄树可以正常进行夏季修剪处理。

二、常用树形及整形方法

石榴为强喜光树种,生产上多采用单干式小冠疏散分层形、单干自然开心形、三主枝开心形、扇形等树形。简约化栽培推荐采用单干双层扁平树形。

(一)单干双层扁平树形的整形修剪

1. 适宜的苗木、栽植行向和密度要求

苗木:采用2年生一级壮苗建园(经济条件较好的地区可以使用容器大苗)。行向:采取南北行向。密度:采用宽行密株,株距1~2 m,行距4 m,亩栽83~167株。

2. 栽植前足量施肥、滴灌(或喷灌)配套

栽植坑宜大不宜小,施足底肥。坑应在秋冬季挖好,使土壤熟化。建设果园滴灌系统,该法灌溉节水效果好,土壤不板结,保证需水季节不缺水。滴灌配套可以满足关键时期的需水要求,保证产量。

3. 定干标准

单干,高度80~100 cm。

4. 单干双层(五叉)扁平树形的特点

南北行向,行距4 m,株距1 m(或2 m)的密植园。最大优点是:前期产量高,通风透光,果园机械化管理方便。

该树形干高70~80 cm,中心干两层留4个主枝,第一层两主枝基本方位东西各一斜伸向行间,接近180°。主枝与主干夹角65°~70°,

基角 45°左右。第二层主枝留 2 个,距第一层主枝 80 ~ 90 cm,与主干夹角 65° ~ 70°,树体高 2.7 ~ 3.0 m。每个主枝上配 3 ~ 4 个小侧枝,并按层次平面状分布,主枝延长枝在行间延伸长度保持与对方延长枝 30 ~ 50 cm 的透光距离,见图 5-1、图 5-2。

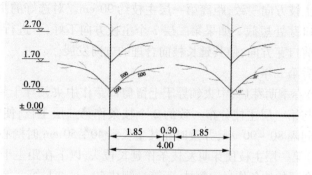

图 5-1　单干双层扁平树形单株 （单位:m）

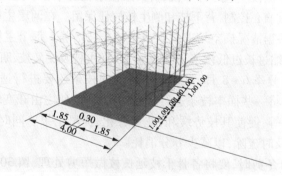

图 5-2　单干双层扁平树形成行示意图 （单位:m）

5.整形修剪技术要点

栽后第一年:

(1)大苗栽植,留单干,并按 80 ~ 100 cm 定干,其余萌蘖全部疏除。

(2)定干后抹除距离地面 50 cm 以下的芽。

(3)夏季及早除萌。当新梢长到 50 cm 时摘心,并选 2 个位置较好的枝条作第一层主枝,使之分别朝向行间方向。其上部的强壮新梢为主干延长枝并通过支杆扶干。

(4)冬剪时,疏除第一层选出的2个主枝以外的过密枝、重叠枝,并留上部直立枝作中央领导干,在领导干上造出第二层的主枝,要求与第一层主枝方向一致,距离第一层主枝约90 cm。对选好的主枝,在合适的剪口芽处短截。如果第二层2个主枝方向不好,可进行拉枝或留合适的剪口芽方向,使其延长枝向合理的方向发展。

栽后第二年:

(1)春季萌芽后,中央领导干上留剪口芽作中央领导干延长枝头,以下选与第一层主枝分布一致的2个枝条作第二层主枝,使之与第一层主枝间隔80~90 cm,并及时在其生长到40~50 cm时摘心。

(2)第一层主枝顶芽萌发枝条作延长枝头,以下在距主干50 cm处留方位合适的枝条作另一侧枝,距第一侧枝50 cm选与第一侧枝对面的枝作第二侧枝。选好骨干枝后,其余枝条在夏季作一定处理,背上旺枝疏除或重摘心控制,背下枝和侧生枝放任保留。在两层主枝之间分布的枝条可根据情况插空培养枝组或做辅养枝培养。每个主枝上注意培养枝组,回缩过长低枝条,疏除重叠枝、病虫枝及交叉枝、萌蘖枝。

(3)夏季6~8月,对角度不合适的枝条还要进行适当的拉枝、撑枝,也可将一些插空枝条进行适当创伤处理,使之由旺变弱,如扭梢、拉平、刻伤等,促使其枝势缓和,花芽分化,提早结果。同时,对主干以下萌蘖枝及时疏除,以减少养分消耗。

(4)冬剪时,要将各骨干枝延长枝做短剪处理,留30~40 cm长短剪,并疏除重叠枝、过密枝、背上强旺枝和病虫枝、萌蘖枝,其他枝条一律保留不动。

栽后第三年:

(1)春季萌发后,当骨干枝延长枝头长到40~50 cm时摘心。领导干直立绑缚。

(2)夏季修剪时,去除背上旺枝,如有空间可重摘心或扭梢,改造成枝组。7~8月疏去一些过密枝、重叠枝、病虫枝及不需要的萌蘖和萌芽。对一些过旺枝条,影响骨干枝的也可在5~6月喷多效唑等延缓剂处理,7月初进行扭梢,促进花芽形成。

(3)冬季修剪措施与第二年相同。

通过夏剪和冬剪后的树形要使第一层主枝基本方位接近东西伸展,第二层主枝2个,距第一层主枝80~90 cm,每个主枝上配2个侧枝,并按层次分布。一些侧枝上的枝组有的已具备开花结果的能力,进入初结果期。

栽后第四年:

(1)春季萌发后,在中央领导干上及时摘心,控制树冠高度,最上层留一主枝,以后每年短剪中央领导干,保持树高3 m左右。

(2)夏剪与经过连续几年对骨干枝短剪和配备,树形已基本形成,而且多数侧枝上的枝组已具备开花结果的能力,进入投产期。

(二)单干式小冠疏散分层形的整形修剪

1.树形特点

此树形骨架牢固紧凑,立体结果好,管理方便,结果早,且有利优质丰产。

该树形干高40~50 cm,中心干三层留6个主枝,第一层三主枝基本方位接近120°,主枝与主干夹角50°~55°;第二层主枝留2个,距第一层主枝60~70 cm,与主干夹角45°~50°;第三层主枝留1~2个,距第一层主枝60~70 cm,与主干夹角40°~45°。每个主枝上配2~3个侧枝,并按层次轮状分布,见图5-3。

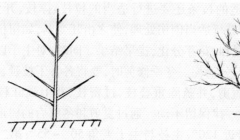

图5-3　单干式小冠疏散分层形

2.整形修剪技术要点

栽后第一年:苗木栽上即留单主干生长,并按60~70 cm定干,其余萌蘖全部疏除。定干后剪口以下芽萌发生长,保留地面30 cm以上的枝条。进入夏季,根茎部易产生萌芽和根蘖,应及早抹除主干上30 cm以下的萌蘖和萌芽。当新梢长到50 cm时,对新梢适时摘心,并选出3个生长位置较好的枝条作第一层主枝,使之分散分布,最好朝向北、西南、东南3个方向。冬季修剪时,疏除第一层选出的3个主枝以外的过密枝、重叠枝,并留上部直立枝作中央领导干,在领导干上,选与第一层主枝方向交错位置的剪口芽处留60~70 cm短截。如果第一层3个主枝方向不好,可进行拉枝或留合适的剪口芽方向,使其延长枝向合理的方向发展。

栽后第二年:春季萌芽后,中央领导干上留剪口芽作中央领导干延长枝头,以下选与第一层主枝交错分布的2个枝条作第二层主枝,使之与第一层主枝间隔70~80 cm,并及时在其生长到40~50 cm时摘心。第一层主枝顶芽萌发枝条作延长枝头,以下在距主干50 cm处留方位合适的枝条作另一侧枝,距第一侧枝50 cm选与第一侧枝对面的枝作第二侧枝。选好骨干枝后,其余枝条在夏季做一定处理,背上旺枝要及时疏除或重摘心加以控制,背下枝和侧生枝放任保留。在两层主枝之间分布的枝条可根据情况插空培养枝组或作辅养枝培养。每个主枝上培养大、中枝组3~6个,疏除重叠枝、病虫枝及交叉枝、萌蘖枝。夏季6~8月,对角度不合适的枝条还要进行适当的拉枝、撑枝、开张角度,也可将一些插空枝条进行适当创伤处理,使之由旺变弱,如扭梢、拉平、刻伤等,促使其枝势缓和,花芽分化,提早结果。同时,对主干以下萌蘖枝及时疏除,以减少养分消耗。冬季修剪时,要将各骨干枝延长枝做短剪处理,留40 cm长短剪,并疏除重叠枝、过密枝、背上强旺枝和病虫枝、萌蘖枝,其他枝条一律保留不动。通过夏剪和冬剪后的树形要使第一层主枝基本方位接近120°,主枝与主干夹角50°~55°;第二层主枝留2个,距第一层主枝50~70 cm,与主干夹角40°~50°。每个主枝上配1~2个侧枝,并按层次轮状分布。

栽后第三年:春季萌发后,当骨干枝延长枝头长到50 cm时,及时摘心。夏季修剪时,去除背上旺枝,如有空间可重摘心或扭梢,改造成枝组。7~8月疏去一些过密枝、重叠枝、病虫枝及不需要的萌蘖和萌芽。对一些过旺枝条,影响骨干枝的也可在5~6月喷多效唑等延缓剂处理,7月初进行扭梢或环切,促进花芽形成。冬季修剪措施与第二年相同。

栽后第四年:春季萌发后,在中央领导干上及时摘心,控制树冠高度,最上层留一主枝或不留,以后每年短剪中央领导干,保持树高2.5~3 m,最好不要超过3 m。

夏季修剪与冬季修剪仍以第三年的措施进行修剪,经过连续几年对骨干枝短剪和配备,小冠疏散分层形已基本形成,而且一些侧枝上的枝组有的已具备开花结果的能力,进入初结果期。

(三)单干三主枝自然开心形树形的整形修剪

1. 树形特点

此树形具有树冠矮小、通风透光、成形快且骨架牢固、结果早、品质优、易于整形修剪、方便管理等优点,是一种丰产树形。

该树形主干留高50 cm,一层三主枝基本方位近120°,间距20 cm,在每个主枝两侧按50 cm左右的距离交错配置2~3个侧枝,侧枝上再配置大、中、小型结果枝组。主枝与主干的分枝角控制在45°~50°,以保持树冠开张,见图5-4。

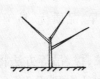

图5-4　单干三主枝自然开心形

2. 整形修剪技术要点

栽后第一年:留单一主干,保持直立生长,主干在60~70 cm处定干。春季萌芽后,仍保持主干直立生长,在剪口芽以下选择3个方位适当的主枝,尽量使之向北、东南、西南 3 个方向延伸,之间夹角 120°左右,并在夏季将 3 个主枝拉到适当位置,使之与地面呈 40°~45°夹角。同时,将距地面 50 cm 以下的所有枝条全部剪除。冬剪时,留干高 80 cm 截干,3 个主枝各留 60~80 cm,选左右剪口芽处短截并疏除所有细弱枝。中心干可 1 次去除,也可暂时保留。

栽后第二年:当春季萌发后,各主枝留一侧芽作主枝延长枝头,另一侧芽作侧枝或枝组培养。夏季旺长季节采用控枝、撑枝、拿枝等手段调整各枝条角度,并疏除背上枝,保留两侧及背下枝条,仍要控制其生长势不能超过骨干枝。冬季修剪时,修剪骨干枝延长枝头,留 50~60 cm 短剪,对侧枝及其他枝条缓放处理。但要剪去并生枝、交叉枝、病虫枝、干枯枝及基部萌蘖等扰乱树形的多余枝条。

栽后第三年:春季萌芽后,侧枝第一剪口芽作延长枝头,第二侧芽作第二侧枝或枝组培养,侧枝均选在上年出枝的反方向位置错落分布。背上、两侧、背下枝作第二年相同处理。注意多采用扭梢、拿枝等创伤促花措施。冬季修剪时,仍然对骨干枝延长枝短剪,以 50~60 cm 为宜。

栽后第四年:与第三年手法基本相同。此时树形已基本形成,并且管理得当,已进入初结果期。由于此树形骨干枝少,通风透光好,果子质量较好,也十分适合于密植。在密植时,可选 2 m×3 m 栽植,采用两主枝向行间延伸整形。

(四)三主干自然开心形树形的整形修剪

1. 树形特点

此树形具有通风透光、成形快、结果早、品质优、易于整形修剪、方便管理等优点,是石榴丰产树形之一。

从基部选留 3 个健壮的枝条,通过拉、撑、吊等方法将其方位角调为 120°,水平夹角为 40°~50°。每个主枝上分别配 3~4 个大型侧枝,第一侧枝在主枝上的方向应与主枝相同,且距地面 60~70 cm,其他相邻侧枝间距 50~60 cm。每个主枝上分别配 15~20 个大中型结果枝组,树高控制在 2.5 m 左右,见图 5-5。

2. 整形修剪技术要点

栽后第一年,尽量培养出 3~5 个基生枝,从中选出 3 个方向合理

图5-5 三主干自然开心形

的均匀分布的枝条作主干,使其间相差120°夹角,其他枝全部除去。把3个主干看作3个方向的主枝来处理,夏季通过拉枝、撑枝使三主干间相互开张一定角度,各主干与地面夹角为45°左右。把三主干当作无主干三主枝处理,即同单干式自然开心形的整形方法,只是没有中心枝。最后形成的树形应该具有三主干,各主干上按50～60 cm间距配置骨干枝并左右错落分布,每主干上预留枝组15～20个,保证6～10个侧枝,树冠控制在2.5 m左右。

(五)扇形树形的整形修剪

新疆石榴栽培区地处温带干旱气候区,年均日照时数3 000～3 200 h,≥10 ℃的有效积温为3 800～4 200 ℃,夏季的气候条件虽足以满足石榴正常生长发育的需求,但冬季绝对最低温度为-29.9～-27.5 ℃,低于-17 ℃的寒冬出现的频率较高。而在南疆极度干旱的气候条件下,低于-14 ℃即有冻害抽条现象的发生。因此,新疆石榴在冬季必须采用埋土的方式才能安全越冬。新疆独特的气候条件使新疆的石榴在栽培技术方面有着独特特点。

1.树形特点

新疆为我国重要的石榴产区之一,为了保证石榴安全越冬,新疆一般采用匍匐栽培,入冬前将树体收拢并埋土,翌年春季出土。

1)匍匐扇形

无主干,全树留4～5个主枝,每个主枝培养2～3个侧枝,侧枝在主枝两侧交替着生,侧枝间距30 cm左右。主枝下部40 cm内的分枝和根蘖全部剪除。各主枝与地面以60°夹角向正南、东南、西南方向斜伸,呈一个扇面分布,互不交叉重叠。该树形适于密植,株行距(2～3)

m×4 m,栽苗 56~83 株/亩。

2）双侧匍匐扇形

无主干，全树留 8~10 个主枝，每 4~5 个为一组，共 2 组。一组枝条斜伸向正东、东南及东北方向，另一组枝条反向斜伸向正西、西北及西南方向。主枝与地面夹角呈 60°，整个树形分为东、西两个扇面，呈蝴蝶半展翅状，故又称"蝶形"整形。每主枝培养 2~3 个侧枝，于两侧交替着生，间距 30 cm。主枝下 40 cm 分枝及地面根蘖除尽。该树形适于(4~5)m×4 m 的株行距，栽苗 33~42 株/亩。

3）双层双扇形

双层双扇形的基本树形是将树冠分为两层，第一层由 4~6 个主枝组成，呈扇形分布，各主枝基本分布在与地面呈 30°的平面上，主枝间保持 20°~30°，主枝上着生一定数量的结果枝组和营养枝。第二层由 3~5 个主枝组成，各主枝分布在与地面呈 60°~70°的平面上，主枝间夹角为 20°~30°，如果主枝下垂，可用木棒将其支撑。每个主侧枝上配 3~5 个结果枝组，营养枝按结果枝组的 5~6 倍配置。主枝虽然分布在两个平面上，但枝组可以向四周发展，见图 5-6。

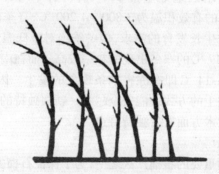

图 5-6　双层双扇形

2.整形修剪技术要点

新疆采用匍匐栽培的方式种植石榴，树冠较小，可行密植。但为便于取土埋土和管理，新疆多采用宽行距小株距开沟密植带状定植方式，以提高石榴产量。按南北走向开定植沟，行距 4~5 m，株距 2~3 m，

44～83株/亩。新疆与内地的石榴定植不同之处是苗木定植时,要倾斜栽植,方向向南,倾斜角度70°～80°,便于冬季下压埋土。南北行向,向南匍匐,是新疆石榴定植必须遵守的原则,因为石榴树体匍匐倾斜后,主枝基部直接暴露在阳光下,极易遭受灼伤而引发病害,向南倾斜能有效地避免午时阳光直射主枝基部。为便于埋土下压,采用每穴多苗定植,石榴一般不留主干,而是丛状定植,直接从地面培养多个主枝。这样做的好处是当某个主枝在埋土取土操作中被压断时,产量不至于受到太大影响。在苗木不足时,也进行单苗定植。定植后极低定干或直接平茬,诱促枝条从地面或贴近地面发出,尽量不留主干。

1)匍匐扇形整形

多苗定植(或者单苗定植后进行极低定干),当年加强管理,加快其生长。第二年以后,从树丛基部选留4～5个分布合理的粗壮枝条为主枝,其余的全部从基部剪除。将主枝基部40 cm内的分枝清除,这项工作随树龄增长和树冠扩大,需年年进行。保持主枝下部及基部无分枝、无根蘖,以利于通风透光和集中养分供应,使中上部树冠扩大。每个主枝上培养2～3个侧枝,使其在主枝上每隔30～40 cm交替着生。在定植后的头2～3年中主要采用撑枝、拉枝的方法,着重开张主枝间、主侧间的角度,保持树体生长势头,对主、侧枝延长头可适当采用短截(出土后至萌芽前),以加快成形。

2)双侧匍匐扇形整形

整形方法与匍匐形类似,只是有两个反向扇面,在越冬埋土时也要将石榴树按其主枝伸展方向分两侧埋土。

3)双层双扇形整形

双层双扇形整形需2～3年完成。第一年定植后促其生长,第二年从地表选留4～6个生长健壮的枝条作为主枝来培养,其余的全部从基部剪除,以促发萌蘖、根蘖条产生。夏季选留地表基部萌蘖条、徒长条3～5个,摘心处理,将其余全部清除。第三年出土后将上年选留的3～5个一年生枝作为第二层,将其余4～6个多年生枝作为第一层,进行撑、拉、顶、坠等处理,使它们分处两层。即每株石榴只选留7～11个主枝,其余主枝从基部疏除。将倾斜的丛状树冠分为两层,第一层由4～

6个主枝组成,各主枝分布在与地面呈30°~40°夹角的平面上;第二层由3~5个主枝组成,各主枝分布在与地面呈60°~70°夹角的平面上;第一层与第二层之间保持30°左右的夹角,同一层的各主枝之间呈15°~20°的夹角,呈扇形分布。每个主枝配置一定数量的结果枝组。夏季及时疏除背上徒长枝、交叉枝、过密枝、病虫枝和根蘗枝,采用短截和摘心等方法培养新枝组。

匍匐栽培石榴,由于主枝呈斜角,使生长势受到一定抑制,会在根茎部形成大量的根蘗条,这些根蘗条直立生长,生长势强,生长量大,需要消耗大量的树体营养和水分,严重影响果实生长发育和花芽分化,石榴完成整形后,必须彻底剪除根蘗条。

新疆由于冬季气候寒冷,绝对低温低,且持续时间长,因此传统上都采用匍匐栽培的方式,冬季对石榴树体在10月底至11月中旬进行人工埋土越冬。石榴出土在南疆一般在每年的3月下旬至4月初。出土后要及时清理冠下及树冠基部的余土。树冠基部如有积土,易诱发大量基部萌蘗枝,既增加修剪强度,又给树体管理带来不便。

三、幼树、成年树、衰老树的修剪

石榴树冬剪,幼树以整形为主,其他年龄时期的树修剪有不同的特点。

(一)初结果树

栽后4~7年的初结果树,树冠扩大快,枝组多,如果修剪、管理措施合理,产量上升较快。初结果树整形修剪主要是完善和配备各主、侧枝和各类结果树组。

修剪时,对主枝两侧发生的位置适宜、长势健壮的营养枝,培养成侧枝或结果枝组。对影响骨干枝生长的直立性徒长枝、萌蘗枝,采用疏除、拧伤、拉枝等措施,改造成大中型结果枝组。长势中庸、二次枝较多的营养枝缓放不剪,促其成花结果;长势衰弱、枝条细瘦的多年生枝要轻度短截回缩复壮。初结果树修剪要以轻剪、疏枝为主要方法,采用"去强枝,留中庸枝"、"去直立枝,留斜生、水平枝"、"去病、虫枝、留健壮枝"和"多疏枝、少短截"、"变向、缓放"等多种剪法,控制树势保持中庸,达到开好花、结好果的目的。

（二）盛果期树

8年生以上的树多已进入盛果期,如修剪和管理措施得当,亩产量可保持在2 000~3 000 kg。盛果期树除加强土肥水管理和防治病虫外,通过"轻重结合,及时调控"的修剪,使树体维持好的结构,使树势、枝势壮而不衰,延长盛果年限,推迟衰老期来临,使树枝较长时期维持高产优质的状态,盛果期修剪方法是轮换更新复壮枝组,适当回缩枝轴过长、结果能力下降的枝组和长势衰弱的侧枝到较强的分枝处;疏除干枯的萌蘗枝,对有空间利用的新生枝要进行保护,将其培养成新的结果枝组。

盛果期最易发生光照不良引起的枝组瘦弱、花芽分化不好、退化花增多、结果量少和结果部位外移等问题,产生光照不良的原因是多方面的,必须根据不同情况区别对待。对树冠外围、上部过多的强枝、徒长枝可适当疏除,或拉平、压低甩放,使生长势缓和,过多的骨干枝要用背后枝换头或拉枝、坠枝加大角度。如果因栽植过密形成园内光照不足,则要考虑采用隔株间伐方法,及时挖除过密植株。

（三）衰老期树

大量结果二三十年以上的树,由于贮藏营养大量消耗,地下根系逐渐枯死,冠内枝积极因素大量枯死,花多果少,产量下降,步入衰老期。衰老期树应采用更新修剪的方法,达到"返老还童"持续结果的目的,在修剪方法上根据不同树势、枝势,采用"去弱留强"等回缩更新剪法,复壮枝组或骨干枝。从其长度的1/3~1/2处选健旺新枝作骨干延长枝,将原枝重剪回缩锯除。对树势严重衰弱,骨干枝上无新旺枝的大枝,从距地面60~70 cm处树皮基本完好的地方重剪锯除,利用石榴隐芽多、寿命长的特点,重截刺激,促长新枝,重新整形。如骨干枝已干枯死亡,但地面有健壮萌蘗枝的良种树,将原骨干枝从基部锯除,利用根际萌蘗整形,培养新的树冠。

（四）放任树

在各产区常见有主干、大枝多,冠内枝条拥挤,通风透光极差,结果部位外移,正常花数很少,产量低而不稳,从不整形修剪的放任生长树。

修剪主要有以下措施：

(1)选好骨干枝。根据树体所处位置与相邻树的距离,树干、大枝、枝条的多少,选择1~4个生长健壮、角度适宜的大枝作主干或主枝,每个主枝上选留2~3个大型侧枝,10~15个大、中型结果枝组。全树共选留3~12个侧枝,30~60个大、中型结果枝组。

(2)疏除有害枝。除疏去所有干枯、病虫枝、基部萌蘖外,对树冠内密生大型枝组、骨干枝背上的直立枝和树干下部徒长枝等分次或一次疏除。对所留各级骨干枝上可利用的健壮枝,采用拧、拉、挤、别、坠等措施,改变枝条生长方向,在生长季内采用摘心、剪梢、环剥等措施,改造、培养成各种类型结果枝。对树冠内交叉重叠枝,密挤并生枝、上下平行枝等采用"去一留一"或"见三抽一"的方法,疏除或变向改造成结果枝组。

(3)培养结果枝组。有"先放后缩"和"先截后放再回缩"两种方法。在枝条健壮、长势较强时,采用先缓放不剪,并通过拉枝改变枝条生长方向呈水平或下垂状态,待形成花芽,开花结果,长势缓和后,再轻度回缩培养成枝组。对各类长势中庸、姿势斜生或水平状态的营养枝,或先缓放成花结果后及时回缩;或先短截促使产生分枝,然后缓放直至结果后及时回缩,培养成各种类型结果枝组。

(4)复壮衰弱枝。对树冠内长势衰老的大枝、枝组,采用"去弱枝,留强枝",抬高生长角度,短截、回缩等办法,促使树势、枝势转旺生长,叶茂果繁。

四、整形修剪技术革新方向与革新项目

修剪是石榴栽培中的主要技术措施,费时费力。随着劳动力成本的增加,修剪技术的革新势在必行。

(一)存在的问题

目前,石榴修剪中存在的问题有以下几个方面:

(1)栽植密度较大,造成树体结构与栽植密度不协调,个体相互交接,整体郁密,通风透光不良,产量与果品质量难以提高。

(2)许多石榴园由于前期定干较低,造成骨干枝低且开张角度小,

中部枝过多,短截多,回缩过早,导致发生过多的竞争枝和无用枝。

(3)整体郁密,通风透光不良使树势衰弱,导致病害发生与流行,冻害加重。

(4)主干以及主枝、部分结果枝过多短截,严重破坏了果树本身的自然生长规律,助长了剪口芽萌发和长势,破坏树体营养与生殖生长平衡关系,引发徒长、花芽少的局面,最终造成恶性循环,树势难以控制。

(二)修剪技术革新方向——简化修剪

随着石榴园现代化栽培管理技术的发展,石榴修剪出现了以下新的特点:

(1)树形趋于简单化。高干小冠化是总的趋势,以单干式小冠分层形或纺锤形,以及适合新疆的双层双扇形的变形树形为主。骨干枝枝次减少,树体结构由中心干和主枝组成。

(2)树高降低。树高控制在 2.5～3 m,便于管理,易成花,丰产优质,稳产性状好。

(3)疏通行间。以宽行密株为主,树的株间交叉率不超过5%,行间保持 1 m 的空间,冠径不大于株距,树高不超过行距。

(4)树干抬高。干高 60～70 cm,结果枝小型,结果时呈下垂形态。

(5)主枝角度开张。主枝角度保持70°～75°,基角不能低于60°～65°。在幼龄期开张角度,一般由强旺枝缓放、轻剪拉枝而成。

(6)正确运用"疏、截、缓"。缓放为主,但不能过密,保留缓放中庸枝,疏去过旺过密枝,短截细弱衰老枝,从而提高枝叶的功能。

(7)四季结合修剪。冬季以疏枝为主,春季注意抹芽、除萌,夏季注意扭梢、拿枝和摘心,除夏梢,秋季注意枝条的开拉。

第三节　土肥水管理

一、土壤管理

土壤是水分和养分供给的源泉,土壤的理化性状及其水、肥、气热等条件,对果树的生长和结果起着决定性作用。各地土壤状况存在较大差异,有些地方土壤熟化较好,但有些地方,根际土壤存在没有熟化的土层。各地的水土流失状况也不同,因此应根据果园土壤的具体情况采取相应的土壤管理措施。一般来说,石榴园主要的土壤管理包括水土保持、土壤耕翻熟化、树盘培土、中耕除草、间作和地面覆盖等。

(一)水土保持

针对有些石榴园建在丘陵和山区或沙荒滩地,其土壤肥力不足、土层较薄等,因此应开展水土保持工作。山区果园的水土保持工作,主要是通过修整梯田、加高水埝等措施来完成的,这对促进石榴树生长发育和提高产量、早期丰产具有显著效果。

(二)土壤耕翻熟化

在土壤结构不良的果园中,除换土和大量施用有机肥外,还要进行土壤耕翻。土壤耕翻可以改善土壤通气性、透水性,促进土壤好气性微生物的活动,加速土壤有机质的腐熟和分解。深翻结合秋季施肥可以迅速提高地力,为根系生长创造良好的环境条件,并促进根系产生新根,增强树势。深翻的季节以秋季最好,具体时间为果实采收后至落叶前的一段时间内。此时期雨量充沛,温度适宜,根系生长旺盛,深翻时所伤的小根能迅速愈合产生新根,有利于根系吸收、合成营养物质,促进翌年生长结果。

深翻必须与土壤肥料熟化结合,单纯深翻不增施有机肥料,改良效果差,有效期短,而且有机肥必须与土壤掺和均匀,才有利于土壤团粒结构的形成。如将有机肥成层深埋,对改良土壤的作用小,养分也不易被根系吸收利用,是不可取的。

土壤深翻的深度要合适,一般情况下,如果土壤不存在障碍层,如土壤下部板结、砾土限制层等,深翻 40~50 cm 即可。具体深翻深度可根据树龄大小、土质情况而定。幼树宜浅,大树宜深;树冠下近干部分宜浅,在树冠外围部分宜深,沙壤土宜浅,重壤土和砾土宜深。地下水位高时宜浅耕,否则因毛细管作用,地下水位更易上升积水使根系受害;而地下水位较深时可深翻。一般情况下,树干周围深翻 15~20 cm 深;向外逐渐加深,树冠垂直投影外 0.5 m 处,深 30 cm。深翻形式可采用放树盘、隔行深翻、全园深翻等形式。放树盘也称深翻扩穴,放树盘是指幼龄树栽植后第二年或第三年开始,在原定植穴的外缘逐年向外深翻,每年挖宽50~100 cm、深40~50 cm的沟,向外扩大树盘,数年内将株行间挖透为止。隔行深翻是指隔一行深翻一行,分2年或更长的时间深翻完毕。一般在株间和行间深挖,沟的两侧距主干最少1 m远,以不伤大根为宜,深度为40~50 cm。全园深翻是指对成龄果园,将栽植穴以外的土壤一次深翻完毕。这种方法工作量大,需劳力多,但深翻后便于平整土地,有利于果园耕作。

深翻时还必须注意以下问题:①深翻一定要与施有机肥结合。把表土与肥料拌匀放于沟底和根群最集中的部位,把心土放在上面,以利风化。②深翻时,要尽量少伤根。特别是主根、侧根。同时,要避免根系暴露于土壤外过久,尤其是在干旱天气,以防根系干燥枯死。③深翻后最好能充分灌水。无灌水条件的要做好保墒工作。排水不良的土壤,深翻沟必须留有出口,以免沟底积水伤根。

(三)树盘培土

树盘培土可以增厚土层,利于根系生长,加深根系分布层,同时也可以提高根系的抗寒抗冻能力。一般在晚秋、初冬时节,沙滩地宜培黏土,山坡地宜培沙土,这样培土后定期再进行翻耕,同样起到改良土壤结构的作用。

(四)中耕除草

果园中耕是生长期过程中长期进行的工作,其作用可以保持土壤疏松、改善通气条件,防止土壤水分蒸发。但生长季正是根系活动的旺盛时期,为防止伤根,中耕宜浅,一般为5~8 cm深,下雨之后可及时中耕,防止土壤板结,增强蓄水、保水能力。

生长季节的果园,杂草的清理也是一项重要工作。杂草与树体争夺养分、水分。因此,果园除草,能减少土壤养分、水分消耗,改善通风条件。除草可结合中耕同时进行。中耕除草也可利用化学除草剂。

化学除草剂的使用,是在人力不足时清除石榴园杂草的一种方法,但要特别注意在使用除草剂时要先进行试验,确定除草效果和合适浓度,尤其是确定残留期后,再在生产中应用。在无间作物的石榴园内,目前主要使用的化学除草剂有触杀和内吸传导两大类。触杀类除草剂对杂草有杀灭作用,但对宿根性杂草不能杀灭其地下宿根,对未萌发的种子也无抑制作用。内吸传导类除草剂,当药液接触杂草后,能传导到杂草的全株和根部。

除草剂对人畜有害,严防吸入体内,同时除草剂对石榴叶有害,不要将药喷到树上。在使用除草剂时,都要在幼草阶段进行。此时用药省、效果好。喷除草剂时,要选在晴朗无风天气进行。如果草害不严重影响石榴树,或要求达到 AA 级绿色果品标准的果园中,尽量不使用除草剂。

(五)石榴园间作和地面覆盖

1. 石榴园间作

在密植园,由于株行距小,不宜间作除绿肥之外的作物。稀植园内,为增加经济收益,可以适当进行间作,特别是幼树和初结果树的行间,树冠的地面覆盖率很低,株间和行间都有一定的土壤空间,利用空闲土地,进行合理间作,既能充分利用土地和光能,又能起到保持水土、抑制杂草、防风固沙、以园养园的作用。

幼龄果园可利用行间隙地种植作物。实践证明,间作物的选择对幼龄树的生长发育、早果丰产有重要影响。幼龄果园宜间作矮秆作物,不宜间作高秆作物,以免影响果园光照。要选择与树体需水需肥时期不同和无相同病虫害的作物。秋季不宜间作需水量大的作物和蔬菜,因间作物需水量大,常使树体生长期延长,对越冬不利。间作时,必须与树体保持一定的距离,留出一定的营养面积。营养面积的大小可因树龄和肥水条件而定。新植幼树要留 80~100 cm 距离,结果树通常以树冠外缘为限,进入盛果期后,一般应停止间作。

适合于石榴园间作的作物有豆类、花生、瓜类、草莓等浅根矮秆作物。为减少间作物与树体争夺养分,间作时应施基肥,加强管理。成龄果园最好间作绿肥如苕子、苜蓿草、绿豆等,以增加有机质含量,改善土壤结构,提高土壤肥力。

2. 地膜覆盖

地膜覆盖树盘所起的作用已经被实践所证实,它具有保水增温的作用。夏季膜下凝聚的水滴反光,温度也不会太高,而且覆膜后养分释放快,使表层土壤的水、肥、气、热条件较好,特别是水温相对稳定,能起到保护表层根系的作用。在干旱地区的石榴园,效果更加显著,即便是有灌水条件的果园,大水漫灌之后,又很长一段时间不浇水或频繁进行大水漫灌,容易使果园水分含水量变化太大或变化剧烈,不利于树体生长,而覆膜则保持了土壤水分的稳定。覆膜一般是在3月上中旬整出树盘,浇1次水,追施适量的化肥(依树体大小和土壤营养状况而定),然后盖上地膜,四周用土压实封严。覆膜后一般不再浇水和耕锄,膜下如果长草后,可在膜上覆盖1~2 cm厚的土。

3. 地面覆草

石榴园还可进行地面覆草,一方面,可以起到防止水分蒸发、防寒、防旱、保墒、缩小土壤温度和水分的剧烈变化的作用;另一方面,覆草腐熟以后,还可以增加土壤有机质的含量,提高土壤肥力,同时还可减少地面雨后径流、土壤水土流失等。因此,在草源丰富的地方,树盘覆草是一项简便易行且行之有效的措施。

覆草的方法:覆草前,先整好树盘,浇1遍水,如果覆的草未经初步腐熟,可再追1遍速效氮肥,然后再覆草。覆草一般为秸秆、杂草、锯末、落叶、厩肥、马粪等。覆草厚度要求常年保持15~20 cm为宜,不低于15 cm,否则起不到保温湿、灭杂草的效果。但覆草太厚也不好,春季土壤温度上升慢,不利于土壤根系的活动。春、夏之间,秋收以后,均可覆草。成龄园可全园覆草,幼树果园或草源不足之处可行内覆盖或树盘覆盖。覆草后要注意以下问题:一是消灭草中害虫。春季配合防治病虫害向草上打药,可起到集中诱杀的作用。二是防止水分过大。覆草后不能盲目灌大水,否则会导致果园湿度过大,引发旺长或烂根。黏土地最好不覆草或在起垄后覆草。三是注意排水。覆草果园要注意排水,尤其自然降水量较大时。四是注意防火防风。最好能在草上斑点压土。五是连年覆草。覆草后根系上浮,抗寒、抗旱力下降,冬季易受冻害。今年覆明年扒、春天覆秋天埋,容易破坏表层根系,导致叶片发黄、树体衰弱。因此,一旦覆草要连年覆草,冬季较冷地区深秋覆草,可保护根系安全越冬。

此外,应该注意的是,树干周围20 cm左右不覆草,以免造成根颈缺氧腐烂。

二、肥料管理

果树营养是其生长和结果的物质基础。合理施用肥料,供给果树生长发育所必需的营养元素,并改善土壤理化性状,创造果树良好的生长发育条件是优质高档石榴园管理的重要措施之一。石榴是多年生果树,每年修剪和采果都使土壤流失了大量的养分,因此为了保持土壤肥力,必须进行施肥以补充土壤养分;施肥中应该注意,无论大量、中量或微量元素都同等重要,缺一不可,而且产量是由最缺乏的那个营养元素所决定的,当最小养分的供应量逐步增加时,产量也有相应增加,最终达到平衡点。超过这个平衡点,则作用效率降低。最终土壤的综合肥力是由土壤养分的种类含量以及土壤自身性质、酸碱度、通透性等决定的,并受到品种、耕作制度、施肥、气候等的影响。目前很多石榴园施肥量不足或者盲目施肥,造成了肥力不足、土壤结构板结或肥料的浪费及环境的污染。

(一)施肥种类

石榴园肥料可分成基肥和追肥。

1. 基肥

基肥是一年中较长时期供应树体养分的基本肥料,一般以迟效性有机肥为主,混合少量速效性化学肥料,以增快肥效,避免流失。有机肥如作物秸秆、堆肥、绿肥、圈肥、复合肥、腐殖酸类肥料等,经过逐渐腐熟分解,可增加土壤有机质含量,改良土壤结构,提高土壤肥力。值得注意的是,基肥一定要充分腐熟,否则其携带的微生物和虫会对果树造成一定的危害;同时,施入的未腐熟的基肥在果树根部进行腐熟的过程中,其微生物的大量增殖和生长会消耗大量的有机营养,而且产生的热量也会对根系造成一定的伤害。

基肥最适宜的施用时期是秋季果实采收后到落叶前的一段时间。因秋施基肥正值根系生长的高峰期,结合深翻施入,此时伤根易愈合,且可促发新根。秋季施基肥,有机肥有较长时间的腐烂分解阶段,利于增强根系的吸收、转化能力和贮藏水平,满足第二年春季树体生长发育的需要和保证树体开花坐果,提高花芽分化的质量和果实品质。同时,秋季施基肥时,土壤深翻也利于果园积雪保墒,减轻冬春季的干旱现象。基肥的施用量要遵循旺树少施不施、弱树多施,通常结果期树要达到斤果斤肥的原则。基肥以年年施用为好,同时根据磷、钾、钙肥性质及果树吸收特点,可将其与有机肥同时施用。

2. 追肥

果树秋季施入的基肥肥效缓慢,在果树需肥急迫时期尚需根据果树生长发育特点及时补充所需肥料,不仅能够保证当年营养生长和生殖生长的协调,起到壮树、高产、优质的效果,还给来年的生长结果打下基础。追肥主要是根据不同时期果树生长发育的特点选择适宜的肥料,并施入适量的无机肥。追肥主要是适量的无机肥。石榴树的追肥一般在生长季节进行。根据植株的生长状况决定追肥的次数,分期适量施入。一般园子1年追肥2~4次。

1)开花前追肥

从树体萌芽到开花以前,追肥很必要。因此时追肥主要是用来满足萌芽、开花、坐果、新梢生长所需的大量营养,减少落花落果,提高坐果率,促进新梢的生长。只有在旺树、基肥用量过多的情况下才可以不施。这次追肥以氮肥为主,配合以磷钾肥等。对于弱树、老树及花芽多的大树,更要加大追肥用量,以促进营养生长,使树势转强,提高坐果率。

2)花后和幼果膨大期追肥

此期幼果生长迅速,新梢加速生长,都需要氮素营养。此期追肥,可迅速扩大叶面积,提高光合效能,有利于碳水化合物和蛋白质的形成,减少生理落果;同时,及时补充树体养分,促进花芽分化,增强光合积累,利于树体抗寒和来年结果。同时应注意肥料营养成分,氮、磷、钾配合施用。这次追肥和花前追肥可互相补充,如果花前追肥量大,此期可不施。对幼龄果树,为控制旺长、提早结果,施肥时以基肥为主,追肥应根据果园具体情况,适量施用。

追肥的种类以速效肥为主,也可适当配合人粪尿。施肥量为:幼树每株施过磷酸钙 0.25 kg 和人粪尿 2~3 kg,结果树每株施过磷酸钙1~1.5 kg 和人粪尿 15 kg。

3)果实膨大期追肥

此期一般在果实采前的 6~7 周,果实生长再次加快,此次体积膨大较幼果膨大期慢,横径生长大于纵径。此次追肥可促进果实膨大,提高树体营养物质的积累,为当年第二次花芽分化高峰(9 月下旬)的到来做好准备,不仅保证当年产量,又为来年结果打下基础;此外,此次追肥可提高树体抗寒越冬的能力。此次施肥要注意以磷、钾为主,适当配合氮肥。对于结果不多的大树或新梢尚未停止生长的初结果树,氮肥过多容易引起二次生长,影响花芽分化。

4)果实生长后期追肥

果实成熟采收前 2~4 周,是果实的转色期,这次施肥主要解决结果造成的树体营养亏缺和花芽分化的矛盾。施肥以磷、钾肥为主,应控制氮肥和人粪尿等的施用。

5)低浓度、根外追肥

广义上讲,追肥也包括根外追肥。根外追肥就是把肥料配成低浓度的溶液,喷到植株叶、枝、果上,不通过土壤,从根外被树体吸收利用的施肥方法。

(1)根外追肥的特点及优点:

①用量小,肥效高。

②可避免肥料中的营养元素被土壤固定。

③可直接对叶子进行喷施,被叶子直接吸收,发挥作用快,可以迅速供给叶子和果实养分。如尿素喷施叶片后,数小时即被大量吸收,24 h 内吸收量达 80%,2~3 d 后便可使叶色明显变浓。

④根外追肥不易造成植株徒长,缺什么元素补什么元素,具有较大的灵活性。

尽管根外追肥有诸多的好处,但因为施肥量小,持续时期短,不可能满足果树各器官在不同时期对肥料的大量需要,因此只能作为土壤施肥的辅助方法。通常在石榴的花期和果实膨大期,根系活动弱而吸收养分不足时,为增大叶面积、加深叶色、增厚叶质以提高光合效率时,或者在某些微量元素不足引起缺素症时,可进行根外追肥。

(2)根外追肥常用肥料。根外追肥常用肥料有以下几种:

①氮。最常用的是尿素。喷施浓度为 0.3% ~0.6%,叶面喷施,也可用腐熟人粪尿 5% ~10%,叶面喷施。

②磷。常用磷酸铵、过磷酸钙、磷酸二氢钾等。喷施浓度为:过磷酸钙 0.5% ~3%,磷酸二氢钾 0.2% ~0.3%,磷酸铵 0.3% ~0.5%。

③钾。氯化钾 0.3%,草木灰 1% ~5%。

④其他肥料。硼砂 0.1% ~0.25%,硼酸 0.1% ~0.3%,硫酸亚铁 0.1% ~0.4%,硫酸锌 0.1% ~0.5%,柠檬酸铁 0.1% ~0.2%,钼酸铵 0.3%,硫酸镁 0.3%。

以上元素喷施时期:氮通常在萌芽开花至果实采收时,可多次喷洒;磷自新梢停止生长至花芽分化期间施用;钾自生理落果至成熟前进行施用。微量元素主要在缺素症出现时才施用。缺素症诊断可参考表 5-1 中具体症状确定。

表 5-1 石榴缺素症表现及使用肥料种类

缺素类型	症状	喷施肥料种类
缺氮	新梢下部老叶先开始褪色,呈黄绿色,严重时渐波及幼叶,嫩枝枝梢变细,叶变小。一般不出现枝梢枯死	尿素 0.3% ~0.6%,腐熟人粪尿 5% ~10%
缺磷	老叶呈青铜色,幼嫩部分呈暗绿色,老叶的暗绿色叶脉间呈淡绿色斑纹,茎和叶柄常出现红色,严重时新梢变细,叶小	过磷酸钙 0.5% ~3%,磷酸二氢钾 0.3%
缺钾	新梢下部老叶黄化或出现黄斑,叶组织呈枯死态,从小斑点发展到成片烧焦状,茎变细,叶变形	氯化钾 0.3%,草木灰 1% ~5%
缺镁	最初发生在新梢下部老叶上,下部大叶片出现黄褐色至深褐色斑点,逐渐向上部发展,严重时有落叶现象。最后在新梢先端丛生浅暗绿色叶片	硫酸镁 0.3%
缺锌	新梢先端黄化,叶片小而细;茎细,节间短,叶丛生;严重时从新梢基部向上部逐渐落叶;不易成花,果小,畸形	硫酸锌 0.1% ~0.5%

缺素类型	症状	喷施肥料种类
缺钙	新梢及幼叶最先发生。新梢先端开始枯死,幼叶部分开始干枯,沿叶尖、叶脉、叶缘开始枯死,而后顶梢枯死	过磷酸钙 0.5% ~ 3%
缺硼	幼叶黄化,厚而脆,卷曲变形;严重时芽枯死并波及嫩梢及短枝;果实易变形,出现褐化干缩凹陷或呈干斑	硼酸 0.1% ~ 0.3%,硼砂 0.1% ~ 0.25%
缺铁	枝梢幼叶严重褪色呈黄白色,叶脉仍保持原来色泽或褪色较慢	硫酸亚铁 0.1% ~ 0.4%

(二)科学合理施肥

石榴园施肥常用的方法主要包括土壤施肥、根外追肥。其肥料种类及施用量,前面已作介绍,在此仅介绍土壤施肥的主要方法。土壤施肥工作量大,可根据施肥的方法结合小型的机械设备以减少劳动强度。

1. 环状沟施肥

在树冠外缘稍远处,围绕主干挖一环行沟,沟宽 30 ~ 50 cm、深 30 ~ 40 cm,将肥料与土掺和填入沟内,覆土填平。这种方法可与扩穴深翻结合进行。此法多用于幼树,方法简单,用肥集中。

2. 条状沟施肥法

在树冠外缘两侧各挖宽 30 ~ 50 cm、深 30 ~ 40 cm 的沟,长度依树冠大小而定,将肥料与土掺和均匀,填入沟内覆土。翌年可再施另一侧,年年轮换。

3. 放射沟施肥

在树冠投影内、外各 40 cm 左右,顺水平根生长方向,向外挖放射沟 4 ~ 6 条,沟宽 30 cm 左右,沟内端深 15 ~ 20 cm,外端深 40 cm 左右。沟的形状一般是内窄外宽、内浅外深,这样可减少伤根。将肥料与土混合施入沟内,覆土填平。每年挖沟时应插空变换位置。

4. 穴状施肥法

在丘陵干旱缺水的果园,或有机肥数量不足的情况下,可采用穴状施肥法,即在树冠下离主干 1 m 远处或在树冠周围挖深 40~50 cm、直径 40~50 cm 的穴,穴的数目根据树冠大小和肥量而定,一般每隔 50 cm 左右挖 1 个穴,分 1~2 环排列,将肥土混合,施入穴内,覆土填平浇水。施肥穴每年轮换位置,以便使树下土壤得到全面改良。

5. 全园施肥法

成年果园或密植园的树冠相连,根系已遍布全园,可将肥料均匀地撒在果园中,而后翻入土内,深 20~30 cm。全园施肥一般可结合秋耕或春耕进行。此法施肥,常常因下层土壤中肥料较少,上层肥力提高,导致根群上浮,降低树体抗旱性能。

6. 地膜覆盖、穴施肥水

在干旱区果园,采用地膜覆盖、穴施肥水技术进行石榴园的施肥。对于没有水浇条件的瘠薄干旱的果园,地膜覆盖、穴施肥水技术是用有限的肥水提高产量的最有效的措施。

此法可在每年春季的 3 月上中旬,整好树盘后,从树冠边缘向内 0.5 m 处挖深 40 cm、直径 20~30 cm 的穴,盛果期树每株可挖 4~8 个穴。将玉米秆、麦秸等捆成长 20~30 cm、直径 15~20 cm 的草把,将草把放入人粪尿或 5%~10% 的尿液中泡透,放置入穴,再将优质有机质与土以 2:1 比例混匀填回穴中。如果不用有机肥,也可每穴追加 100 g 尿素和 100 g 过磷酸钙或相应的复合肥,然后浇水覆盖地膜。

在穴上地膜中戳一小洞,平时用石块或土封严,防止蒸发,并使穴部位低于树盘。这样只要降雨,树盘中的水分都会循孔流入穴中,如果不降雨,春季可每隔 15 d 开小孔浇 1 次水,5 月下旬至雨季前,每隔 1 周灌 1 次水,如遇雨即可不浇。每次每穴浇水 4~5 kg,进入雨季后不再灌水。此外,可在花后、春梢停长期和采收前后,从穴中追施尿素(或其他相应肥料),每次每穴 50 g 左右。

因穴中肥水充足而稳定,温度也适宜,加上草把,有机肥透气性好,穴中根系全年都处于适宜的条件下,到秋季根系充满穴中,地上部生长粗壮而枝条不旺长,有利于石榴的花芽发育。

7. 石榴园种植绿肥

石榴园种植绿肥,可以增进土壤肥力。凡是利用绿色植物的茎、叶等,直接耕翻入土或经过沤制发酵作为肥料的都叫绿肥。

1)绿肥种类和特点

绿肥按来源分为野生绿肥和栽培绿肥。凡是用于沤制肥料的各种杂草、水草、幼嫩枝叶都称为野生绿肥。专门为沤制肥料而栽培的作物叫栽培绿肥。按生长季节可以分为冬季绿肥和夏季绿肥。按植物学形态可分成豆科绿肥和非豆科绿肥。其中,豆科绿肥的效果比较好,其优点为:①与根瘤菌共生,能直接固定空气中的氮素。一般每亩绿肥每年能固定氮 $5 \sim 10$ kg。②叶片茂盛可减轻地面水分蒸发,同时起到降低夏季地表温度和减少水土流失的作用。③豆科植物吸收矿质营养能力强,因此用豆科植物作绿肥沤制的肥料肥效高。由于豆科植物的这些优点,所以一般果园都用豆科植物作绿肥。豆科植物可以有效地增加土壤氮素营养水平,绿肥含有有机质15%左右,绿肥的根系吸收力强,可快速熟化土壤,能明显改善土壤的团粒结构。另外,绿肥养分齐全,含有多种大量和微量元素,是一切化肥所不能相比的。实践证明,种植绿肥可以提高石榴的品质,保持原品种的特有风味,还可以延长贮藏时间。

2)石榴园常用绿肥

(1)草木樨。草木樨为豆科绿肥作物。其根系发达,主根粗壮而长,可达2 m左右;有根瘤,能固定空气中的氮气。草木樨适应性强,对土壤选择不严,耐瘠薄,即使在山坡薄地、碎石子地上都可生长;耐盐碱,可在土壤含盐量为0.15%的条件下生长,并可以有效降低土壤的含盐量,改良土壤;耐旱。草木樨一年四季均可播种,但干旱季节,不易保全苗,因此播种应选在墒情好的季节。该绿肥每亩播量 $1.5 \sim 2$ kg,如采用当年种子要进行种子处理。播种前1年的陈种子比播种当年新收的种子的发芽率高。播种时,适宜浅播,覆土不宜超过 $2 \sim 3$ cm。每年每亩可产鲜草 $450 \sim 1\ 000$ kg,鲜草含有机质18.95%、氮0.88%、磷0.07%、钾0.42%。

(2)紫花苜蓿。为多年生豆科绿肥作物。紫花苜蓿根系发达,幼根和新生根上长有根瘤。紫花苜蓿适应性强,在沙土、壤土、黏土地上均可以栽培。耐寒,能在 -20 ℃的低温下越冬,但更喜欢温暖、干燥的气候条件;耐旱,其根系发达,能吸收深层土壤的营养和水分。紫花苜蓿秋播为好,播 0.7 ~ 1.0 kg/亩,每年可产鲜草 2 500 kg/亩。新鲜紫花苜蓿含有机质 18.1%、水 74%、氮 0.79%、磷 0.18%、钾 0.4%。

(3)绿豆。适应性强,耐旱、耐瘠、耐寒,不耐涝。酸、碱性土壤中均可生长。生长较快,产草量高,易腐烂,喜高温。春、夏播种,播量 4 ~ 5 kg/亩。

(4)沙打旺。极耐旱,耐瘠。种 1 次收 3 ~ 5 年,适于沙滩地,耐盐碱、抗风。春播,播种量 0.25 ~ 0.5 kg/亩。

此外,许多野生杂草也是绿肥原料,而且野生杂草适应性强,繁殖快,在恶劣的环境条件下也能生长。

3)绿肥耕翻和压埋

当绿肥长到一定时期时,可进行耕翻和压埋绿肥。具体方法有以下几种:

(1)耕翻绿肥。即当园内播种的绿肥作物长到花期或花荚期,用人、畜或机器,直接就地耕翻。这种方法以 1 年生绿肥或野生杂草为主,需年年播种、年年耕翻。在行间宽敞的果园可采用此法。

(2)收割压埋。当园内绿肥长到花期或花荚期时,进行收割。沿相当于树冠边缘的地方开沟,把绿肥或杂草埋入沟内,一层绿肥一层土,最后顶部用土封住。根据植株大小,每株可埋入 20 ~ 100 kg 不等。这种方法可充分利用果园行间或果园空闲地栽培的绿肥作物和自然生长的野草来肥田,又可结合除草灭荒。

(3)收割堆沤。将园内外种植的绿肥作物和野生杂草收割后集中堆沤,以基肥(或追肥)的形式用于石榴树。

(4)收割覆盖果园。每年让果园行间种植的绿肥自然生长(或让园内自然生草),然后割倒后撒在果园树盘和行间,3 ~ 5 年后耕翻 1 次,再重新播种。

另外,绿肥也可作饲料喂牲畜,再利用牲畜粪便作果园肥料,结合养殖,更为经济合理,又能获得果肉双收,提高经济效益。

8. 果园测土配方施肥

石榴为多年生树种,多年的生长发育、开花结果,其根系周围土壤中的各种营养元素会出现一定的变化,尤其是由于有机质和氮、磷、钾等养分含量的减少,需要每年进行施肥补充。土壤中有机质和氮、磷、钾等养分含量是衡量耕地土壤肥力的关键性指标。

测土配方施肥就是以土壤测试和肥料田间试验为基础,根据树体需肥规律、以及土壤供肥性能和肥料效应,在合理施用有机肥料的基础上,提出氮、磷、钾及各种中、微量元素等肥料的施用数量、施肥时期和施用方法。

在德国,农业的施肥重点在于在成本最低的情况下达到效率最高。这首先要求农民了解作物和耕地,清楚需要什么养分,根据具体情况施肥,这样既能提高作物吸收养分的效率,又能降低肥料对土壤和地下水的污染。在以色列,大范围应用滴灌,肥料最后通过滴灌管排出,对里面排水的氮进行检测,如果排出的水中氮含量高,就说明施够了,肥料进入管道时就要减少氮肥用量,这即是通过排水反过来检测施用量。西班牙的化肥经销店,在销售肥料后登记卖给每户的肥料量,这是政府规定必须登记的。因为西班牙政府对肥料尤其是氮肥的使用量有明确的要求,政府需要知道每个农户种植面积的大小和栽培的作物种类,从而推算出农民需要用多少肥料,如果农民购买超过平常的购买量,经销商是不能卖给他们的。

"有收无收在于水,收多收少在于肥",这是传统农业最虔诚的信条。然而,不科学的过度施放肥水,非但不能实现高产高效,反而会造成资源的浪费、土壤的板结酸化和环境的污染。

实践证明,推广测土配方施肥技术,可以提高化肥利用率5%～10%,增产率一般为10%～15%,甚至可达20%以上。实行测土配方施肥不但能提高化肥利用率,获得稳产高产,还能改善农产品质量,是一项增产节肥、节支增收的技术措施。

测土配方施肥涉及面比较广,是一个系统工程。整个实施过程需要农业教育、科研、技术推广部门同广大农民相结合,配方肥料的研制、销售、应用相结合,现代先进技术与传统实践经验相结合,具有明显的系列化操作、产业化服务的特点。

　　一般采用的测土配方施肥方法,主要有以下步骤:第一步,采集土样、进行土壤化验。土样采集一般在秋收后进行,采样的主要要求是:地点选择以及采集的土壤都要有代表性。取样一般以 50～100 亩面积为一个单位,如果地块面积大、肥力相近,取样代表面积可以放大一些;如果是坡耕地或地块零星、肥力变化大的,取样代表面积也可小一些。取样可选择东、西、南、北、中五个点,去掉表土覆盖物,按标准深度挖成剖面,按土层均匀取土。然后,将采得的各点土样混匀,用四分法逐项减少样品数量,最后留 1 kg 左右即可。取得的土样装入布袋内,袋的内外都要挂放标签,标明取样地点、日期、采样人及分析的有关内容。土壤化验就是土壤诊断,要找县以上农业和科研部门的化验室。各地普遍采用的是五项基础化验,即碱解氮、速效磷、速效钾、有机质和 pH 值。第二步,确定配方、加工配方肥。配方选定由农业专家和专业农业科技人员来完成。首先要由农户提供地块种植的作物及其规划的产量指标。农业科技人员根据一定产量指标的农作物需肥量、土壤的供肥量,以及不同肥料的当季利用率,选定肥料配比和施肥量。这个肥料配方应按测试地块落实到农户。配方肥料生产要求有严密的组织和系列化的服务。

　　配方肥的生产第一步,要把住原料肥的关口,选择省内外名牌肥料厂家,选用质量好、价格合理的原料肥。第二步,是科学配肥。由县农业技术推广部门统一建立配肥厂。第三步,按方购肥。在测土配方之后,把配方按农户、按作物写成清单,按方配肥销售给农户。第四步,科学施肥、田间监测。平衡施肥是一个动态管理的过程。使用配方肥料之后,要观察植株生长发育,要看收效。从中分析,做出调查。在专家指导下,基层专业农业科技人员与农民技术员和农户相结合,田间监测,翔实记录,纳入地力管理档案,并及时反馈到专家和技术咨询系统,作为调整修订平衡施肥配方的重要依据。第五步,修订配方。按照测土得来的数据和田间监测的情况,由农业专家组和专业农业科技咨询组共同分析研究,修改确定肥料配方,使平衡施肥的技术措施更切合实际。

三、水分管理

(一)灌水时期

石榴树与苹果、梨等果树相比,是比较耐旱的,但是为了保证植株健壮和果实的正常生长发育,达到丰产优质,就必须满足其水分的需求。尤其在一些需水高峰期,要根据不同的土壤条件和品种特性的要求,进行适时适量的灌水。1年中一般灌水的次数为3次。时期可分花前、花后及果实膨大和封冻前。

1. 花前灌水

花前灌水也叫花前水,主要指在发芽前后,植株萌芽,抽生新梢,需要大量的水分。特别是干旱缺雨地区,早春土壤容易干旱,头一年贮存的养分不能够有效地运输利用。此期灌水,有利于根系吸水,促进树体萌发和新梢迅速生长,提高坐果率。因此,花前水对当年的丰产有着极其重要的作用。

如果旱情严重,浇萌芽水后,最好采用覆盖塑料薄膜的形式保水。据测定,土壤保水的最有效措施就是果园覆盖(覆盖塑料薄膜或覆草)。覆盖塑料薄膜后,土壤水分蒸发量为裸露地表的1/4~1/3。如为山地梯田,采用地膜覆盖,可明显地减少养分淋失、水土流失,加上山地挖截水沟、增施有机肥料及穴施肥水,提高土壤的保水贮水能力,节水保墒作用更为有效。

注意:花前灌水要在花前10 d左右进行,同时注意实施保水措施。这样既可使花期地温不致下降,又可解除旱情,促进新梢生长,花朵开放一致,使授粉受精正常进行,保花保果。花期不宜灌水。石榴比桃、苹果开花晚,不易受倒春寒、气温骤然下降的影响,但如果花期进行灌水,则容易使地温不平衡,根系吸水能力下降,花朵开放不整齐,花粉的成熟期不一致,不利于授粉受精。

2. 花后及幼果膨大期灌水

石榴的开花期较长,分头茬花、二茬花和三茬花及末茬花。一般产量由一茬、二茬、三茬花坐果组成。为了促进坐果,使幼果发育正常,可在幼果期浇1次水。此期正是头茬、二茬的果实体积开始增大的时期,为了满足果实生长和花芽分化的水分需求,根据土壤情况,因地制宜地浇水十分重要。需要强调的是,在花后子房膨大期,如果干旱、大风、无雨,要进行必要的浇水,这对保证植株增产特别重要。

注意:果实采收前不要灌水。石榴进入采收期,如果遇水会导致果实大量裂果。

3. 封冻前灌水

土壤封冻之前浇水。这次水能促进根系生长,增强根系对肥料的吸收和利用,提高树体的抗寒抗冻和抗春旱能力,促进来年萌芽和坐果。

(二)灌溉技术

确定灌溉技术和方法要本着节约用水、提高效率、减少土壤流失的原则。

1. 沟灌

在果园开灌水沟,沟深 20 ~ 30 cm、宽 30 ~ 40 cm,并配合水道,进行灌溉。沟的形式可为条状沟(果园行间开沟,密植园开 1 条沟,稀植园开沟可根据行间距和土壤质地确定)、井字沟(果园行间和株间纵横开沟形成"井"字形)、轮状沟(沿树冠外缘挖一环状沟与配水道相连)等。

2. 盘灌

以树干为圆心,在树冠投影内以土埂围成圆盘,与灌溉沟相连,使水流入树盘内。

3. 穴灌

在树冠投影的外缘挖穴,直径 30 cm 左右,深度以不伤大根为宜,将水灌入穴内,灌满为止。穴的数量以树冠大小而定,一般 8 ~ 12 个。

4. 喷灌

在果园行间开设暗沟,将水压入暗沟,再以喷灌机提灌;也可在园内设置固定管道,安设闸门和喷头自动喷灌。喷灌能节约用水,并可改变园内小气候,防止土壤板结。

5. 滴灌

在果园设立地下管道,分主管道、支管和毛管,毛管上安装滴水头。将水压入高处水塔,开启闸门,水则顺着管道的毛管到滴水头,缓缓滴入土中。该法灌溉节水效果好,土壤不板结,推广价值较高。

（三）节水栽培

我国是一个水资源十分贫乏的国家,全国人均水资源年占有量为 2 700 m²,居世界第 127 位,仅相当于世界人均占有量的 1/4。我国大部分的石榴树栽在干旱和半干旱地区。为了实现丰产、优质、高档化栽培,一方面要保证水分及时灌溉,另一方面要注意节水。

目前的节水栽培可以从两个角度考虑:一方面减少有限资源的损失及浪费,另一方面要提高水分利用率。要在完善水道上游水土保持工程的同时,防止水源和输水渠道的渗漏,或采用输水管道化以及改良土壤、地面覆盖等措施,均能起到节水作用。

不同的灌溉技术,节水效果也不相同。目前,一般滴灌和地下灌溉方式节水效果最好,微喷次之,地面漫灌最浪费。因此,有条件的地区尽量采用滴灌和微喷技术。地面灌溉时,为节约用水,可采用细流沟灌,并结合地面覆盖(用秸秆、地膜等材料),可有效减少地面水分蒸发,尤其是地膜覆盖,效果更佳。

（四）排灌工程

水分适时适量的供应是保证石榴树生长健壮和高产优质的重要措施之一。但是如果水分偏多,则导致树体生长过旺,秋梢生长停止晚,发育不充实,抗寒性差,冬季易受冻害。当水分严重过量时,则会出现土壤通气不良,氧气缺乏,土壤中好气性微生物活动受阻,根系呼吸困难,同时还会产生大量的有毒物质,严重时还会使根系和地上部分迅速死亡。

水分过量主要是雨量过大、灌水过多或地下水位过高的原因。因此,石榴园要因地制宜地安排好排涝和防洪措施,尽量减少雨涝和积水造成的损失。在平地和盐碱地建立排水沟,排水沟挖在果园的四周和果园内地势低的地方,使多余的积水可以及时排出果园。另外,也可采用高畦栽植石榴,畦高于路,畦间开深沟,两侧高中间低,天旱时便于灌溉,雨涝时两侧开沟便于排水。山地果园首先要做好水土保持工作,修整梯田,梯田内侧修排水沟。也可将雨季多余的积水引入蓄水池或中小型水库内。在下层土壤有黏板层存在时,可结合深翻改土,打破不透水层,避免水分积蓄,造成积水危害。

第四节　石榴的花果管理

石榴的花果管理是现代化石榴栽培中的重要措施,花果管理技术科学适宜,才能保证石榴树连年丰年、稳产、优质。

石榴的花果管理主要体现在三个方面:一是花果量合理。合理的花果量是优质的前提。树体积累养分是一定的,如果留果量太多,常常会因营养不足而导致果个小、糖分低、着色差;留果量太少,虽果个大,但产量低,效益差,且过大的果实耐藏性较差。生产中花果量的调整主要靠保花保果和疏花疏果来完成。二是提高果实外观品质和内在品质。可通过改善树体光照、铺反光膜、摘叶转果、果实套袋、叶面喷施微肥等措施促进果实着色、提高果实表面光洁度、增加果实含糖量。三是防止石榴裂果。

一、调整石榴花果量

石榴花量大,双花、多花以及双果、三果现象很普遍,同时石榴开花期长,分为头茬、二茬、三茬、四茬花和果;其花为两性虫媒花,但由于雌蕊的发育程度不同,可以形成完全花、不完全花和中间花3种。其中仅完全花的坐果率较高,不完全花为退化花,不能坐果。

坐果率是产量构成的重要因子。提高坐果率,尤其是花量少的树体,使有限的花朵得到充分利用,对保证树体的丰产稳产具有十分重要的意义。

(一)保花保果

管理粗放、树势弱容易造成花器发育不完全或成花较少,花量少或不完全花较多的树体,保花保果以提高其坐果率对保证丰产稳产显得尤为重要。此外,花期遭遇不良气候造成授粉受精不良,也容易造成落花落果严重,坐果率下降。落花高峰一般在开花高峰后4~6 d,在河南省及周边省份,5月下旬至6月上旬头茬花脱落,6月下旬二茬花大量脱落,果实膨大后,一般不再落果。

（1）抑制营养生长，调节生长和结果的矛盾。对于幼旺树或徒长枝，可通过断根、摘心、疏枝、扭梢、环割或环剥、肥水控制等措施，调整营养生长和生殖生长的关系，促进花芽分化和开花坐果。如对花量少的幼旺树可在大枝基部环割2~3道，间距5 cm以上，可增加完全花比例，提高坐果率。

（2）重视花前追肥和幼果膨大期追肥。花前追肥在萌芽到花现蕾初期，以速效氮肥为主，可减少落花落果，提高头茬花结实率，但对旺长树可少追施或不追施，以免引起徒长，加重落花落果；幼果膨大期追肥在大多数花谢后，幼果开始膨大期，追施氮、磷速效肥可减少幼果脱落，促进果实膨大。

（3）果园放蜂和人工辅助授粉。石榴异花授粉可提高授粉受精的概率，显著提高坐果率；在花期气候条件不适宜，昆虫活动受限的情况下，可采用人工辅助授粉。

（4）花期喷硼，促进坐果。硼可促进花粉发芽和花粉管的伸长，有利于受精过程的完成，可在花期喷0.2%的硼砂或硼酸，配合0.2%的尿素以提高坐果率。

（5）及时杀灭蛀果害虫。桃蛀螟等蛀果害虫要及时预防杀灭，以防蛀果造成落果。

（二）疏花疏果

疏花疏果指根据树体长势确定负载量，并人为去除过多花或果实的管理措施。合理的疏花疏果不仅可以保证当年丰产，提高果实品质，还能保证花芽分化所需的养分，确保第二年的产量。另外，合理的负载可以保证树体健壮生长，提高树体养分贮藏水平，增强树体抗寒、抗病能力。

石榴的花量很大，且不完全花（钟状花）占很大比例，开放后与完全花争营养，不利于坐果。因此，应在能区分完全花（筒状花）和不完全花时及早疏除不完全花，以免耗费营养。疏果是在疏花后，根据幼果多少采取的补充措施。疏果一般在幼果基本坐稳后，根据树上坐果的多少、坐果的位置结合理论留果量进行疏果，疏果后的留果量要比理论留果量高出15%~20%。在河南，一般6月上中旬可以进行疏果，6月中下旬根据果实在树冠的分布进行定果。

疏花疏果掌握以下几个原则：

（1）分次进行，切忌一次到位，以免因不良气候造成损失。

（2）对树冠从上到下、从内到外，逐个果枝疏除。

（3）疏果首先疏掉病虫果、畸形果、丛生果的侧位果，重点保留中短梢上所结的头茬、二茬果，不留或少留长果枝果。

（4）在保证负载量的前提下，壮枝多留果，弱枝少留果，临时性枝多留果，永久性骨干枝少留果。

（5）可根据石榴平均单果重，在果枝上按照一定的距离均匀留果，一般平均20 cm可留1个果，大型果间距可略大一些，小型果间距可适当小些。也可根据径粗留果，一般径粗2.5 cm左右的结果母枝可留果3~4个。

（6）以人工疏除为主，在劳力急缺时，可考虑化学疏除，但必须在试验的前提下谨慎进行。

二、加强石榴果实品质管理

（一）改善树体光照

整形修剪要及时科学，做到"三稀三密"，以保证树体的通风透光，不仅可以减少病虫害的发生，还可促果实的发育，提高优质果的比例。

（二）树下铺反光膜

铺反光膜有利于提高内膛光照强度，提高果实品质。铺反光膜在果实着色期进行。将银膜铺于树下地表，行间留出作业道，边缘用砖块压住，但不拉紧，每公顷果园约铺6 750 m²。如果树体枝叶过密，铺膜效果会下降，所以一定要结合疏枝、拉枝、摘叶等措施，以达到透光的效果。

（三）摘叶和转果

摘叶、转果可提高果实的着色面积。摘叶要分次进行，摘叶过早、过多会影响果实糖度的积累，也会导致日灼现象。非套袋果要在采收前30~40 d开始，此次摘叶主要是摘掉贴在果实上或紧靠果实的叶片，数天后再进行第二次摘叶，主要是摘除遮挡果实的叶片。套袋果第一次摘叶于套袋时摘除可能要套入袋中的叶片,第二次摘叶于转色期解除袋子时摘除紧贴果实的叶片,这样除着色均匀外,还可减少病虫害的发生。转果是使原来的阴面朝向阳面。在果实的成熟过程中,应多次进行,以实现果实全面均匀着色。转果时,因为石榴的果梗粗,尤其是着生在大、中粗枝上的果实无法转动,因此摘叶后5~7 d,要通过拉枝、别枝、吊枝等方式,转动结果母枝的方位,促使果实背光面转向阳面,促使果实全面着色。

在果实发育到小核桃大小时,除去萼嘴花丝,可以有效防止蛀果害虫,而且保持果实洁净。除去花丝的果实在贮藏中萼筒不易产生结露现象,可大大减少病害的发生。

(四)果实套袋

石榴套袋不仅可以防止果实被病虫危害,而且对改善果实的外观有促进作用,同时还有提高果面洁净度、减轻果实中农药残留、减少裂果等作用。

目前,国内采用的果实套袋有两种形式:一种是采用白色单层纸袋套袋,于定果后套袋,转色期要按时去袋,可提高果实表面光洁度。套袋方法:在果实定果时(在河南,大约在6月中旬),即幼果萼筒转青,果实长到核桃大小时套袋。套袋前先去花丝,后喷20%杀灭菊酯2 000倍液杀虫剂和40%退菌特500倍液杀菌剂,待果面及萼筒都没有游离水存在时即可套袋。如果是套白色单层纸袋,可于果实转色期,即采摘前20 d左右去袋,摘袋过晚颜色较淡,摘袋过早,起不到保护果实、提高果实表面光洁度的作用。另一种是塑膜袋套袋,立秋后(11时前、16时后天气凉爽时段,但要避开雨、雾及早晨有露水的时间)套袋,不需要去袋,该方法主要在北方使用,可减少多雨秋季造成的裂果,但会造成果实成熟期推迟,同时造成花芽分化推迟或分化质量不高,导致开花推迟20 d以上,且头茬花、二茬花较少。

(五)叶面喷肥

采前40~50 d起,每隔15 d进行一次叶面喷肥,可改善叶片光合性能,提高果实内在品质。可以选用的肥料种类有腐殖酸有机液肥

（600 倍液）、氨基酸复合液肥（800 倍液）、KH_2PO_4（0.3%）等。

三、防止和减轻石榴采前裂果

（一）石榴裂果的原因分析

石榴果实分果皮和种子两部分。果皮在果实发育前期，细胞分生能力强，果皮的延展性较好，随着果实的生长发育，加之受外界高温、干旱及日光照射的影响，使其近成熟时分生能力减弱，延展性降低；而种子受外界因素影响较小，且种子是石榴的繁衍器官，所以种子生长始终处于旺盛期，导致种子和果皮生长速度有所差异。采收期来临以前和适收期再遇阴雨多湿，籽粒吸水膨大，果皮已经老化成形失去弹性，很易裂果，同时，这也是石榴散落种子、繁衍后代的生理现象。不同品种裂果程度不一。

（二）防止和减轻石榴采前裂果的措施

（1）选择不易裂果的品种。在春夏季干燥、秋季多雨的地区，推广抗裂品种，是减少裂果现象的根本途径，如可以适当选择'秋艳'、'青丽'等抗裂新品种。

（2）适当提早采收。如在石榴成熟期遇连阴雨，可适当提早采收，以防止裂果的产生。但采收过早，也会严重影响石榴的风味品质。

（3）及时分批采收。由于石榴花期长达 2 个月，故有头茬果、二茬果、三茬果之分，果实的发育程度相差也较大，因此应分期分批采收。

（4）果实套袋。套袋可以为石榴果实创造相对稳定的小气候，避免骤寒骤热的变化，起到防止裂果的作用。

（5）推行树盘覆盖技术。可于早春进行树盘覆草。覆草厚度不低于 20 cm，后每年根据草的腐烂程度进行补充；也可树盘覆盖塑料薄膜。树盘覆盖后，既可减少土壤板结，减少杂草危害，又可减少水分蒸发，保持土壤湿度，避免出现干湿不均的情况，减轻裂果的发生。

（6）叶面喷肥。可于幼果期叶面喷施 0.5% 氯化钙溶液或其他有机酸钙，提高果实钙素营养，对提高石榴果皮结构的稳定性、防止裂果有着重要作用。另外，采收时如逢阴雨，应加速采收。

第五节　石榴病虫害防治

近年来,随着单一石榴品种种植园大面积的发展、种植年限的延长和新品种的引进,石榴病虫害发生日趋严重。基于此,石榴病虫害的发生、特征及其防治,既有助于石榴病虫害的综合防治研究,也有助于抗病虫害石榴品种的选育,对石榴无公害生产和经济高效性具有重要意义。

根据病虫害的发生规律,以农业防治和物理防治为基础,生物防治为核心,同时合理使用农药,从而有效地控制病虫危害,为优质无公害石榴的生产创造条件。在石榴生产中,栽培技术的选择,肥水、土壤和果园的管理等是控制病虫害发生的重要农业举措,包括加强植物检疫降低病源、虫源,科学施肥、灌溉增壮树体,合理整形修剪改善生产种植环境,重视冬季修剪清园和春季防治处理等。物理防治主要针对虫害的发生,例如利用黑光灯、糖醋液、水淹土埋等诱杀捕杀害虫;而果实套袋对预防病虫害效果显著,并能减少农药的残留。生物防治是实现无公害石榴生产的最有效措施,利用害虫天敌或者昆虫性激素降低虫害危害;利用生防菌,如枯草芽孢杆菌、放线菌、假单孢杆菌等,可有效防治石榴真菌病害;利用生物制剂如特定植物提取液对病虫害也具有一定的抑制作用。然而,这种防治效果多是在实验室条件下完成的,存在田间效果不显著的问题。尽管化学药剂的长期使用存在污染环境、引起病虫多抗性、农药残留等诸多方面的问题,但是化学药剂防治病虫害是现阶段石榴生产中普遍使用的方法,因其见效快、方法简单,仍具有不可替代性。应注意的是,石榴苗对有机磷农药比较敏感,防治石榴病虫害时尽量避免选用有机磷农药,若需选用,必须预先作试验,否则可能会引起落叶、死苗现象。因此,在石榴生产过程中应最大限度地科学、合理、正确地使用化学药剂,以满足目前无公害果品生产的标准和需要。

目前,国家和地方上颁布了化学农药使用办法和相关石榴无公害栽培与生产技术规程等,如《农药合理使用准则》《绿色食品 农药使用准则》《淮北软籽石榴病虫害防治技术规程》《塔山石榴栽培技术规程》《无公害水果石榴生产技术规范》等。在日常石榴生产和石榴园管理中,应采取综合治理的原则以达到预防和防治病虫害的目的。此处,笔者重点总结介绍了石榴栽培生产过程中一些常见的病害和虫害,以及一些相应的防控配套措施,为石榴栽培种植的高效性生产和可持续发展提供一些参考。

一、石榴常见传染性病害

石榴生产中常见的主要病害有石榴干腐病、黑斑病、枯萎病、果腐病、疮痂病、煤污病、炭疽病、蒂腐病、麻皮病,还有太阳果病、根腐病和茎基枯病等。本小节从发病规律、病原特征、发病症状和防治方法四个方面介绍这些病害。

(一)石榴干腐病

石榴干腐病是石榴的主要病害,在我国多地区均有发生,严重时发病率高达50%,给农户造成了严重的经济损失。

1.发病规律

石榴干腐病最适宜生长温度为 24~28 ℃,最低为 12.5 ℃,最高为 35 ℃。干腐病菌主要在树干上的僵病果上越冬,僵果上的菌丝在翌年4 月中旬前后产生新的孢子器,是该病菌的主要传播源,5 月进入花蕾期即可开始侵染。此病主要靠雨水传播,风不能单独传播,风雨交加可导致石榴株间病菌扩散。病菌在花蕾期即开始侵入,7~8 月高温季节为发病高峰期。该病发生程度取决于 6~7 月的温湿度,6~7 月持续干旱高温,不易大发生;6~7 月雨水多,气温在 25 ℃ 左右,相对湿度在90%以上,则易暴发流行。

2.病原特征

根据目前的报道,该病多数由石榴鲜壳孢(*Zythia versoniana* Sacc.)引起,少数由石榴壳座月孢(石榴垫壳孢)[*Coniella granati* (Sacc.) Petr. &Syd.]、*phomopsis* sp.引起,此外,有报道称葡萄座腔菌(Botryosphaeria dothidea)可以导致石榴枝条干腐病。石榴鲜壳孢隶属于半知菌亚门球壳孢目鲜壳孢属。分生孢子器散生或簇生,球形、扁球形或梨形,淡褐色,表面光滑,[125.0(101.4)~145.0(141.9)]μm×(55.0~75.0)μm,顶端具圆形孔口,(12.5~15.0)μm;分生孢子纺锤形,单胞,直或者微微弯曲,[8.7(7.5)~8.9(14.0)]μm×[4.8(2.5)~5.1(6.3)]μm;有性型为石榴干腐小赤壳菌(*Netriella versoniana* Sacc. et Penz.,隶属于肉座菌目肉座菌科小赤壳属),子囊壳成簇表生,赤褐色,梨形,[166.0(160.0)~277.0(295.0)]μm,喙44.0(50.0)~65.0μm,内壁密生周丝,棍棒状,[42.0(43.5)~53.0(55.0)]μm×(8.0~11.0)μm,内有8个无隔无色的梭形子囊孢子,(11.0~14.0)μm×(4.0~6.0)μm,无侧丝。

3.发病症状

石榴干腐病主要危害嫩枝、幼花、幼果等,最典型的症状为引起果实干缩褐黑成为僵果。花梗、花托染病呈现褐色凹陷,并有暗色小颗粒(分生孢子器),重则提早脱落。幼果染病后由浅褐色至灰黑色病变(并由病斑中央产生黑色分生孢子器,逐渐向外扩散),松软,腐烂脱落。成果染病不会脱落,失水干缩,开裂,最终成为红褐色僵果。枝条多数在茎刺处发病,茎刺基部开裂翘起逐渐脱落,并扩展至木质部,引起枝条枯死。花期和幼果期严重受害易造成落花落果,膨大期以后感病则果实干缩呈僵果状,不脱落。贮藏期感病的果实最终腐烂且果实表面产生密集小黑点。枝干发病初期皮层呈浅黄褐色,表皮无症状,以后皮层变为深褐色,表皮失水干裂且粗糙不平,与健部区别明显;后期病部皮层失水干缩、凹陷,病皮开裂呈块状翘起,易剥离,病症深达木质部,变为黑褐色,最终导致全树或全枝枯死。

4.防治方法

(1)农业措施。休眠期清除果园内杂草,结合修剪刮除老翘树皮,将病枝、病皮和树上树下僵果、病果深埋或烧毁以降低病原来源。加强肥水管理和整形修剪,及时疏花疏果,以增强树势。整形修剪中,要充分处理层间、内膛与外围的关系。树高控制在3 m左右,冠幅不大于树高,做到行间通畅,株间不交接。全树共留5~8个主枝,角度开张至60°~70°。及时疏除病虫枝、细弱枝、并生重叠枝,使冠内果实全方位通风透光,并于生长季随时清理病果、落果和果面贴叶。结合喷药叶面施肥,前期以氮肥为主,花期及幼果期间隔 20 d 连喷 2 次硝酸稀土1 000倍液,以提高抗逆性,后期以磷酸二氢钾为主。

(2)生物防治。有相关研究表明,芽孢杆菌属一些菌株对石榴干腐病菌具有拮抗作用,体外试验验证抑制率可达 43.27%。此外,一些种类植物提取液(如大蒜、银杏等)对该病菌也可起到抑制作用,这对于无公害绿色石榴生产具有重要意义。

(3)药剂防治。病部树皮刮后涂上 0.15%梧宁霉素 5 倍液等,其余健部喷石硫合剂。休眠期喷 3~5 波美度石硫合剂;萌芽前对树体喷 1次 1%硫酸铜水剂。生长季、花前及花后各喷 1 次 50%多菌灵可湿性粉剂 800 倍液加 20%杀灭菌酯乳油 3 000 倍液,或 70%甲基托布津可湿性粉剂 800 倍液加 4.5%高效氯氰菊酯1 500倍液。以后每隔 15~20d 喷 1 次,至 8 月底,全年共喷 5~6 次,防治效果良好。一般于 6 月下旬以后果实直径达 6 cm 以上时喷 1 次 50%多菌灵加硝酸稀土 1 000倍液后及时套上纸袋,扎紧袋口。

(二)石榴黑斑病

石榴黑斑病又名角斑病、褐斑病,国内以南方分布较普遍。近年来,石榴黑斑病发生逐渐加重,在河南、山东、河北等北方地区均有发生,已成为石榴果园发生的主要病害之一。2004 年该病大流行,95%以上的石榴树在果实成熟前叶片全部落光,减产十分严重,不但大大降低了果农收入,而且很大程度上影响了产业的发展。一般年份病叶率达 20%~40%,严重者病叶率达 80%;病果率为 15%左右,严重的达50%;减产 2~3 成,高的达 5 成以上。

1.发病规律

病原以分生孢子梗和分生孢子在叶片罹病组织上越冬,翌年 4 月中旬至 5 月上旬,越冬分生孢子或新生分孢子借风雨传播,从寄主气孔或伤口侵入,萌发出菌丝侵染,此后进行重复侵染。高温高湿利于其发病,尤其以通风不良,雨水多,湿度高达 90%以上时,病害尤为严重。有研究表明,减少虫害造成的伤口,从一定程度上减少了该病害的发生。该病严重危害期一般在 7 月下旬至 8 月中旬,此时石榴鲜果已近成熟,对当年产量和品质影响不大;但是至 9~10 月,叶上病斑数量增多,叶片早落现象明显,对花芽分化不利,是来年生理落果严重的原因之一。从树冠不同部位的感病程度来看,以下部感病较重,中部次之,上部最轻。

2.病原特征

该病由石榴生尾孢霉菌(*Cercospora punicae* P.Henn.)侵染导致,分类地位属半知菌亚门,丛梗孢目,暗梗孢科,尾孢菌属。病原子实层生于叶面,成微细黑点,散生;子座深褐色,球形至半球形,直径 10~60 μm,其上密布分生孢子梗(少数 1~2 根单生或并生),分生孢子梗褐色,具隔膜,梗短,直立不分枝,顶端钝圆,(10~60) μm×(2.5~3.5) μm;分生孢子顶生,淡橄榄色,直或弯曲,倒棍棒形或鞭形,有 1~9 个分隔(细胞),以 5~7 隔(细胞)者为多,大小为(18.5~27.5) μm×(2.5~4.5) μm,萌发时从中间一个细胞长出芽室。菌丝丛灰黑色,在 25 ℃时生长最好。文献记载,有性世代为石榴球腔菌(*Mycos phaerella punicae* Petr.)。

3.发病症状

该病主要危害叶片和果实。初期病斑在叶面为一针眼状小黑点,后不断扩大,发展成圆形至多角状不规则斑,大小(0.4~0.5) mm×(3.5~3.5) mm。后期病斑深褐色至黑褐色,边缘常呈黑线状,稍凸起,中间灰白色,周围有 0.5 mm 左右的墨绿色晕圈。叶面散生一至数个病斑,严重时可多达 20 多个,导致叶片提早枯落,病斑正反面上均产生灰黑色霉状小粒点,即病菌子实体。气候干燥时,病部中心区常呈灰褐色。果实受害时,病斑初为针尖状红色小点,后发展为黑色多角形病斑,后期产生灰黑色霉状颗粒,小病斑直径 3~4 mm,大病斑 1~2 cm,严重者病斑覆盖整个果面的 1/2 左右;果实着色后病斑外缘呈淡黄白色,一般不会造成果实腐烂。

4.防治方法

(1)因地制宜,选用抗病品种或抗病砧木。白石榴、千瓣白石榴和黄石榴一般比较抗此病;千瓣红石榴、玛瑙石榴等则易感染此病。

(2)农业措施。加强果园管理,冬季彻底清园,生长季节及时清除发病组织,减少病源;合理浇水,雨后及时排水,防治湿气滞留,增强抗病力;加强树体管理和花果管理,保证通风透光,保护树体免受机械损伤并对伤口及时进行用药保护。

对于已感染石榴黑斑病的果园,因树势衰弱,所以要加强果园的肥水管理,每公顷成龄园由正常每年施入 45 000 kg 优质农家肥增至 60 000~75 000 kg,另外还要追氮、磷、钾复合肥 1 125~1 500 kg,在施足肥料的前提下,有灌溉条件的石榴园,还要浇好花前水(4 月中旬)、促果水(6 月下旬、7 月上旬)、越冬水(11 月下旬、12 月上旬)。此外,对已感病造成树势衰弱的石榴树,要进行适度更新和回缩,以尽快恢复长势,恢复产量。

(3)药剂防治。在黄河中下游地区,防治的关键时期是春季刚开始侵染的 4 月中下旬、开始发病的 5 月中下旬和发病高峰期的 7~8 月。

休眠期间隔两周,喷施 5 波美度石硫合剂两次。生长前期用 1:0.5:200 波尔多液。开花后发病前,用 80%大生 M45 可湿性粉剂 800 倍液,或 70%安泰生可湿性粉剂 800 倍液,或 10%世高水分散粉剂 1 500 倍液,或 4%的农抗 120 300~400 倍液等保护性杀菌剂,每 2 周左右喷药 1 次。刚坐果即行套袋,防效可达 80.5%,并可兼治疮痂病、桃蛀螟、桃小食心虫和裂果等。生长中后期喷 1:1:160 波尔多液,或多抗霉素 3%可湿粉剂 300 倍液,或 25%代森锌对高脂膜 300 倍液,每半月 1 次,共喷 4~5 次。

5 月下旬至 7 月中旬,降水日多,病害传播快,应抓住晴朗日及时进行化学防治。效果较好的药剂为 50%多菌灵硫黄胶悬剂 500 倍液喷雾,或 80%络合纯可湿性粉剂 600 倍液,或 80%伊诺大生 600 倍液,或 80%代森锰锌 600~800 倍液,或代森锰锌 80%可湿性粉剂 800 倍液+甲基硫菌灵 70%可湿性粉剂等黏着性较强、耐雨水冲刷的保护性杀菌剂。中后期由 25%代森锌+高脂膜 300 倍液喷雾保护。注意雨后放晴及时喷药,做到轮换用药,提高药效。

需注意的是,在施用农抗 120 时不可同波尔多液、松碱合剂、石硫合剂及其他碱性农药、化肥、微肥和激素混配混用。

注意:天达 2116 果树专用型叶面肥与代森锰锌 80%可湿性粉剂或

多锰锌50%可湿性粉剂混合使用时,会导致石榴不同程度的药害发生。

(三)石榴枯萎病

1999年最先在云南蒙自县相继出现石榴枯萎病,目前在云南和四川等地较常见,是石榴生产中发生的一种毁灭性病害,并有逐渐加重的趋势,对石榴种植业威胁极大。

1.发病规律

石榴枯萎病是一种土传真菌病害,初侵染源是根部,具有隐蔽性,初侵染症状难以直接观测,发病迅猛,死亡率高,传播途径多,感染能力强等特点,俗称为石榴的"癌症"。病菌在病株上过冬。每年5月中旬开始发病,6月逐渐增多,7~8月为发病盛期,至10月底,病害逐渐停止蔓延。该病对小树和大树均有危害。石榴树遭受冻伤,树势衰弱易发病,多次使用垃圾肥也易发病。

2.病原特征

该病由甘薯长喙壳(*Ceratocystis fimbriata* EIHs & Haisted)引起,甘薯长喙壳在PDA培养基上菌落呈深绿褐色、边缘不规则;菌丝放射状,分生孢子内生,有隔膜,透明,可链生桶形[7.3~9.4(8.4)]μm×[11.6~13.2(12.4)]μm,或棒形[9.2~29.6(19.4)]μm×[3.1~6.8(4.9)]μm;子囊壳基部近球形,直径[90.8~149.8(120.3)]μm,黑褐色,周围具丝状附属物,顶部有喙,[254.4~533.8(394.1)]μm×[14.2~22.6(18.2)]μm,喙顶端孔口须状;子囊孢子椭圆形,透明,帽状,[3.7~6.5(5.1)]μm×[3.1~5.7(4.4)]μm。

3.发病症状

石榴枯萎病主要危害苗木幼茎和枝条,在基部产生圆形或椭圆形病斑,树皮翘裂,表面分布点状突起孢子堆,病斑处木质部由外及内,由小到大变黑干枯,输导组织失去功能。发病初期,树干地面部分细微纵向开裂,部分枝条上的叶片黄化、萎蔫,剖开树干可见横截面呈现放射状暗红色、黑色或紫褐色到深褐色的病斑。中期树干梭状开裂并逆时针螺旋式上升蔓延,多数叶片开始变黄、萎蔫,树梢开始落叶。后期叶片全部脱落,枝条枯萎直至整树干枯,其主根或侧根表面病斑黑褐色梭状并有黑色毛状物,病斑横截面呈黑褐色发散状变色,重则根部腐烂。此外,根结线虫在石榴枯萎病发生过程中起着"打开通道"的作用。

4.防治方法

(1)加强苗木检疫。扦插枝扩繁移栽前可用25%多菌灵可湿性粉250倍液对扦插枝伤口进行浸泡。

(2)农业措施。及时清园,集中销毁,减少病原。对于确诊发病的石榴树,应及时彻底刨根挖除,所有病枝、病根集中烧毁,并施用生石灰对病树区所在土壤进行消毒。加强果园管理,合理密植。提倡免耕,在春秋季可进行浅耕,尽量减少中耕,根部施肥时尽可能减少对根系的伤害。慎用氮、磷、钾肥,多施农家肥,提高土壤有机质含量。冬季间种绿肥,增强树势。3年以上的树体在剥除地上部树皮50 cm左右,使用前后器械均要消毒。

(3)生物防治。利用部分植物提取液(大蒜、紫茎泽兰和苦参等)、枯草芽孢杆菌、荧光假单胞杆菌等进行生物防控,也可以通过放线菌拮抗根结线虫而有效控制石榴枯萎病菌的蔓延。根据相关研究,套栽番茄、大葱和大蒜有望成为一种通过提高枯草芽孢杆菌数量来控制石榴枯萎病的有效措施。

(4)药剂防治。进行消毒和预防处理,喷施内吸性杀菌剂30%戊唑·多菌灵、咪鲜胺、腈菌唑、丙环唑等灌根和土壤。生长季可用50%多菌灵500倍液+10%复硝酚钠1 000倍液喷雾,或刮除病斑后涂70%甲基托布津300倍液进行预防,有一定防治效果。喷药时间,从3月下旬或4月上旬开始,每10~15 d一次,连续喷3次。

(四)石榴果腐病

石榴果腐病在国内各石榴产区均有发生,一般发病率20%~30%,尤以采收后、贮运期间病害的持续发生造成的损失重,严重影响了外销。

1.发病规律

褐腐病病菌以菌丝及分生孢子在僵果上或枝干溃疡处越冬,来年雨季靠气流传播浸染。果实成熟前一个月(9月)至采摘后和贮存期间为发病高峰期;至10月,病害即很少发展。发病的最适湿度为24~28

℃。僵果多在温暖高湿气候下发生严重。由褐腐病菌侵染和酵母菌发酵造成的果腐多在石榴近成熟期发生。由生理裂果或果皮有伤口造成的果腐常由裂口部位腐烂并生成多种色彩的霉,主要是青霉和绿霉等,阴雨天气尤为严重。

2. 病原特征

病原主要包括三种:褐腐病菌(*Monilia laxa*),约占29%;酵母菌(*Nematospora* Sp.),约占55%;其他菌主要是青霉(*Penicillium purpurogenum*)和黑曲霉(*Aspergillus niger*)等,约占16%。此外,根据报道,葡萄座腔菌(*Botryosphaeria dothidea*)是引起石榴幼果、成果腐烂的一种新病原菌。

3. 发病症状

该病害的突出症状除一部分干缩成僵果悬挂于树上不脱落外,多数果皮糟软,果肉籽粒和隔膜腐烂,对果皮稍加挤压就流出黄褐色汁液,至整果烂掉。主要危害果实,亦可侵害花器和果梗。

由褐腐病菌侵染造成的果腐最初在果皮上产生淡褐色水浸状斑,迅速扩大,后期病部出现灰褐色霉层,内部籽粒腐坏。病果常干缩成深褐色至黑色僵果悬挂于树上不脱落。由酵母菌侵染的病果初期无明显症状,仅局部果皮微现淡红色,剥开该部位果瓤变红,籽粒开始腐败,后期果实内部腐坏并充满红褐色浓香味浆汁,病果常迅速脱落。葡萄座腔菌还危害花蕾、2~3年枝条,其症状与石榴鲜壳孢引起的干腐病一致,该菌在高温、低湿条件下引起石榴的干腐,低温、高湿时表现为软腐。自然裂果或果皮伤口处主要由青霉和绿霉侵染,由裂口部位开始腐烂,直至全果。产紫青霉、黑曲霉致病初期产生与葡萄座腔菌类似的水浸状斑块,不同之处在于产紫青霉病斑发展慢,病斑及萼筒内有灰绿色小点,而黑曲霉病斑发展快,病斑及萼筒内有大量黑褐色小点。

4. 防治方法

(1)农业措施。摘除僵果,清除落果,并集中销毁;加强排水工作。

(2)药剂防治。开花期前后预防:各喷1次1:1.5:160波尔多液进行预防。果实着色前喷施甲基硫菌灵悬浮剂500倍液,也可以使用23%络氨铜水剂500倍液。防治褐腐病于发病初期用50%腐霉利可湿性粉剂1 000倍液,7 d 1 次,连喷 3 次,防效可达 95%以上。发病期间,使用45%代森铵水剂 800 倍液,每隔 10 d 喷 1 次,连续喷 4~5 次。防治发酵的关键是杀灭榴绒粉蚧和其他介壳虫,于 5 月下旬和 6 月上旬两次使用 25%优乐得可湿性粉剂 1 500 倍液,或 48%乐斯本 2 000 倍液。防治生理裂果用 50 mg/L 的赤霉素或石榴保果剂 300 倍液于幼果膨大期喷果面,10 d 1 次,连用 3 次,防裂果率 47%和 71%。

(五)石榴疮痂病

石榴疮痂病是石榴上发生普遍且危害较严重的病害,在我国多数地区均有发生,可危害整个树体,严重影响树体生长和果实品质。

1. 发病规律

病菌以菌丝体在病组织中越冬,春季气温高,多雨、湿度大,病部产生分生孢子,借助风、雨或昆虫传播,经过几天的潜育,形成新病斑,又产生分生孢子进行再侵染。秋季阴雨连绵时,病害还会再次发生或流行。山东地区一般 5 月开始发病,6~7 月为发病盛期,病期可到 9 月,至 11 月基本不再扩散。平原地区比山地石榴更易感染石榴疮痂病菌。

2. 病原特征

该病由石榴痂圆孢菌(*Sphaceloma punicae* Bitane et Jank.)引起。石榴痂圆孢菌在 PDA 培养基上菌落红褐色,近圆形,致密,有白色稀疏气生菌丝;分生孢子盘[38.5~112.0(69.7)]μm×[17.5~42.0(28.7)]μm,单生或簇生,产孢细胞紧密排列在分生孢子盘上,瓶梗形,分生孢子无隔无色,卵形或椭圆形。

3. 发病症状

主要危害石榴果皮、花萼和枝干,主要出现在自然孔口处,导致果皮和枝干轻度龟裂。初期病斑散生,单个病斑圆形至椭圆形,微微凸起,黄褐色,呈水渍状小点,直径 2~5 mm;随发病程度加重而转变为红褐色、紫褐色直至黑褐色,后期多个病斑融合成不规则疮痂状龟裂,粗糙坚硬,甚至露出韧皮部或木质部,直径 10~30 mm 或更大,表皮粗糙,甚至龟裂,导致叶片提早枯落。空气相对湿度大时,病斑内产生淡红色粉状物,即病原菌的分生孢子盘和分生孢子。

4.防治方法

（1）加强对苗木、接穗的检疫和脱毒工作。

（2）农业措施。加强果园管理，及时摘除病果，集中销毁，减少病源；加强排水，降低果园湿度。

（3）物理措施。休眠期预防，于4月上旬用小刀刮治病斑。刮治方法：用小刀把病疤皮层全部刮下，并向四周刮出新的皮层，刮完后，立即涂药消毒，并将刮下的病疤组织收集在塑料袋内，集中销毁，以防病菌蔓延；然后用3%甲基硫菌灵糊剂或者35%百菌敌5倍液涂刷病斑。或者用小刀在病疤处纵划病斑2~3道，划时上下要直，要深达木质部，四周要刮到新的皮层部，然后涂抹药剂消毒。

（4）药剂防治。在雨水前及早预防，发病前对上年的重病树喷洒10%硫酸亚铁溶液。花后和幼果期喷洒1:1:160波尔多液或84.1%好宝多可湿性粉剂800倍液、70%代森锰锌可湿性粉剂500倍液。6~7月（花期、幼果期）正是石榴疮痂病的盛发期，可分别在6月上旬、中旬和7月上旬，喷施以下药剂进行防治：1:1:160倍波尔多液，50%多菌灵WP500倍液；或50%苯菌灵可湿性粉剂1 500~1 800倍液+70%代森锰锌可湿性粉剂500~600倍液；或50%甲基硫菌灵可湿性粉剂500~800倍液；或20%唑菌胺酯水分散粒剂1 000~2 000倍液（附近有蚕桑园的慎重使用）；或10%苯醚甲环唑（世高）水分散粒剂2 500~3 000倍液等。

（六）石榴煤污病

石榴煤污病普遍发生在虫害为害的果园，黄淮地区、山东省等地多有发生，严重时可导致大片落叶、落花和落果，石榴产量和品质急剧下降。

1.发病规律

该病发生的主要诱因是昆虫在石榴寄主上取食，排泄粪便及其分泌物。此外，通风透光不良、温度高、湿气滞留以及介壳虫、蚜虫发生重的果园发病重。病树发芽稍晚，树势弱，正常花少，产量低，果实皮色青黑，品质下降。

2.发病症状

石榴煤污病主要危害叶片和果实,发病边缘不明显,产生黑色片状可以抹去的棕褐色或深褐色菌丝层,黏附一层烟煤,菌丝层极薄,一擦即去。发生该病主要影响光合作用,病斑有分枝型、裂缝型、小点型及煤污型。

3.防治方法

(1)农业措施。合理修剪,加强排水,降低果园湿度,减少发病条件。

(2)生物防治。预防蚜虫、介壳虫,杜绝有利病原入侵条件。

(3)药剂防治。发现介壳虫、蚜虫等害虫为害时,及时喷洒0.9%爱福丁乳油2 000倍液(使用时应注意其对水生生物及蜜蜂高毒)或48%毒死蜱乳油1 000倍液。必要时喷洒65%甲霉灵可湿性粉剂1 000倍液(避免与酸碱性较强的农药混用)或15%亚胺唑可湿性粉剂2 500倍液等,隔10 d左右1次,连喷2~3次。

(七)石榴炭疽病

石榴炭疽病会导致石榴光合作用和吸收代谢受到制约与影响,影响石榴的品质,甚至引起植株死亡,造成经济损失。该病具有潜伏性,难以早期诊断、早期防治,因此一旦暴发流行,很难控制和治愈。

1.发病规律

石榴炭疽病在高温多雨气候条件下易发生,雨季来得早,发病就早。夏季发病严重,树体长势变衰弱;偏施氮肥可促进石榴感染炭疽病。

2.病原特征

该病主要由盘长孢状刺盘孢(*Colletorichum gloesperiodes*)或喀斯特刺盘孢(*Colletotrichum karstii*)引起。喀斯特刺盘孢分生孢子直,单孢,无色,圆柱形,顶端钝圆,大小为14.6(12.3~16.3)μm×6.6(6.1~7.3)μm,长宽比为1.9~2.6。附着孢圆形至近椭圆形,简单,淡褐色,全缘,大小为7.1(5.3~8.7)μm×5.3(4.9~5.7)μm。

3.发病症状

石榴炭疽病主要危害果实、叶片和枝条。叶片染病产生近圆形褐色病斑,病斑上着生小黑点。枝条染病断续变褐,主要发生于嫩梢部位,由下至上枯死。果实被侵染后产生圆形暗褐色病斑,有的果实边缘发红,无明显下陷现象,病斑下面果肉坏死,病部生有黑色小粒点,即病原菌的分生孢子盘。

4.防治方法

(1)选择抗病品种种植,或者用芸苔素内酯800倍液进行拌种,可从根源上有效减少炭疽病的发生率。

(2)农业措施。加强管理,雨后及时排水,防止湿气滞留。合理密植,保持良好通风和透光。控制氮肥施用量,合理配用磷钾肥,增施氨基酸螯合多种微量元素的叶面肥,以增强树势,提高抗性。

(3)药剂防治。花谢后开始,可定期喷施1:1:160波尔多液,或47%加瑞农可湿性粉剂700倍液,或50%甲基托布津可湿性粉剂1 000倍液,或80%代森锌可湿性粉剂600~800倍液进行防治。在套袋前喷施一次针对性农药杀菌剂加赤霉酸进行防治,晾干后再套袋。发病初期喷施25%咪鲜胺乳油500~600倍液,或50%多锰锌可湿性粉剂400~600倍液,间隔7~10 d,连用2~3次。

(八)石榴"太阳果"病

石榴"太阳果"病在石榴产区发生越来越广泛,有些地区已经上升为石榴主要病害之一。

1.发病规律

该病以菌丝在石榴病残体上越冬。病残体上的病原菌是来年的主要初侵染源。第二年春季,遇有适宜条件,产生分生孢子,借风雨、气流传播到石榴果实上进行初侵染。雨季及高温高湿的7~9月是其发病高峰期。

2.病原特征

一般认为该病主要为复合侵染病害。首先向阳面的果实被阳光或高温灼伤造成伤口,病原菌即通过伤口进行侵染造成进一步为害。在雨季,温度适宜且果面上有日灼或虫害等伤口时更容易发病。高温多雨时该病流行速度快,潜育期短,容易暴发成灾,造成果面不美观,严重影响果品的商品价值。

3.发病症状

该病主要为害果实,在幼果期一般不发病,从果实硬核期至转色期开始发病,多发生在果实向阳面。初期为水渍状小点,后扩展成红褐色或黄褐色略突出于果皮表面的病斑,多个病斑可相互融合连接成一个黄色或黑褐色大病斑。后期有的品种在病斑处开裂露出籽粒。

4.防治方法

(1)农业措施。冬季清园。结合冬季修剪清除果园内病残体,将其集中烧毁或深埋。减少初侵染源。加强田间栽培管理。合理修剪,在向阳面适当增加枝叶遮挡果实,防止烈日暴晒。增施有机肥,改良土壤,增强树体抗病能力。适时浇水,防止土壤缺水也可减轻发病。

(2)物理防治。适时套袋。石榴坐果后即可套袋,套袋前要间隔7~10 d喷1~2次杀菌剂,喷后果面药水干后即可套袋。可有效防止"太阳果"病的发生。

(3)药剂防治。发病初期,喷施50%异菌脲悬浮剂1 000倍液(作物全育期异菌脲的施用次数要控制在3次以内,在病害发生初期、高峰期可获得最佳效果)、10%多抗霉素可湿性粉剂1 000倍液、43%戊唑醇悬浮剂3 000倍液、80%代森锰锌可湿性粉剂800倍液等药剂均可有效防治"太阳果"病的为害。

(九)石榴蒂腐病

在进入雨季或者集中降雨的天气里,石榴蒂腐病容易发生,影响石榴果实的美观和品质。

1.发病规律

病菌以菌丝或分生孢子器在病部或随病残体叶遗留在地面或土壤中越冬,翌年条件适宜时,在分生孢子器中产生大量分生孢子,从分生孢子器孔口逸出,借风雨传播,进行初侵染和多次再侵染。一般进入雨季、空气湿度大的易发病。

2.病原特征

半知菌类,石榴拟茎点霉菌。

3.发病症状

石榴蒂腐病主要危害果实,引起蒂部腐烂,病部变褐,呈水渍状腐烂,后期病部生出黑色小粒点,即病原菌分生孢子器。

4.防治方法

(1)农业措施。加强石榴园管理,多施有机肥,增强树势;雨后及时排水,防止湿气滞留,可减少发病;及时摘除发病果深埋并用生石灰消毒。

(2)药剂防治。发病初期喷洒10%世高水分散粒剂3 000倍液、47%加瑞农可湿性粉剂700倍液、75%百菌清可湿性粉剂600倍液、50%百·硫(百菌清、硫黄)悬浮剂600倍液,隔10 d 1次,防治2~3次。

(十)石榴麻皮病

石榴果实生长期处于多雨的夏季,易遭受多种病虫害的侵袭而使果皮变麻,人们将在石榴果皮上发生的病变统称为"麻皮病",在西南地区发病尤为频繁。发病严重的果园果实被害率可达95%以上,严重影响石榴的商品价值。形成原因主要包括石榴疮痂病害[见本节一(五)]、石榴干腐病害[见本节一(一)]、石榴日灼病害[见本节二(一)]和石榴蓟马危害[见本节三(七)]。

1.发病规律和症状

石榴疮痂病是麻皮病发生的重要原因,初期在果实由青转红时,在向阳的一面产生小针头状红点,病斑扩大后变成黑褐色,略突起,中部稍凹陷,病斑相连后使果面形成黑褐色的坏死区域,严重时病斑可布满整个果面,病果面粗糙。该病发病高峰期为5月中旬至6月上旬,降雨多的年份发病较重。6月下旬至7月上旬,管理差的果园,病果率可达90%以上。

石榴干腐病常发生于雨季过后,树龄6年以上老果园发病较重,以树冠中下部的果实发病较多。初期在石榴果实的果肩和果腰部产生油渍状小点,后形成大小(2~3)mm×(4~10)mm 的不规则病斑,病部僵缩,稍下凹,呈失水干腐状。病斑边缘红色,中部黑褐色,四川攀枝花和凉山当地果农形象地称之为"老年斑"。该病发生初期为6月上旬,盛期为6月下旬至7月上旬。

石榴树冠顶部和外围果实的向阳面,在夏季烈日的长期直射下,首先在果肩至果腰部位,初期果皮失去光泽,隐现出油渍状浅褐色、赤褐色大斑块,病健组织界限不明显,果表皮坏死,脱水坚硬,病部稍凹陷,表皮下变为黑褐色,籽粒白色,有涩味。在石榴生长后期的 7~8 月伏旱重的年份,日灼病发生尤为严重。

为害石榴的蓟马主要为西花蓟马,以幼果期为害较重。石榴幼果被害后,导致石榴果皮木栓化,皱裂,果实变成僵果。蓟马为害的高峰期为 5 月中旬至 6 月中旬,6 月下旬在少数石榴上还能发现蓟马。在当地自然生长的石榴树,因蓟马为害的石榴果实可达 85%~95%。由于蓟马虫体小,为害隐蔽,不易被发现,生产上常因防治不及时而造成较大损失。

2.防治方法

(1)农业措施。消灭越冬病虫,是减轻石榴病虫害的关键措施。冬季落叶后,结合冬季修剪,清除病虫枝、病虫果、病叶,集中销毁,对树体喷洒 5 波美度石硫合剂。

(2)物理措施。果实套袋和遮光防治日灼病。在 5 月下旬至 6 月中旬,对树冠顶部和外围的石榴用牛皮纸袋套上,套袋前先喷杀虫杀菌混合药剂,或者用拷贝纸遮住石榴的向阳面,将直射的阳光挡住,可有效防治日灼病。于采果前 15~20 d 取袋。

(3)药剂防治。石榴萌芽展叶后、花后、幼果期、果实膨大期用 10%苯醚甲环唑(世高)3 000 倍液预防。4 月下旬至 6 月中旬,谢花后幼果期是防治石榴麻皮病的关键时期。防治石榴干腐病、石榴疮痂病见前文。防治蚜虫、蓟马可用 10%吡虫啉 WP2 000 倍液(不与碱性农药混用,不在强阳光下喷雾,养蜂、养蚕者慎用),或 2.2%阿维·吡虫啉 EC2 000 倍液、3%啶虫脒 EC2 000 倍液。

(十一)石榴根腐病

1.发病规律和症状

石榴根腐病一般在开春果树根部萌动时发生危害,主要是果树根系遭受土壤中腐生存活的多种镰刀菌浸染而发病。地势低洼、排水不良的果园,发病重;果树管理不善、树势弱,缺有机肥,有利于发病;在管理过程中使用除草剂(如草甘膦)不当,造成药害的同样易发根腐病。

在发生初期,病株地上部分正常发芽、展叶和开花,较难鉴别,病情逐渐发展后,病株生长显著衰弱,发芽长叶缓慢,叶形变小,开不能结果的退化花。以后枝干失水皱缩,枝梢先端或小枝开始枯死,最后全株死亡。受害果树围绕须根的基部形成红褐色的圆斑,病斑进一步扩大加深,可深达木质部,致使整段根变黑死亡。好像是缺水短肥,实际上是果树根部受病菌浸染所致,发病严重时叶缘枯焦或坏死。

2.防治方法

(1)农药措施。加强果园管理,做好果树的修剪和整枝,注意防治病虫害,及时除草。施肥改土,增施有机肥,改良果园土壤结构,增强土壤的通透性。

(2)药剂防治。在开春或摘果后进行药物灌根,药液用量为每株果树10~20 kg,绿亨1号300倍液加10%生根粉10 000倍液;绿亨1号与福美双按1:9的比例混合成800倍液;10%复硝酚钠2 000倍液加60%敌克松500倍液。

(十二)石榴茎基枯病

1.发病规律和症状

该病病原菌为大茎点属真菌(*Macrophoma* sp.),为半知菌类。病菌主要以分生孢子器或菌丝在病部越冬,翌年春季遇雨水或灌溉水,释放出分生孢子,借水传播蔓延,当树势衰弱或枝条失水皱缩及冬季受冻后易诱发此病。

成龄树1~2年生枝条基部及幼树(2~4年生)茎基部发生病变。枝条或主茎基部产生圆形或椭圆形病斑,树皮翘裂。树皮表面分布点状突起孢子堆。病斑处木质部由外及内、由小到大逐渐变黑干枯,输导组织失去功能,导致整枝或整株死亡。

2.防治方法

(1)清除病原,刮树皮剪除病弱枝;修剪后全树喷5波美度石硫合剂。

(2)药剂防治。早春全树喷65%代森锌可湿性粉剂600倍液或40%多菌灵胶悬剂500倍液。生长季节喷1:1:200波尔多液或50%甲基托布津可湿性粉剂800倍液。

二、石榴常见生理性病害及防治

石榴树因温度过高或过低,日照不足或过强,水分供应失调,营养物质缺乏或过多,空气中有毒气或酸雨存在,土壤内有害盐类含量过高或某些矿质元素含量过低等均可导致石榴产生病害症状,此类病害不能互相传染,没有侵染过程。为方便果农识别并预防该类病害的发生,现将石榴常见的生理性病害症状、发病规律及综合防治措施介绍如下。

(一)高温日灼病

高温日灼病是由于日照过强引起石榴果皮病变的一种生理性病害,在我国多数石榴主产区均有发生。

1.发生规律

石榴果实灼伤,一般发生在6~8月,以7月发生率较高。在一天中发生灼伤的时间,多在13~15时,以14时为最多。据研究,除温度外,发生日灼与当时的其他气象因素也有关,如无风、无云或少云天气易发生日灼,干旱或高温、高湿、强光照条件也会导致日灼。一般来说,湿润背阴的丘陵坡地不易发生,而干旱向阳的丘陵坡地易于发生。壤土和黏壤土质、肥力高的果园不易发生,沙土和沙壤土质、肥力差的果园易发生。纺锤形和分层形的树形不易发生,开心形易于发生。修剪量大、重的日灼重,而修剪量适中的日灼轻。树冠南部和南部偏西方向日灼发生率较高,而其他方位较低。果实萼筒向上着生的'朝天果'日灼发生率偏高,而萼筒向下的较轻。长果枝果实因枝长果实下垂其上有叶子遮阴而发病率低,而短果枝果实因其上遮阴的叶子少而发病率高。果枝角度大的果实日灼重,主枝角度合适的果实日灼轻。树体长势强壮的树因叶子繁密而发生的日灼轻,而树势衰弱的树则因叶子小且稀疏发生重。从果面上看,日灼病发生的部位,一般多发生在果实的中上部、南方或偏西南方向,这可能是其向阳面部位的角度与当时太阳高度角有关。石榴从150 g重时到收获前均能发病,特别是在果重250~400 g期间发病最多。主要原因是果实的表面积增大,光照面积增大,尤其是遇到伏旱时间长的年份发病十分严重,病果率高达50%。石榴品种间对日灼病的反应不敏感,疏于管理、果子向阳、果子越大、日照越强情况下,发生日灼病的概率越大。

2.症状表现

在石榴向光(11~15时)的一面皮色变为红色,表皮温度急剧上升,造成细胞坏死,数日内,果皮转为深红色,最终为深褐色,并向周围扩散,病斑呈锅巴状硬壳并凹陷,最后因为果实的继续膨大而开裂。日灼病发展到后期,病部出现轻微凹陷,脱水后病部变硬,病斑中部出现米粒大小的灰色瘤状泡皮,剥开灼伤病果后可以看出灼伤果皮变褐、坏死,最后使果实部分或整体腐烂坏掉。石榴果实患日灼病后,容易被病原菌传染而诱发其他病害。

靠近病斑部位的籽粒变为白色,发病早的籽粒变小,不转色,糖分明显降低。日灼病的危害有二:一是影响果实外观。感病的果实由于颜色反差大,病部坏死直至开裂,使果实没有商品价值;二是石榴籽粒含糖量降低。正常的石榴果籽粒含糖量约为16%,发病果病斑下的籽粒含糖量约为11.95%,正常着色部位下的籽粒含糖量约为14.99%。

3.防治措施

选择地势平坦、肥力较高、排灌方便和适宜石榴生长的壤土、轻黏壤土和轻沙壤土质的土地建石榴园;表皮组织紧密粗糙的石榴品种抗病性强,而表皮质地细嫩的品种抗病性差。生产上应选择适应当地条件的抗病品种进行栽培,以从根本上解决问题。

选择合适的树形,选择自然纺锤形、改良纺锤形进行整形,少用开心形。因石榴树枝条比较柔软,应注意拉枝和支顶绑缚的角度,一般掌握在拉枝时不大于70°,支顶时不大于80°。

合理修剪,注意分枝角度,每年的修剪量要适度,不可过轻过重。修剪过轻,易造成前期冠内郁蔽、着色不良,后期枝条衰弱,结果率下降;修剪过重,则易造成冠内出现大"窟窿",造成下部枝果灼伤,特别是在疏除或回缩树冠南部和偏南方向的多年生辅养枝时应注意。

合理密植,通风透光,建园时应根据土壤肥力考虑合适的密度,不可盲目密植,以免在成龄时造成树行郁蔽,通风透光不良,导致树冠上部果实发生日灼,下部又影响果面着色。在选定果时,应多留下垂果、叶下果,少留"朝天果"和出叶果,疏去过晚的7月果和细长枝梢顶端的"打锣果"。

在果子膨大时,如遇干旱日照强的伏旱天气,可利用喷灌设施对果园进行一定时间的喷射,利用水珠对阳光的折射以及对温度的降低,亦能有效防止日灼病的发生。利用白色反光、降温的原理,结合防治石榴干腐病和早期落叶,在6~8月喷1:1:160倍的波尔多液3~4次,对于防治日灼病的发生有一定的作用。

防治石榴日灼病时,采取牛皮纸遮光处理的效果好。一是牛皮纸具有一定的硬度,经过风吹雨打,保持一定的形状,而不至于紧贴在果壁上;二是不影响果子的正常着色,不必在果子成熟后期花费大量人工进行取袋,以便果子着色;三是着色均匀,果子商品性状好;四是可兼顾对其他病虫害的防治。但采用套袋方式会阻碍药剂的到达,故不利于对石榴病虫害的综合防治。

(二)落花落果

近年来,随着农业种植结构的调整和种植规模的不断扩大,很多地区石榴管理技术措施不到位,再加上该树种自然落花落果较重,严重影响石榴树的产量和品质。

1.落花落果原因

石榴落花落果除与石榴树本身的生物学特性有关外,也与树体营养物质不足,生理失调或花期外界环境不良有关。石榴花属于两性花,发育好的完全花只占10%,发育差的不完全花占90%。石榴树自花授粉结实率低(泰山红石榴除外),授粉树不足或者缺乏传粉媒介而造成石榴树授粉受精不良。树体激素水平失衡时,也会发生落花落果,当树体中的脱落酸含量高,而生长素和细胞分裂素含量低时,生理落果就严重;反之,当树体中脱落酸含量低,而生长素和细胞分裂素含量高时,生理落果就轻。树体光照不良、营养失衡和病虫害发生时,易造成早期落叶和落果。

2.防治措施

(1)加强综合管理,提高树体营养水平。秋季石榴树落叶后结合深翻施入有机肥,可提高树体贮藏营养和花芽的质量,保证来年石榴树授粉受精良好,提高坐果率,有效防止落果。疏花从5月下旬开始,每隔 5 d 疏 1 次,疏 3~4 次;疏果在 6 月中旬以后,疏畸形果、病虫果、小果。有机肥种类以农家肥、堆肥、绿肥、饼肥为主。有机肥不仅含营养元素全面、肥效持续时间长(1 年以上),而且有机肥中的腐殖质为土壤中的微生物大量繁殖提供了营养,促进土壤中各种营养元素的释放,并且提高土壤的通气性和保水能力。初果期石榴树每亩施入基肥 3 000~5 000 kg;盛果期石榴树每亩施入基肥 5 000~8 000 kg。施入有机肥量占全年施肥量的 60%。在每年生长季节,根据墒情中耕除草 2~3 次,秋季结合施肥深刨树盘 1 次。每年追肥 3 次,第 1 次开花前追肥。在萌芽到现蕾初期,追速效氮肥,适当配以磷肥,增强光合作用,促使萌芽开花,提高坐果率。每株施碳酸氢铵 1.5~2 kg 或尿素 0.5~0.7 kg。第 2 次幼果膨大期追肥。幼果开始膨大期(6 月下旬至 7 月上旬)追施含氮、磷、钾的石榴专用肥,每亩施入 50~80 kg。此次追肥可减少幼果脱落,促进果实膨大,提高当年产量。第 3 次果实转色期追肥。果实采收前 1 个月左右,正值果熟前果皮开始着色,此期追肥可使果实膨大加快,提高果实的商品率,以速效磷钾肥为主,施肥方式以叶面喷肥为主。每隔 10 d 喷布 1 次 0.3%磷酸二氢钾加 0.2%尿素水溶液,连喷 2~3 次。

(2)合理配置授粉树和花期放蜂。石榴树自花结实率低,配置授粉树可显著提高坐果率。一个主栽品种配置 1~2 个授粉品种,花期在石榴园放蜂可以提高坐果率,一般把蜂箱放在石榴园行间,间距以 500 m 为宜。据调查,距蜂群 300 m 以内的石榴树较 1 000 m 以外的石榴树坐果率提高 1 倍以上。另外,石榴园花期忌喷农药,以免杀伤传粉昆虫。

(3)喷洒植物生长调节剂。植物生长调节剂可刺激花粉萌发,促进花粉管伸长,提高石榴坐果率。调节剂使用方法简单,投资少,见效快,是提高产量的重要技术措施之一。在盛花期喷吲哚乙酸 10~30 mg/kg 或者萘乙酸 20~30 mg/kg,间隔 15 d 喷 1 次,喷 2~3 次。

(4)加强整形修剪和病虫害防治。因树修剪,弱树加大冬剪量,对旺树,要加大夏剪量;大小枝分布做到"上稀下密,外稀内密,大枝稀小枝密"。通过修剪调节树体各器官的平衡关系,改善树体的通风透光条件,改善树体和环境关系,创造合适于生长结果的外部条件,达到高产和优质的目标。加强病虫害防治,坚持预防为主、综合防治的方针,重视越冬清园和果园管理。

(三)裂果

石榴裂果是一种生理性病害,从幼果期到成熟期都可发生,主要与石榴品种和田间管理、肥水管理有关。裂果后籽粒外露,为鸟类和动物取食提供了方便,使果实失去了食用价值。裂果形成的伤口遇雨容易烂果,并易引起病虫害,不能保鲜贮存,商品价值降低或丧失,给果农造成严重的经济损失。

1.发生规律

不同栽培条件下的石榴品种均有裂果现象。但品种不同,差异明显。多数石榴品种以果实中部横向开裂为主,并伴以纵向开裂,少数品种纵向或斜向开裂。一般大、中型果比小型果易裂;果皮厚、成熟晚的品种裂果轻,如'铁皮'、'大果青皮酸'等;果皮薄、成熟早、果形扁圆、果皮易衰老的品种裂果重,如'一串玲'、'净皮甜'等。

石榴的果实由果皮(外果皮、中果皮和内果皮)、胎座隔膜和种子3部分组成。在果实发育前期,外果皮延展性较好,不易发生裂果。但随着果实逐渐成熟,外部果皮组织老化,失去弹性,质地变脆,延展性降低,而中部果皮仍然保持较强的生长能力,果皮内外生长速度不一致,籽粒迅速膨大的张力导致果皮开裂,形成裂果。树冠的外围比内膛裂果重,朝阳面比背阴面裂果重。

在果实整个发育期都存在裂果现象,其中以采收前10~15 d,即9月上中旬最为严重,直至采收。早熟品种裂果时期提前,8月上旬即出现较为严重的裂果现象。成熟果实裂果重,未成熟果实裂果轻。

土壤水分相对稳定的条件下,果实膨大的速度相对稳定,裂果较轻;若土壤水分变幅大,则裂果重。长期干旱,突降大雨或大水漫灌,使土壤水分急剧上升,果粒细胞大量吸水,迅速分裂和胀大,从而胀破果皮引起裂果。因此,久旱遇雨是石榴裂果的主要原因。

在幼果期,特别是进入快速增长至膨胀期,如果施肥特别是施化肥(氮肥)过量,造成养分失衡或过剩,果实吸收过量、过快,内部长速大于果皮长速时,导致幼果期,特别是膨胀期裂果。

以下因素也可导致石榴裂果:①病虫为害致果皮受损伤,果皮失去其完整性和韧性,抗内膨胀力减弱,果皮易胀裂。②日灼危害。果实生长前期持续干旱、温度高、湿度低、日照时间长,果皮易受灼伤,韧性降低,加上昼夜温差大,果皮承受不了内部增长膨胀力,导致裂果。③果实采收时期。一般早晨温度较低时采收、雨后采收、成熟过度采收,均易造成裂果。

2.防治措施

(1)选择抗裂果品种。选择抗裂果品种是减少或防止裂果的根本途径。一般成熟晚、果皮厚、果皮粗糙的品种不易裂果。如'豫石榴 1号'、'豫石榴 2 号'、'豫石榴 3 号'、'大马牙甜'和'山东泰亮山红'等都是优良抗裂果品种。

(2)农业措施。加强土肥水管理,保持土壤水分均衡。水分及时、适量供应是防止石榴裂果,保证石榴优质、高产的重要措施。生产上应本着少量、均衡、多次和适当控制的原则进行灌溉。幼果快速增长膨胀期,果实生长需要足量水分,但灌溉水时不宜过量,应少量多次,一般间隔 10~15 d 灌溉一次。采收前应禁止灌大水或不灌溉,若遇连阴雨,应及时排水,防止土壤水分过高而裂果。果实施肥应以有机肥为主,化肥为辅。在花芽萌发期施肥,如牛粪、鸡粪及各种绿肥,使之发挥均衡的肥效。在幼果期至果实膨胀期施化肥,特别是氮肥,以均衡少量多次为宜,在果实发育后期,不可追施氮肥。

加强果园管理。冬剪时,要疏掉或回缩一部分大的交叉枝、重叠枝和外围密生结果枝,调整好各级骨干枝的从属关系;夏季修剪时,主要是抹芽、摘心和剪枝等,对无用的密挤枝芽要及时抹除。及时疏除无用的徒长枝,保证果园通风透光,可以促进果实着色,提高品质和防止裂果。

加强病虫害防治。控制主要病虫害的发生,如褐斑病、干腐病、桃蛀螟、蓟马等对果皮有侵染性和创伤性的病虫害,可增强果皮的完整度,提高果实品质和防止裂果。石榴具有多次开花、多次坐果的特性,因此采收应分期分批进行,这样既可保证果实品质,也可减少裂果发生。

果园地面种植覆盖物。在果园内种绿肥或间作套种矮秆经济作物,保持果园内地面高度覆盖,减少果园水分的蒸发,增加土壤有机质含量,使果园保持均衡持续的水、肥供应能力,有利于降低或减少裂果的发生。

（3）物理措施。套袋是防止裂果最有效的方法之一。套袋可减轻日晒、雨淋和骤寒、骤热的气温变化及病虫对果皮的伤害,防止裂果。套袋一般在幼果期进行,以双层专用果袋为好。套袋前要全树细致喷1次80%代森锰锌WP 800倍液混25%灭幼脲SC 2 000倍液,以消灭果实上的病菌和桃蛀螟等病虫害。

（4）药剂防治。植物生长调节剂可减轻石榴裂果。在果实膨胀期及着色期各喷一次25 mg/L的萘乙酸,在果实发育中,后期用25 mg/L赤霉素喷洒果面,都可减轻裂果。果面补钙,钙可以促进细胞壁的发育,提高石榴果皮的耐压力和延伸性,增强抗裂能力,同时还可以提高果实的耐储性。从8月上旬开始,在果实上喷洒0.5%的高能钙,一般7~10 d 1次,连喷3次,可减轻裂果。

（四）沤根

沤根又称烂根,是盆栽石榴常见病害。

1.发生规律

低温季节盆土温度低于-18 ℃,且持续时间较长或低温季节浇水频繁,导致地上部叶尖干枯,叶片变黄,植株生长缓慢。一是冬季苗木假植时,覆土过厚,灌水较多,温度高时造成沤根。二是石榴园积水时间长,或土壤较长时间处于饱和状态而发生沤根。温度越高,积水时间越长,沤根现象越严重。

2.症状表现

沤根主要危害根部和根颈部,发生沤根时,根部不发新根或不定根,根皮发锈后腐烂,导致地上部萎蔫,地上部叶缘枯焦。严重时,叶片变黄,影响开花结实和观赏。沤根持续时间长,常诱发根腐病。

3.防治措施

（1）农业措施。冬季休眠期越冬温度不得低于-18 ℃。低温季节控制浇水。冬季苗木假植时,覆土厚度适中,灌水适量,防止发热沤根。果园雨后及时排水,避免积水。及时松土提高养护温度,经常保持盆土湿润,忌盆土表皮干时即浇水,应在枝叶开始萎蔫前浇足水,放在阳光充足、通风良好、夏季稍有遮光的地方养护。

（2）药剂防治。必要时,浇灌50%立枯净可湿性粉剂800倍液(不可与铜、碱性农药混用),预防转化成根腐病。

(五)药害

药害是农作物种植期间使用农药后出现的一种现象,严重影响了作物的生长。对于石榴来说也不例外,很多农户在使用农药时常常会遇到农药药害的问题。

1.发生规律

农药变质后容易造成药害,所以在购买农药时或使用前应仔细检查农药的物理性状等。乳油要求药液澄清透明,无沉淀和絮状物,入水后无浮油;粉剂要求颗粒细腻均匀,无吸湿结块,入水后自由分散。要严格注意各药的有效成分含量,准确量取用量,以免药剂重复导致浓度过高造成药害。

农药混用可以提高防治的效果和防治范围,还可以延缓病虫抗药性的产生。但若不注意彼此之间的互相作用,也可能导致农药失效或造成严重药害。如乳油和某些水制剂农药混合后易造成药害,菊酯类农药不能与碱性农药混用,部分农药不能与铜制剂混合等。使用复配农药或新农药时,可先做试验,再大面积应用。

要注意用药的方式、方法,依照使用说明书进行用药。需要与一些介质混合的农药,如乳油、可湿性粉剂等,需用水或其他介质稀释才能使用,所以最好是现配现用,不可久置。喷药时一定要均匀,不能重复喷雾,一般均匀喷湿树冠至叶片滴水即可;涂抹时也要均匀,切不可用原药;灌根、熏蒸时也要注意施药质量。一般来说,成熟组织耐药性强,幼嫩、衰老的组织较弱一些,所以在喷药时应有重点。

环境条件中以温度、湿度、光照影响最大。高温强光易发生药害,因为高温可以加强药剂的化学活性和代谢作用,有利于药液侵入植物组织而引起药害,如石硫合剂,温度越高,疗效越好,但药害发生的可能性就越大。湿度过大时,施用一些药剂也易产生药害。如喷施波尔多液后,药液未干即遇降雨,或叶片上露水未干时喷药,会使叶面上可溶性铜的含量骤然增加,易引起叶片灼伤;喷施后经过一段时间,遇到较大风时,也会使叶面上可溶性铜含量增加,使叶片焦枯,发生"风雨药害"。在有风的天气喷洒除草剂,易发生"飘移药害"。

2.症状表现

斑点或焦叶尖,主要发生于石榴的叶部,有时果实表面也会发生。常见的斑点有黄斑、褐斑、网斑和枯斑等。用药量大时易引起叶尖及叶缘存积药液,造成枯叶尖和枯叶缘。

黄化,多发生于叶部,茎干部也有发生。常见的有叶片黄化、心叶黄化、茎叶黄化和全株黄化等。此症状多由除草剂引起。

畸形,多发生于石榴的茎、叶及根部。常见的有卷叶、根肿、畸果等。常由除草剂引起。

枯萎,多表现为整株症状,如嫩叶黄化、叶片枯焦、植株萎缩等。绝大多数由除草剂引起。

生长停滞,该症状表现为生长受到抑制,生长缓慢,分枝减少,发育受阻,产量下降等。一般除草剂均可引起此症状。

脱落,表现为落花、落果、落叶等。药害引起的脱落常伴有其他药害症状,如不脱落的果实可伴有体积变小、果面异常、品质差劣等。

劣果,主要发生在果实上,症状表现为果实变小、果面异常、品质变劣、食用性变差等。

3.防治措施

(1)农业措施。对因触杀性除草剂,部分杀虫剂和杀菌剂引起的局部药斑、叶缘焦枯、植株黄化等症状的药害,可通过施用速效性化学肥料的方法,促进树体迅速恢复生长,减轻药害。

(2)物理措施。对因土壤处理除草剂产生的药害,可采用翻耕土壤、灌水泡田、反复冲洗的方法,尽可能减少土壤中残留的药剂。

(3)药剂防治。对因一些生长调节剂和传导型除草剂,如二甲四氯、甲草胺、乙烯利等引起的药害,可喷施赤霉素以缓减药害程度。对因一些除草剂产生的药害,可通过使用植物解毒剂或撒施石灰、草木灰、活性炭等方法来防止或减轻药害,如用多硫化钙可使土壤中残留的西玛津活性消灭。

三、石榴主要虫害及防治

危害石榴的害虫种类较多,我国有 200 多种,对石榴栽培和生产是一种严重的威胁。石榴生产中的主要虫害有石榴桃蛀螟、桃小食心虫、黄刺蛾、龟蜡蚧、棉蚜、绿盲蝽等。本节从病虫的生活习性、形态特征、为害症状和防治方法这四个方面介绍。

(一)石榴桃蛀螟

石榴桃蛀螟是杂食性害虫,寄生植物有 40 多种,也危害桃、李、杏、梨、柿、板栗等果实和向日葵、玉米等作物,是石榴最主要的害虫之一,在我国各石榴产区均有分布,虫果率可达 70% 以上,严重影响石榴果实的食用价值。

1.生活习性

桃蛀螟在我国各地每年发生代数不一。北方各省 2~3 代,湖北、江西 5 代,黄淮地区一般 1 年发生 4 代,以第 4 代老熟幼虫或蛹越冬。4 月上旬越冬幼虫化蛹,下旬羽化产卵;5 月中旬发生第 1 代,7 月上旬发生第 2 代,8 月上旬发生第 3 代,9 月上旬发生第 4 代,之后进入越冬休眠期。越冬场所主要为残留在果园内树上、树下的僵果,石榴园周围的玉米、高粱、向日葵秆,树皮裂缝及堆果场和其他残枝败叶中。成虫羽化集中在 20 时至翌日凌晨 2 时。成虫昼伏夜出飞翔取食、交尾、产卵。羽化后 1 d 交尾,2 d 产卵,产卵期为 2~7 d,卵散产 15~62 粒。产卵一般在石榴果实萼筒内,也在两果相并处和枝叶遮盖的果面或梗洼上,卵 7 d 左右开始孵化。初孵幼虫从花或果的萼筒、果与果、果与叶、果与枝的接触处钻入,啃食花丝或果皮,随即蛀入果内,食掉果内籽粒及隔膜,同时排出黑褐色粒状粪便,堆集或悬挂于蛀孔部位。在石榴园内,从 6 月上旬到 9 月中旬都有幼虫发生和为害,时间长达 3~4 个月,但主要以第 2 代危害最重。成虫对黑光灯趋性强,对糖醋液也有趋性。7 月中旬常发现一果内有"2 代同堂"现象,尤以第 1 代、第 2 代重叠常见。

2.形态特征

桃蛀螟又名桃蠹螟（*Dichocrocis punctiferalis*），也称蛀心虫、食心虫，属鳞翅目、螟蛾科。

成虫：体长 10~12 mm，翅展 24~26 mm，全体黄色。胸部、腹部及翅上都具有黑色斑点。前翅有黑斑 27~29 个，后翅 14~20 个，但个体间有变异。触角丝状，长达前翅的一半。复眼发达，黑色，近圆球形。腹部第 1 节和第 3~6 节背面有 3 个黑点，第 7 节有时只有 1 个黑点，第 2、8 节无黑点。雌蛾腹部末节呈圆锥形，雄蛾腹部末端有黑色毛丛。

卵：椭圆形，长 0.6~0.7 mm；初产时乳白色，2~3 d 后变为橘红色，孵化前呈红褐色。

幼虫：成熟幼虫体长 22~25 mm，头部暗黑色；胸部颜色多变，暗红色或淡灰色或浅灰蓝色，腹部多为淡绿色。前胸背板深褐色；中后胸及 1~8 腹节各有大小毛片 8 个，排成 2 列，即前列 6 个、后列 2 个。

蛹：褐色或淡褐色，体长约 13 mm，翅芽发达。第 6~7 腹节背面前后缘各有深褐色的突起；上有小齿 1 列，末端有卷曲的刺 6 根。

3.为害症状

桃蛀螟危害石榴果实后，易造成果实腐烂，导致落果或干果挂在树上。初孵化的幼虫多在果柄、花筒内或胴部危害，二龄后蛀入果内食害幼嫩子粒，并排出褐色颗粒状粪便，污染果肉或果面。

4.防治措施

（1）农业措施。重视果园清园，查找害虫越冬场所，消灭越冬幼虫；早春刮树皮，及时清除和处理其他寄主植物的残体，如向日葵盘、玉米、高粱等植物的秸秆；摘除被害果实和落果集中烧毁，或沤肥、深埋等处理。于花谢后坐果期（6 月）进行果实套袋。

（2）物理措施。根据桃柱螟成虫趋性，4 月中下旬开始，于成虫发生期在果园内置黑光灯、糖醋液、性诱剂进行诱杀。

（3）生物防治。利用桃蛀螟产卵时，对向日葵花盘、玉米和高粱有较强的趋向性特点，可在石榴园内适当种一些向日葵，向日葵开花后引诱成虫产卵，定向喷药杀灭。此法同时可诱杀其他害虫，如白星花金龟和茶翅蝽象等。

（4）药剂防治。在成虫发生期和产卵盛期(5月、7月和8月)喷施50％杀螟松(遇碱失效,对十字花科蔬菜有药害)。也可用一些对人畜无毒的植物源杀虫剂,如0.65％茴香素水剂450~500倍液,可兼治螨类和蚜虫类害虫;或喷37％苦楝油乳剂75倍液,也可用苦楝树叶1kg加水3L,浸泡6h后去渣,加水30kg稀释喷雾,可兼治蚜虫类。

（二）桃小食心虫

桃小食心虫是我国北方果产区的主要食果害虫,对南方地区的危害也极为普遍。除危害石榴外,也危害苹果、枣、梨、山楂、桃、杏、李等。

1.生活习性

北方果区1年发生1代或2代,以老熟幼虫在土壤深处做冬茧越冬,且多数集中在距树干30~60cm范围内。第二年5月中旬前后,当地面土壤湿润,5~10cm深处平均地温达19℃,日平均气温在17℃左右时,越冬幼虫开始出土(但有些地区常在春季第一次降透雨后出土)。幼虫向背光处爬行,寻找适宜处结夏茧化蛹。田间出现成虫的时间各地不一,一般第一次盛期在7月前后,第二次盛期在8月前后。成虫每日傍晚前后开始交尾活动,白天常在树冠和杂草中静止不动。卵多产在果实的萼洼、梗洼处。一般每果产1粒卵。田间产卵期一般在成虫出现后3~5d。全年田间有卵期长达4个月之久。幼虫从果面蛀入果内,蛀孔很小,不吃果皮,蛀食果肉;在果内一般为害25d左右,然后从蛀孔脱出。此期幼虫部分在树下背阴处结夏茧化蛹、羽化成虫,继续产卵繁殖为害,另一部分幼虫入土做冬茧越冬。前者为两代型,后者为一代型。幼虫脱果的时期因入果时间早晚而不同,脱果后大部分潜伏于树冠下土中,树下越冬幼虫入土深度1~10cm居多。

2.形态特征

桃小食心虫又名"桃小"(*Carposina niponensis* Walsingham),属鳞翅目,果蛀蛾科。

成虫:全体灰白色或灰褐色。雌蛾体长7~8mm,雄蛾体长5~6mm,前翅近前缘中部有一蓝黑色近似三角形的大斑。

卵:深红色,桶形,底部黏附于果实上。卵壳上有不规则的略成椭圆形的刻纹。

幼虫：末龄幼虫体长 13~16 mm，全体桃红色。幼龄幼虫淡黄或白色。

蛹：长 7 mm 左右，刚化蛹时黄白色，渐变灰黑色。

茧：两种，冬茧丝质紧密，长 5 mm 左右；夏茧丝质疏松，长 8 mm 左右。茧外都黏附土沙粒。

3. 虫害症状

桃小食心虫主要危害石榴果实，果面上的针状大小的蛀果孔呈黑褐色凹点，四周呈深绿色，外溢出泪珠状果胶，干涸呈白色蜡质膜。幼虫孵化后蛀入果内，朝果心或皮下取食子粒。蛀孔很小，后愈合成小圆点；果肉内虫道弯曲纵横，果肉被蛀空并有大量虫粪，俗称"糖馅"。幼虫脱果后孔隙较大，从果孔处流出果胶（或水珠），周围易变黑腐烂。

4. 防治方法

（1）农业措施。及时清理病果。

（2）物理措施。树盘覆地膜，成虫羽化前，可在树冠下地面覆盖地膜，以阻止成虫羽化后飞出。果园设置黑光灯，可诱杀多种害虫，如桃小食心虫、桃蛀螟、棉铃虫等。在成虫产卵前套袋，果实成熟前 7~15 d 去袋，可避免其害。8 月在树干绑草环，诱集幼虫进入过冬，冬季烧毁。

（3）药剂防治。从越冬茧出土到地面结化蛹茧，可进行地面防治，施用 25%辛硫磷微胶囊每亩 0.5 kg 加水 150 kg 喷施于树冠下，然后浅锄入土，或用 4%敌马粉，每株大树用药 0.25 kg，可杀死出土幼虫，一般隔 15 d 再施药 1 次。每年 5 月上旬至 6 月中旬，幼虫始发期和盛发期，树上部分使用 BT 乳剂 600 倍液，或 20%灭扫利乳油 3 000 倍液或 35%桃小灵乳油 1 500~2 000 倍液等进行药剂防治以消灭出土幼虫。成虫羽化产卵和幼虫孵化期喷洒 50%杀螟松乳剂 1 000 倍液，或 20%灭扫利 3 000 倍液或专杀药剂桃小灵乳油等。6 月下旬至 7 月上旬喷药防治建议用 20%杀灭菊酯 2 500 倍液，或 25%灭幼脲 3 号 2 000 倍液，加 2.5%高效氯氰菊酯 2 500 倍液、30%桃小灵 2 000 倍液。喷药，以果实胴部或底部为主。

(三)黄刺蛾

黄刺蛾是石榴上常见的食叶害虫,严重影响树势、产量和果品质量,广泛分布于全国各省,也是林木和果木上的主要害虫之一。

1.生活习性

黄刺蛾在北方多为1年1代,在长江流域1年2代,秋后老熟幼虫常在树枝分叉、枝条叶柄甚至叶片上吐丝结硬茧越冬。第二年5月中旬开始化蛹,下旬始见成虫。5月下旬至6月为第一代卵期,6~7月为幼虫期,6月下旬至8月中旬为晚期,7月下旬至8月为成虫期;第二代幼虫8月上旬发生,10月结茧越冬。7月底开始危害石榴叶片,8月上中旬危害最重,初孵幼虫集中危害。

黄刺蛾成虫羽化多在傍晚,以17~22时为盛。成虫夜间活动,趋光性不强。雌蛾产卵多在叶背。每雌产卵49~67粒,成虫寿命4~7 d。幼虫多在白天孵化。初孵幼虫先食卵壳,然后取食叶下表皮和叶肉,剥下上表皮,形成圆形透明小斑,隔1日后小斑连接成块。黄刺蛾以幼虫在树杈、树枝上作茧越冬,茧为白色和紫褐色的长圆形,似"雀蛋"。

2.形态特征

黄刺蛾(*Cnidocampa flavescens* Walker),属鳞翅目、枣蛾科,别名"痒辣子"。

成虫:体橙黄色;头、胸部黄色,腹部、前翅黄褐色,自顶角有1条细斜线伸向中室,斜线内方为黄色,外方为褐色;在褐色部分有1条深褐色细线自顶角伸至后缘中部,中室部分有1个黄褐色圆点;后翅灰黄色。雌蛾体长15~17 mm,翅展35~39 mm;雄蛾体长13~15 mm,翅展30~32 mm。

幼虫:近长方形,黄绿色,背面中央有一紫褐色纵纹,此纹在胸背上呈盾形;从第2胸节开始,每节是4个枝刺,其中以第3、4、10节上的较大,每一枝刺上生有许多黑色刺毛。腹足退化,只有在1~7腹节腹面中央各有一个扁圆形吸盘。

卵:扁椭圆形,一端略尖,长1.4~1.5 mm,宽0.9 mm,淡黄色,卵膜上有龟状刻纹。

蛹:被蛹,椭圆形,粗大。体长13~15 mm。淡黄褐色,头、胸部背面黄色,腹部各节背面有褐色背板。

茧:椭圆形,质坚硬,黑褐色,有灰白色不规则纵条纹,极似雀卵,与蓖麻子无论大小、颜色、纹路几乎一模一样,茧内虫体金黄。

3.虫害症状

低龄幼虫多集中叶背群集取食,取食叶肉,残留叶脉,将叶片吃成网状。大龄幼虫可将叶片吃成缺刻,严重时仅留叶柄及主脉,发生量大时可将全枝甚至全树叶片吃光。

4.防治方法

(1)农业措施。降低虫源,冬季应清除越冬虫茧;于幼虫集中危害期,及时摘除幼虫群集叶片和枝条,集中烧掉;树干绑草清除沿树干下行的老熟幼虫。

(2)物理防治。灯光诱杀成虫具有一定的趋光性,可在其羽化盛期设置黑光灯诱杀成虫。

(3)生物防治。摘除冬茧时,识别青蜂(冬茧上端有一被寄生蜂产卵时留下的小孔)选出保存,翌年放入果园自然繁殖寄杀虫茧;或者喷洒1亿个/g的杀螟杆菌或青虫菌悬浮液。每公顷树冠覆盖面积喷3 000 L左右,效果很好,可兼治大蓑蛾。黑小蜂、姬蜂、寄蝇、赤眼蜂、步甲和螳螂等天敌对其发生量可起到一定的抑制作用。

(4)药剂防治。在黄刺蛾幼虫发生期,叶面喷洒0.3%苦参碱水剂1 500倍液,刺蛾幼龄幼虫对药剂敏感,一般触杀剂均可奏效。在卵孵化盛期和幼虫低龄期(3龄前)喷洒1 500倍25%灭幼脲3号液或20%虫酰肼2 000倍液,或2.5%高效氯氟氰菊酯乳油2 000倍液,或50%杀螟松乳油等防治,每公顷树冠覆盖面积喷药2 250 L。

(四)龟蜡蚧

龟蜡蚧又称日本龟蜡蚧,在我国分布十分广泛,目前已成为石榴生产上防治难度较大的一种毁灭性害虫,因其若虫后背产生蜡质形成介壳,常规药物难以穿透触及虫体,因而防治难度较大。

1.生活习性

龟蜡蚧一般1年发生1代(安徽淮北地区可达1年4代),以受精雌成虫在1~2年生枝上越冬。翌春石榴萌芽时开始为害,虫体迅速膨大,成熟后产卵于腹下,黄淮地区产卵盛期在 6 月中旬,每头雌虫产卵千余粒,多至 3 000 粒有余。卵期 10~24 d,6 月底 7 月初,初孵若虫群集于嫩枝、叶柄上固着取食,可借风力远距离传播,8 月初雌雄开始性分化。8 月中旬至 9 月雄虫化蛹,蛹期 8~20 d,羽化期为 8 月下旬至 10 月上旬,雄性成虫寿命 1~5 d,交配后死亡,雌虫陆续由叶转到枝上固着为害,至秋后越冬。

2.形态特征

龟蜡蚧(*Ceroplastes japonicas* Guaind),属同翅目、蜡蚧科,俗称"枣虱子"。

成虫:雄成虫体长 1.4 mm,体棕褐色,触角鞭状,翅透明;雌成虫体椭圆形,紫红色,背覆白蜡质介壳,触角鞭状,口器刺吸式,体长约 3 mm,腹末有产卵孔。

卵:椭圆形,纵径约 0.4 mm,初产时为浅橙黄色,后渐变深,近孵化时为紫红色。

幼虫(若虫):初孵化时体扁平,椭圆形,长 0.6 mm,在叶面上固定后,背面开始出现白色蜡点,以后虫体出现白色蜡刺,周围有 14 个蜡角,如星芒状。

蛹:雄虫在介壳下化为梭形裸蛹,棕褐色,翅芽色较浅,长约 1.3 mm,宽约 0.4 mm。

3.虫害症状

龟蜡蚧主要危害枝、干、叶、果等部位。成虫吸取枝干汁液,体表有白色粉状蜡质分泌物覆盖,枝上像降霜。幼虫紧贴叶片吸食汁液,排泄物布满枝叶,7~8 月雨季引起大量煤污菌寄生。该虫为害时,轻则树势衰退,花芽明显减少,产量低,果小质次;重则因生长期排泄大量分泌物黏液,诱发"煤污病",直接削弱了树势,引起落叶、落果,甚至局部或整株枯死。受害果实常出现畸形,如红晕、龟裂等。树干受害后也会出现畸形,如皮层肿胀形成凸凹、枝条下垂等。

4.防治方法

(1)综合预防。刮皮涂枝,越冬期喷洒 5%柴油乳剂,用 50 kg 水、2.5 kg 柴油,烧沸后加 1 kg 洗衣粉,搅拌使之充分乳化,冷却后喷打树体,全树喷透,1 h 后用棍棒敲打树枝,震落蚧虫。早春石榴萌芽前人工刮树皮和剪除虫梢,喷施 3~5 波美度石硫合剂或 45% 的多硫化钡 50~80 倍液,同时可防治桃蛀螟、刺蛾等害虫。

(2)农业措施。11 月至翌年 3 月刮刷越冬雌成虫,剪除虫枝。5 年以下的幼树采用"手捋法",戴手套将越冬雌虫全部捋掉;大树可用"敲打法",雪后树枝挂满积雪或薄冰,用棍棒敲打树枝,可将蚧虫与冰凌一起震落。

(3)生物防治。保护并引放天敌寄生蜂(长盾金小蜂、姬小蜂)、瓢虫、草蛉等。

(4)药剂防治。有利防治期是雌虫越冬期和夏季幼虫前期。新梢生长期喷 20% 氰戊菊酯乳油 2 000 倍液加 50% 辛硫磷乳油 1 500 倍液加 50% 的多菌灵可湿性粉剂 800 倍液,或 80% 代森锰锌可湿性粉剂 600~800 倍液等。6 月中旬若虫孵化高峰期喷施石灰倍量式波尔多液或 50% 多菌灵可湿性粉剂 800 倍液加 30% 桃小灵乳油 2 000 倍液,或 20% 氰戊菊酯乳油 2 000 倍液,或 50% 可湿性西维因 0.17% 药液。7 月底喷施 80% 代森锰锌可湿性粉剂 600~800 倍液等,或 70% 甲基硫菌灵可湿性粉剂 800 倍液加 20% 甲氰菊酯乳油 2 000 倍液,或 20% 氰戊菊酯乳油 2 000 倍液。向石榴树冠大面积喷洒,叶面和叶背都要喷到;隔 7 d 左右再喷 1 次,连续喷 2 次;若遇阴雨天气,一定要抓住降雨间隙的晴天进行补喷。

(五)棉蚜

棉蚜,别称"腻虫",其寄主植物范围达 74 科 258 种之多,如石榴、木槿等木本植物为其第一寄主(可越冬寄主),棉花、豆科和茄科等为其第二寄主,也可以在夏枯草、紫花地丁、苦买菜等草本植物的茎基部越冬。

1.生活习性

棉蚜的繁殖能力很强,平均气温稳定在 12 ℃以上就开始繁殖,在夏季一个世代只需 4~5 d,每龄只需 1 d。一头雌蚜一生可产若蚜 60~70 头,多者 100 头。黄河流域、长江流域及华南棉区年发生 20~30 代。在南方一年四季和北方冬季温室里均可生长繁殖。以卵越冬,翌年 3

月越冬卵孵化为"干母",孤雌胎生几代雌蚜,称之为"干雌",繁殖两三代后产生有翅蚜。春季萌芽期开始,气候干燥,石榴树中水分少,树液中营养成分高,蚜虫营养积累迅速,繁殖力极强,通过孤雌生殖及幼体生殖使蚜虫在短时间内密度骤增,自此在石榴树上形成多个危害高峰。石榴树往往受害严重,5~6月进入花蕾期,再次进入为害高峰期,6月后雨量增加蚜量逐渐减少。秋末冬初天气转冷时,有翅蚜迁回越冬寄主上,雄蚜和雌蚜交配、产卵过冬,卵多产于芽腋处。温度高于30 ℃时,虫口数量下降。大雨对棉蚜抑制作用明显,多雨的年份或多雨季节不利其发生,但时晴时雨的天气利于其迅速增殖。

2.形态特征

棉蚜(*Aphis gossypii* Glover),同翅目蚜科、蚜属。

成蚜:有翅孤雌蚜体长1.2~1.9 mm,黄色、绿色或绿色至蓝黑色;夏季以黄色居多,体表覆以薄蜡粉;触角6节,约为身体一半长;复眼暗红色,腹管黑青色,较短,呈圆筒状,基部略宽,上有瓦状纹;尾片青色;翅透明,中脉三岔。有翅雄蚜:体长1.3~1.9 mm,狭长卵形;体绿、灰黄或赤褐色;腹背各节中央有1条黑横带。

若蚜:有翅若蚜夏季体淡黄色,秋季灰黄色,也为4龄;于第一次脱皮出现翅芽,脱皮4次变成成虫,二龄出现翅芽,向两侧后方伸展,端半部灰黄色;腹部第1、6节的中侧和第2~4节的两侧各有白圆斑1个。无翅若蚜形状同有翅若蚜,夏季体黄或黄绿色,春秋季蓝灰色,复眼红色,但体较小,腹部较瘦,共4龄。

卵:椭圆形,长0.49~0.59 mm,宽0.23~0.36 mm,初产时橙黄色,后变漆黑色,有光泽。

3.虫害症状

成虫和若虫成群聚集在石榴的嫩梢芽、叶和花蕾、幼果上刺吸吸食汁液,常造成嫩叶皱缩卷曲,新梢枯死,幼果和花蕾脱落。树势被削弱,影响产量和品质。棉蚜分泌的黏液同时又可诱发煤污病。

4.防治方法

(1)农业措施。加强果园管理,清除杂草。夏季要控制枝量,疏除密生枝、直立枝、细弱枝、病虫枝、干枯枝;回缩相互交叉枝、重叠枝,以减少对营养物质的消耗,保持树体结构分明,达到通风透光条件良好。

(2)物理防治。黄板诱杀有翅蚜,可购买成品黄板,也可自制黄色板刷机油。

(3)生物防治。棉蚜发生盛期,释放食蚜蝇、蚜茧蜂、瓢虫等天敌昆虫。果园周围插种高粱,招引天敌,可以很好地控制蚜虫。保护利用天敌最重要的是不要随便用药,瓢蚜比在1:150以下就不要用药。此外,注意防治其共生黄蚁等蚂蚁的发生,可将70%的灭蚁灵粉直接撒于有蚁群的土面或蚁巢、蚁道周围,或拌成饵料撒施杀灭;或用林丹、氯丹、七氯等粉剂,喷施在蚁群活动土面上。

(4)药剂防治。冬季清园,越冬卵多时,可喷95%的机油乳油或5波美度石硫合剂,能兼治蚧壳虫。2月初在树干基部刮除老皮,涂上宽约10 cm的粘虫胶,阻杀上树蚜虫成虫、若虫及蚂蚁。翻挖树周围的蚁穴,喷洒除虫剂杀死蚂蚁,阻断其对蚜虫的搬运途经。可根据不同作物选用啶虫脒、吡虫啉、灭蚜灵、毒死蜱、高效氯氟氰菊酯等农药按说明用量喷雾防治。为了防止产生抗药性,提高药效,以上几种药剂可选择其中一种或两种混用,每种药剂使用次数应控制在2~3次。建议治蚜时用不杀伤天敌的选择性杀虫剂,如抗蚜威,以保护天敌向棉田转移。

(5)其他。可以用鲜辣椒或干红辣椒50 g,加水30~50 g,煮30 h左右,用其滤液喷洒受害石榴蚜虫有特效。用洗衣粉3~4 g,加水100 g,搅拌成溶液后,用喷雾器对害虫进行喷洒,连续喷2~3次,使虫体上沾上药水,防治效果达95%,而对石榴树不会产生药害。也可将洗衣粉、尿素、水按1:4:400的比例,搅拌成混合液后喷洒叶片,可以起到灭虫、施肥一举两得之效。

(六)绿盲蝽

绿盲蝽在我国南北各地的石榴园均有大面积发生,危害石榴树的嫩枝、嫩梢、叶片和花蕾,严重时造成石榴树发芽、开花延迟,严重影响当年产量,甚至造成绝产。

1.生活习性

绿盲蝽北方年生3~5代,南方6~7代,在开封1年发生5代,以卵在枝干翘皮下、断枝和剪口髓部及土壤中越冬。第1代若虫、成虫及第

2代若虫危害石榴树,多在夜间活动,不易被发现。若虫期20 d,成虫寿命长,卵期30~40 d,11月进入越冬期。翌年3月下旬至4月上旬,温度达15 ℃、相对湿度达到70%以上时,卵开始孵化。4月上中旬,石榴抽生嫩梢,花蕾开始形成时,绿盲蝽也开始进入孵化盛期,即开始危害石榴树,4月中下旬至5月上旬为危害盛期,5月中下旬以后停止危害,新梢陆续抽出。6月上中旬继续到其他植物上为害。若虫生活隐蔽,爬行敏捷。成虫善飞翔,晴天白昼多隐匿在草丛、叶丛内,早晨、夜晚和阴雨天爬至梢、叶上危害,频繁刺吸嫩梢、叶的汁液,不易被发现。周围栽种其他果树(尤其是葡萄、桃、苹果等)的石榴园,间作棉花、豆类的石榴园,管理不善、杂草丛生的石榴园和树体生长十分旺盛的石榴园,均有利于绿盲蝽的生存和繁殖,且高湿环境更利于绿盲蝽大发生。

2.形态特征

绿盲蝽[*Apolygus lucorm*(Meyer-Dür.)]属半翅目、盲蝽科。别名"花叶虫""小臭虫"。

成虫:体长5 mm左右,体宽2.5 mm,密被短毛,雌虫稍大,黄绿色。足黄绿色,后足腿粗大,具褐色环斑。复眼黑色突出,无单眼,触角4节丝状,较短,约为体长2/3,第2节长等于3、4节之和,向端部颜色渐深,1节黄绿色,4节黑褐色。前胸背板深绿色,布许多小黑点,前缘宽。小盾片三角形微突,黄绿色,中央具1浅纵纹。

初孵若虫:短而粗,取食后呈黄绿色。复眼桃红色。

若虫:2龄黄褐色;3龄出现翅芽,翅尖端蓝色;4龄超过第1腹节,2、3、4龄触角端和足端黑褐色;5龄后全体鲜绿色,密被黑细毛;触角淡黄色,端部色渐深,眼灰色。

卵:香蕉形,长约1mm。

3.为害症状

以若虫、成虫刺吸石榴树刚刚萌发出的嫩梢、嫩叶和花蕾。嫩梢受害后,顶端生长点干枯变褐色,停止生长,无法现蕾;花蕾受害,基部出现许多黑色小斑点,逐渐扩大成片,整体变褐黑色,基部发黄,后随风脱落;嫩叶受害,叶片上出现黑色干枯斑点,有的多个斑点连在一起,造成叶面穿孔,叶钩状卷曲畸形,严重影响光合作用。

4.防治方法

（1）农业措施。避免石榴树与桃、葡萄或苹果等果树混栽，不要间作棉花、大豆、麻类等绿盲蝽的寄主植物，以减少绿盲蝽的发生。落叶后彻底清理园内的落叶、间作物秸秆和杂草等；刮除树干翘皮，收集烧毁，并用石灰水涂干；冬季进行园内深耕，可消除部分越冬虫卵；及时清理园区内和园区周围的杂草；整形修剪后及时清理残枝叶，控制树体合理生长，避免树势旺长，随后全树喷布5波美度石硫合剂。

（2）生物防治。保护和释放绿盲蝽天敌，如寄生蜂、草蛉、捕食性蜘蛛等。

（3）药剂防治。石榴树刚萌芽的4月初开始施药，10 d 1次，连喷4~5次，下午喷药效果较好，要全树均匀用药。由于绿盲蝽主要危害新梢，喷药应重点喷布新梢。可选用以下药剂：4.5%高效氯氰菊酯1 500倍液，或2.5%功夫乳油2 000倍液，或1.8%阿维菌素乳油1 500倍液，或20%速灭杀丁乳油2 000~3 000倍液，或50%乐斯本乳油1 500倍液，防治效果较好，不同药剂应交替使用，以减小害虫抗药性。第1遍药喷布及时，防效可达70%以上，且会大大减轻以后的危害。如石榴栽培面积较大，各园片的第1次喷药应同时进行，效果更佳。

（七）西花蓟马

西花蓟马（*Frankliniella occidentalis*）自2003年传入我国以来，已在北京、浙江、云南、四川和山东等省市发生，是所有危害石榴蓟马种类中最多的一种，因其寄主植物种类极广泛、食性杂、繁殖快、隐蔽性（主要寄生在花器内）等特点而较难防治，再加上西花蓟马的卵、蛹和成虫多隐匿，农药难触及，近年来西花蓟马已成为危害石榴生产的重要害虫，存在着在我国更大范围内迅速扩散危害的可能。

1.生活习性

西花蓟马目前已知寄主植物有500余种，其寄生范围不断在扩大，对园艺作物的危害极大。西花蓟马繁殖能力极强，在暖湿环境下1年内可不间断繁殖12~15代，从产卵到成虫只需要2周左右的时间，存活期为30~45 d。春、夏、秋三季主要发生在露地，冬季主要在温室大棚中。雌成虫主要进行孤雌生殖，偶有两性生殖，极难见到雄虫。卵散产于花器内或叶片、果实切口处,每雌产卵 22~35 粒。雌成虫寿命、卵期和幼虫寿命因温度不同而表现不同长短;其适温为 23~28 ℃,适宜空气湿度为 40%~70%,温度和湿度分别超过 100% 和 31 ℃ 时会导致若虫死亡。在温度适宜的南方,全年可见;若虫、成虫群集取食,种群密度高且食物缺乏时幼虫会自相残杀。西花蓟马的抗药性特别强,抗不利环境能力也特别强,可随植物组织远距离传播并繁殖,并可以携带传播病毒(番茄斑点萎蔫病毒和嵌纹斑点病毒)。西花蓟马具有蓝色、黄色和粉色趋性。此外,由于石榴花器的特殊构造,西花蓟马躲藏于石榴萼筒中,药剂防治难于达到理想的防治效果。

2.形态特征

缨翅目(Thysanoptera)昆虫通称为蓟马,西花蓟马是数千种蓟马昆虫的一种,亦名苜蓿蓟马,属蓟马科(Thripidae)。

成虫:体长 1.8~2.0 mm,体宽 0.5 mm,体色为灰色至黑色,虫体纤细,腹面平滑,翅膀有光泽,前缘和后缘具长缨毛。对温度敏感,15 ℃ 时寿命长达 71 d,30 ℃ 时只有 28 d。

初孵幼虫:1~2 龄若虫,可取食。1 龄幼虫刚孵化时白色后变黄、橙、红和紫色。3 胸节,11 腹节,有 3 对类胸足,无翅芽。2 龄若虫为淡黄色,寿命在 15 ℃、20 ℃ 和 30 ℃ 时分别为 9 d、5 d、4 d,蜕皮后进入蛹阶段。

蛹:即 3~4 龄若虫,3 龄为前蛹,4 龄为伪蛹,藏匿于土缝或叶下,虫体纤细。前蛹具翅芽和发育不完全的触角,伪蛹具发育完全的触角、扩展的翅芽和伸长的胸足。

卵:肾形,不透明,极小,长约 550 μm,宽约 250 μm。常单个分散产于叶面,偶有沿着叶脉成行。西花蓟马通过其锯状产卵器将卵产于叶面、花或果实上形成的切口处。卵的孵育期 4~11 d 不等,与温度有关;且对湿度极其敏感,干燥易导致其脱水死亡。

3.为害症状

西花蓟马对石榴的危害主要在花期(现蕾期和开花期)和幼果期,以成虫、若虫群集在石榴萼筒中,锉吸石榴花萼和子房,造成表面组织木栓化和落花落果,除影响产量外,危害幼果造成畸果形,留下疤痕及斑点,严重影响石榴的品质。在石榴整个花期均可发现,石榴花雌蕊、雄蕊、花丝、花瓣均可被蓟马取食或产卵,并留下灰、褐色点状斑,中心突起,俗称"麻点",且萎蔫干硬而失去功能甚至提前凋落。当果实直径2.5~5.0 cm时,即幼果形成期,石榴果实表皮可被其危害,果表出现褐色斑点,若褐斑面积超过果实一半,则全部凋落,是造成石榴麻皮病的一个重要原因。"麻点"出现的概率和程度越高,花内蓟马数量也随之增高。西花蓟马亦可转移到石榴嫩梢上取食,嫩梢微缩卷曲但仍具光泽。

4.防治方法

(1)农业措施。及时清除园内杂草,蓟马危害严重的石榴园周围5 m内不种植任何植物;铺设地膜,一方面可提高温度,另一方面可减少杂草和蓟马入土。果实膨大期前完成果实套袋工作,套袋前喷药杀虫。

(2)物理防治。选用蓝色粘板防治西花蓟马;如果要兼治蚜虫,可以配合使用部分黄色粘板。相关研究表明,性诱剂芯对西花蓟马的诱杀效果不显著。

(3)生物防治。释放和保护天敌,西花蓟马的天敌较多,包括花蝽(如小花蝽)、捕食螨、寄生蜂、真菌和线虫等,释放天敌应掌握在害虫发生初期,一旦发现害虫即开始释放。

(4)药剂防治。根据报道,60 g/L乙基多杀霉素或0.5%黎芦碱SL、0.3%印楝素,或0.8%阿维·印楝素EC,或2%阿维菌素ME,或70%吡虫啉WG对石榴西花蓟马田间防治效果较为理想。在配制农药时加入适量的红糖、白砂糖或蜂蜜以提高杀虫效果。选择在晴天的早上9时开花时或傍晚幼虫开始活跃时喷杀。

(八)榴绒粉蚧

榴绒粉蚧是石榴生产中的主要害虫之一,在我国南北地区均有发生,损害石榴的树势和果实,同时可间接造成石榴干腐病的大量发生,严重影响石榴的产量和质量,造成巨大经济损失。

1.生活习性

榴绒粉蚧每年发生2~3代,以第3代1~3龄若虫在树体枝干缝隙内、翘皮下及树杈处越冬。3月左右当温度回升并稳定在15 ℃以上石榴萌芽时越冬若虫开始活动取食。3 月中下旬至 4 月初越冬若虫开始雌雄分化;4 月中旬始见雄蛹,4 月下旬始见雄成虫。5 月为雌成虫出现盛期,分泌白色蜡丝,形成包被虫体的毡绒状蜡质卵囊。5 月上中旬为成虫产卵盛期,5 月中下旬至 6 月上中旬为 1 龄若虫出现盛期,第 2、3 代初孵若虫分别于 7 月中旬至 8 月下旬出现,初龄若虫从卵囊中爬出,寻找适合部位固定取食,并发生世代重叠。7~9 月是主要的危害期,榴绒粉蚧对石榴危害最大的是第 2 代若虫和成虫。越冬雌成虫于 4 月下旬发育成熟,5 月上旬开始产卵,卵产于伪介壳内,雌虫边产卵边退缩,直至将体内的卵全部产出体外堆于伪介壳内,雌体皱缩于一端;产下的卵粒相连成串。其卵期和若虫期(蛹期)和世代历期与温湿度密切相关,同时受食物和季节影响而长短不一;同时产卵后的成虫寿命也因此存在较大差异。7 月下旬至 8 月上旬降雨大而急,且阴雨天多,则不利于成虫和若虫取食及生存,造成其大量死亡。石榴上的榴绒粉蚧寄生性天敌有跳小蜂科、姬小蜂及红点唇瓢虫,这些寄生蜂从 5 月到 11 月对榴绒粉蚧雌成虫均能寄生。此外,越冬若虫不耐寒冷低温。

2.形态特征

榴绒粉蚧(*Eriococcus lagerostroemiae* Kuwana)属于同翅目(*Homoptera*)、粉蚧科(*Pseudococcidea*),又名石榴粉蚧、紫薇粉蚧,主要危害石榴、番石榴和紫薇等。

成虫:雌成虫体外具白色卵圆形伪介壳,由毡绒状蜡毛织成。其背面纵向隆起,肛门、生殖孔位于伪介壳末端背面,外观可见 0.5 mm 左右长的白色蜡质肛筒。介壳下虫体棕红色,卵圆形,头部钝圆,体背隆起,体遍生微细短刚毛,体节清楚,体长 1.8~2.2 mm,触角 7 节。雄成虫紫褐至紫红色,体长约 1.0 mm,前翅半透明,后翅呈小棍棒状,腹末有性刺及 2 条细长的白色蜡质尾丝,触角 10 节,色稍淡。

卵:初产时为淡粉红色,近孵化时呈紫红色,椭圆形,长约 0.3 mm,宽约 0.16 mm。

初孵若虫:椭圆形,上下扁平,长约 0.4 mm,宽约 0.22 mm,淡黄褐色,后变成淡紫色,虫体边缘有刺突。

蛹:预蛹长椭圆形,长 1.0 mm,宽 0.6 mm 左右,紫红色,触角、翅、足雏形。第 2 龄蛹体长 1.2 mm 左右,宽约 0.8 mm,紫红色,触角、足分节明显,腹部背面分节清楚,触角和翅芽呈淡黄色,略透明,中胸背板隆起较高,蛹包于白色毡绒状伪介壳中,介壳长椭圆形,上下略扁,后端具横孔缝,由此伸出雄成虫性刺及白色蜡丝。

3.为害症状

成虫、若虫刺吸石榴嫩梢、嫩枝、嫩叶和花、花蕾及幼果、果实的汁液,致使这些组织和器官养分供给不足,出现叶黄枝萎,树势衰弱,枝条枯死;致使花、花蕾和幼果、果实有伤口,出现斑点,影响外观品质。更有甚者,在前期干旱时期,榴绒粉蚧两代成虫嵌入果实萼筒花丝内或果与果、果与叶相接处栖息、取食为害,致使果皮出现创伤并将干腐病菌带入。在雨季连续降雨或时晴时雨,经雨水浸泡后伤口溢出偏酸性的汁液,为干腐病菌的生长繁殖提供了良好的条件,一周内干腐病症状即显现,普遍严重发生,导致 30% 左右的接近成熟的果实变软变腐。此外,这些伤口留有榴绒粉蚧的排泄物,也是诱发石榴煤污病的重要原因之一。

4.防治方法

(1)加强苗木检疫,防止榴绒粉蚧的传播蔓延,若发现带虫苗木,及时采取措施。

(2)农业防治。冬季清园要彻底,减除树冠上的病虫枝叶,除去树干和树枝上的干翘树皮,填塞树洞和裂缝。铲除园内和周边的杂草,连同残枝残叶集中销毁。冬末初春全果园浅耕一次,树干涂白(石灰加 5 波美度石硫合剂)。

(3)生物防治。4~5 月是多种瓢虫、草蛉、寄生蜂捕食或寄生的关键时期,尤其是红点唇瓢虫对控制榴绒粉蚧效果显著,应以保护利用天敌为主,尽量避免喷洒化学农药。

(4)物理防治。结合疏花疏果,摘除相邻果之间的弱小果,摘除贴叶果的叶片。雨季来临前一个月,清除萼筒内的干花丝,树冠喷水以增加树冠、果皮和萼筒内湿度。果实套袋前检查萼筒内花丝寄生情况,逐果套袋,可以破坏榴绒粉蚧生存环境并防止榴绒粉蚧潜入果实萼筒内危害果实。加强巡查,一经发现,立即检查周围并销毁所有的有该虫的枝叶、枝干和果实。

(5)药剂防治。石榴休眠期萌芽前喷施 5 波美度石硫合剂,或 45%晶体石硫合剂 30 倍液,或 95%机油乳剂 100 倍液,或 5%柴油乳剂,或洗衣粉 200 倍液,使树体呈淋洗状态,以破坏虫体表面的蜡质介壳,消灭越冬若虫。5~6 月是成虫出现和若虫初孵高峰期,此时虫体分泌蜡质尚少,只有薄薄的一层,用 0.6%苦参碱水剂 800 倍液,或 0.65%茼蒿素水剂 600 倍液,或 70%吡虫啉 6 000~8 000 倍液,或 25%吡虫啉可湿性粉剂 2 000~3 000 倍液,或 0.9%爱福丁乳油 4 000~6 000 倍液(防治效率可达 90%以上),或 40%速扑杀乳油 2 000 倍液(防治效率可达 90%以上)进行防治。10 月下旬至 11 月中旬,若虫从各部位向枝干上转移,寻找越冬场所、尚未进入越冬状态,是喷药防治的最佳时期,可选用 48%乐斯本(毒死蜱)乳油 2 000~2 500 倍液、24%亩旺特悬浮剂 4 000~5 000 倍液(花期禁用、桑蚕园禁用)等喷雾。为了增强防效,可先喷洗衣粉 100~200 倍液,待稍干后立即喷药,喷药一定要均匀,不同药剂混用效果更好,每喷 1~2 次后要更换药剂使用。

(九)康氏粉蚧

康氏粉蚧是石榴生产中的主要害虫之一,它主要危害 10 龄以上的成年丰产石榴树,也是果园常见的一种虫害,对苹果、杏、李、樱桃、枣等多种果树都能造成危害。近些年随着果实套袋生产规模的扩大和套袋年限的增加,发生的范围越来越大,其对石榴危害也越来越重。

1.发生规律

康氏粉蚧的各种虫态均可越冬,主要以卵在卵囊中越冬(产卵时分泌的白色絮状物,覆在卵上称卵囊)。卵囊多在树干裂皮、缝隙、枝杈、剪锯口残桩及杂草、根茎的萌蘖、近干部的土块和旧纸袋内。第 1 代若虫,花后 15 d 孵化,盛发期在 4 月底到 5 月上中旬,主要危害大枝伤口及嫩芽和幼叶。第 2 代若虫盛发期在 7 月上中旬,主要危害果实,集中在梗洼、萼洼处,虫体多时也在果面危害。调查还发现,康氏粉蚧具有喜阴怕阳的特点,套袋果纸袋内是其繁殖危害的最佳场所,因此,套袋生产的果园及枝量大、树冠郁闭、光照不足的果园容易发生。一旦进入袋内,就会大量繁殖危害,并能避开农药和天敌的伤杀。此代是危害果实最严重的时期,造成果实外观质量下降。卵多产在枝干裂皮、果实梗洼、萼洼及纸袋内壁处,雌虫产卵时往往群集,卵囊相合并成绵团状。第3代若虫盛发期为8月下旬至9月上旬,虫体发育成熟后产卵于袋内或果实上,极个别未发育成熟的若虫随卵一起休眠越冬。中熟品种采收时袋内果实上可见到若虫虫体,影响果品销售。

2.形态特征

康氏粉蚧[*Pseudococcus comstocki*（Kuwana）],类属同翅目粉蚧科。

成虫:雌成虫,椭圆形,较扁平,无翅,体长3~6 mm,粉红色,体表被白色蜡粉,体缘具17对白色蜡刺;触角8节,柄节上有几个透明小孔;胸足发达,后足基节上有较多透明小孔。雄成虫,紫褐色,体长约1 mm,翅展约2 mm,翅1对,透明;后翅退化为平衡棒,具尾毛。

若虫:初孵身体扁平,椭圆形,淡黄色,体长0.4 mm,体表蜡粉较少,外形似雌成虫。

卵:椭圆形,长约0.3 mm,浅橙黄色,数十粒集中成块,外覆薄层白色蜡粉,形成白色絮状卵囊。

蛹:淡紫色,触角、翅和足等均外露。

3.为害症状

主要以若虫或雌成虫刺吸石榴芽、叶、果实和枝干的汁液,嫩枝受害常肿胀且易纵裂而枯死;幼果受害后多为畸形果,近成熟或成熟果实被害伤口为干腐菌的侵入危害提供了条件。果实被害处凹凸不平,同时康氏粉蚧排泄蜜露易诱发煤污病,降雨少气候干燥的年份,煤污病少而轻,降雨量多空气潮湿,煤污病多而重,影响光合作用,削弱树势,导致石榴产量和品质都降低。

4.防治方法

(1)农业措施。冬季或早春细致刮除粗老翘皮,消灭树皮裂缝中的越冬卵,以便减少越冬基数。清理园内的旧纸袋及残叶、残桩,剪除萌蘖等,集中带出园外烧毁。整枝坚持"去低留高、去粗留细、去远留近、去密留稀、去大留小"的原则,以便树体通风透光,保证阳光上午、下午分别照射3 h,促使树体成花、结果、果实着色。

(2)物理防治。防止康氏粉蚧的传播蔓延,并在点片发生的初发果园中彻底剪除有虫枝、烧毁或人工刷抹有虫枝铲除虫源。9 月上中旬雌成虫产卵前,在树干上绑草把,诱集其在草把上产卵,入冬后修剪时解下集中烧毁。

(3)药剂防治。石榴休眠后到萌芽前喷洒 95%机油乳剂 100 倍液或 5%柴油乳剂,或单独喷洒 5 波美度石硫合剂或用 5 波美度石硫合剂加入适量石灰给石榴主干涂白。石榴萌芽初期(2 月下旬至 3 月中旬)越冬若虫开始活动,卵孵并分散危害,此时可用 40%速扑杀乳油 1 000 倍液喷药两次,若加入 2 000 倍液灭扫利或敌杀死效果更好。石榴果实膨大期至转色成熟期,即 5 月初至 8 月底,此期康氏粉蚧活动最为频繁,可喷药 6~7 次。第 1 代若虫发生期即果实套袋前,是防治该虫的关键时期,此期需连续用药 2 次,间隔时间为 7~8 天,药剂选用 48%乐斯本 2 000 倍液或 10%吡虫啉 3 000 倍液或 2.5%功夫水乳剂 2 500~3 000倍液及菊酯类农药。防治套袋果上的第二、三代若虫,选用 40.7%毒死蜱 1 500 倍液等内吸性、熏蒸性强的农药,此时该虫部分已进入袋内为害,喷药时一定要将袋喷湿,喷药应做到均匀、细致、周到,这样药液才能渗入袋内杀虫。另外,当年用过的纸袋要当年烧毁,不能连年使用。

(十)石榴巾夜蛾

石榴巾夜蛾在我国分布广泛,南北各省均有发生和为害,被害石榴树体生长不良,影响结果。

1.生活习性

石榴巾夜蛾一年发生 4~5 代,以蛹在土中越冬,生活史很不整齐,世代重叠。第二年 4 月春季当气温 12 ℃以上,石榴发芽时越冬蛹羽化为成虫,交尾产卵;卵多产在树干,散产。5 月底 6 月初第 1 代成虫就大量出现,一般气温在 23~24 ℃时蛾子最为活跃,气温在 17~18 ℃时,蛾子活动到上半夜为止,日落后 1~2 h,即开始向果园迁飞,2~3 时达到高峰,无风闷热的夜晚数量最多,早上 4 时以后又陆续飞离果园,白天潜伏在果园附近的林区和杂草丛中,产卵于枝干上。第 2 代成虫 7 月下旬发生,8 月是第 2 代幼虫的严重为害时期,到深秋的 9 月底至 10 月,幼虫取食危害芽和叶,一般果园外围受害严重,中间受害较轻。幼虫体色与石榴树皮近似,虫体伸直,紧伏在枝条背阴处,不易发现,白天静伏,晚间取食;可以根据被食成缺刻状的叶片,顺着枝条查找幼虫。老熟幼虫化蛹于枝干交叉处或枯枝等处。9月、10月老熟幼虫爬下,在枝干附近土中化蛹过冬。

2.形态特征

石榴巾夜蛾(*Parallelia stuposa*),又名石榴夜蛾,属鳞翅目、夜蛾科。寄主有石榴、月季、蔷薇等。

成虫:体褐色,长 20 mm 左右,翅展 46~48 mm。前翅中部有一灰白色带,中带的内外均为黑棕色,顶角有两个黑斑。后翅中部有一白色带,顶角处缘毛白色。

幼虫:老熟幼虫体长 43~50 mm,头部灰褐色。第一、二腹节常弯曲成桥形。体背茶褐色,布满黑褐色不规则斑纹。

卵:灰色,形似馒头。

蛹:体黑褐色,覆以白粉,体长 24 mm。

茧:粗糙,灰褐色。

3.为害症状

以幼虫取食叶片,是石榴上常见的食叶害虫,危害石榴嫩芽、幼叶和成叶,发生较轻时咬成许多孔洞和缺刻,发生严重时能将叶片吃光,最后只剩主脉和叶柄。成虫夜间还吸食伤果和腐烂果的汁液,属于二次为害的害虫,并可加重病害的传播和感染。

4.防治方法

(1)农业措施。在石榴落叶后至萌芽前加强检疫预防,在树干周围挖越冬石榴巾夜蛾蛹,避免害虫随苗木等传播。冬季适当翻地。及时清除园内以及周边杂草,减少幼虫栖息环境。

(2)物理措施。成虫盛发期用黑光灯诱杀。

(3)生物防治。石榴巾夜蛾的天敌主要有蜀春和大山雀,但捕食率较低。

(4)药剂防治。幼虫发生危害期喷洒25%溴氰菊酯乳油2 000~2 500倍液,或烟参碱乳剂 1 000 倍液,或 25%杀铃脲悬浮剂 1 000~1 500倍液,或90%敌百虫晶体 1 000 倍液(遇碱则成敌敌畏,需谨慎),

或 50%杀螟松乳油 1 000 倍液,均可有效防治。

(十一)石榴茎窗蛾

石榴茎窗蛾是石榴树的主要害虫,在我国大部分石榴产区均有发生,主要分布在华中、华东一带。幼虫蛀食当年新梢及多年生枝,造成枝条大量死亡,严重影响石榴开花结果,导致产量下降。

1.生活习性

石榴茎窗蛾以幼虫在枝内越冬。越冬幼虫在第二年 3~4 月恢复活动、蛀食危害。在 5 月下旬幼虫老熟后,多在枝条分叉处上方向外开一羽化孔,然后在距羽化孔下方 1 cm 处的隧道内化蛹。蛹期 20~30 d。6 月中旬蛹开始羽化为成虫,7 月中旬为羽化盛期,8 月上旬羽化结束。成虫白天隐藏在石榴枝干或叶背处,趋光性不强,夜间出来活动交尾,雌雄蛾交尾后 1~2 d 开始产卵,连续产卵 2~3 d,成虫寿命 3~6 d。产卵部位多在新梢顶端芽腋处,单粒散产或几粒产在一起。卵从 7 月上旬即开始孵化,8 月上旬进入盛期,卵期 13~15 d。孵化后 2~4 d,幼虫自石榴树芽腋处蛀入新梢,沿髓部向下蛀纵直隧道,并在不远处开一排粪孔,随着虫体增长,隧道向下逐渐加深增大,排粪孔间距也愈来愈远;新梢受害后 3~5 d 即发生枯萎,极易发现,危害至 11 月上旬,蛀入 2 年生以上的枝内,并在蛀道内越冬。

2.形态特征

石榴茎窗蛾(*Herdonia osacesalis* Walker),又名花窗蛾、钻心虫、属鳞翅目、窗蛾科。

成虫:体长 11~16 mm,翅展 30~42 mm,淡黄褐色,翅面银白色带有紫泽,前翅乳白色,微黄,稍有灰褐色的光泽,前缘有 11~16 条茶褐色短斜线,前翅顶角有深褐色晕斑,下方内陷,弯曲呈钩状,顶角下端呈粉白色,外缘有数块深茶褐色块状斑。后翅白色透明,稍有蓝紫色光泽,亚外线有一条褐色横带,中横线与外横线处的两个茶褐色几乎并列平行,两带间呈粉白色,翅基部有茶褐色斑。腹背板中央有三个黑点排成一条线,腹末有 2 个并列排列的黑点,腹部白色,腹面密被粉白色毛,足内侧有粉白色毛,各节间有粉白色毛环。雌成虫触角双栉状,雄成虫触角栉齿状。

幼虫:成长初虫体长 32~35 mm,圆筒形,淡青黄至土黄色,头部褐色,后缘有 3 列褐色弧形带,上有小钩。腹部末端坚硬,深褐色,背面向下倾斜,末端分叉,又尖端成钩状,第八腹节腹面两侧各有一深褐色楔形斑,中间夹一尖楔状斑,有 4 对腹足,臀角退化,趾钩单序环状。

卵:长约 1 mm,瓶状,初产时白色,后变为枯黄,孵化前橘红色,表面有 13 条纵脊纹。数条横纹,顶端有 13 个突起。

蛹:体长 15~20 mm,长圆形,棕褐色,头与尾部呈紫褐色。

3.为害症状

石榴茎窗蛾主要以幼虫危害石榴树新梢和多年生枝,使树势衰弱产量下降,甚至使整树死亡。石榴茎窗蛾初孵幼虫 3~4 d 后便自腋芽处蛀入新梢,沿隧道向下蛀食,排粪孔的距离随幼虫增大而增大,被害枝条上最少有 2 个排粪孔,被害新梢 3~5 d 后枯萎,极易发现。随着幼虫的成长,隧道也向下逐渐加深增大,排粪孔间距离愈来愈远,为害直至入冬,向下可延伸到 2 年生主茎内越冬,翌年 3 月底恢复活动,继续向下蛀食,害及 3 年生枝。

4.防治方法

(1)农业措施。冬季清园时检查被害枝条并销毁;3~4 月春季石榴萌芽后,将未能萌芽展叶的枯枝彻底剪除烧毁,消灭越冬幼虫。之后加强巡查,发现被害枝条后立即剪除销毁。

(2)药剂防治。在幼虫孵化盛期(6~7 月),用 2.5%溴氰菊酯 3 000 倍液,或 20%甲氰菊酯 1 500~2 000 倍液,或 48%毒死蜱 1 500~2 000 倍液,或 20%速灭杀丁 1 000~1 500 倍液,或喷灭幼脲 2 000~3 000 倍液,或 25%阿维灭幼脲 2 500 倍液杀灭幼虫,喷洒树冠枝叶进行防治。每隔 7~14 d 左右喷 1 次,连喷 3~4 次。

(十二)根结线虫

石榴根结线虫病危害经济作物、果树、观赏植物、杂草等,分布很广,我国南北石榴产区都有分布为害,是防治难度很大的土传病害,所以,在防治时应坚持"预防为主,综合防治"的原则。

1.生活习性

根结线虫 2 年发生 3 代,主要以卵或 2 龄幼虫在土壤中越冬。翌年4~5月新根开始活动后,幼虫从根的先端侵入,在根里生长发育。8月上旬形成明显的瘤子,8月下旬后,在瘤子里产生明胶状卵包,并产卵,卵聚集在雌虫后端的胶质卵囊中,每卵囊有卵300~800粒。初孵化的幼虫又侵害新根,并在原根附近形成新的根瘤。根结线虫在土壤中随根横向或纵向扩展,多数生活在土壤耕作层内,有的可深达2~3m。此病的主要侵染来源是带病的土壤和病根。病苗是传播此病的主要途径,水流则是近距离传病的重要媒介。此外,带有病原线虫的肥料、农具以及人畜也可以传播此病。石榴根结线虫病在沙质土壤发病重。

2.形态特征

根结线虫(*Meloidogyne*)是一种高度专化型的杂食性植物病原线虫。危害石榴的根结线虫主要有南方根结线虫(*M. incognita*)、北方根结线虫(*M. hapla Chitwood*)和花生根结线虫(*M. arenaria*)。

南方根结线虫:雌虫会阴花纹有一高而方形的背弓,近肛门处的线纹有波浪形,也有平滑形,而形成背弓的线纹多为平滑形,有的侧线较为明显,但并不形成侧沟。2龄幼虫线形,尾尖钝圆,尾透明末端界限不明显,多不平滑,有的尾部有1~2次缢缩。体长385.3 μm,尾长47.8 μm,透明尾长12.0 μm。

北方根结线虫:雌虫会阴花纹多为稍扁平的卵圆形,背弓多为扁平形,背腹线纹相遇处有一定的角度,有的形成“翼”,侧线不明显,在形成整个花纹的图案时线纹多有变化,从波浪形到平滑形不等,尾区通常有刻点。2龄幼虫线形,尾部末端钝,尾透明末端界限多数明显,尾端有缢缩。体长403.7 μm,尾长53.0 μm,透明尾长16.4 μm。

花生根结线虫:雌虫会阴花纹背弓多为扁平到扁圆形,近肛门处的线纹多为波浪形,背弓线纹多为平滑形,腹面的线纹和背面的线纹通常在侧线处相遇,并呈一定的角度。弓上的线纹在侧线处稍有分叉,且通常在弓上形成肩状突起,肩状突起形态各异,有的只有一侧肩状突起明显,有的则双侧都较明显。2龄幼虫线形,尾末端尖圆,尾透明末端界限多数明显,有的不明显。体长405.2 μm,尾长53.3 μm,透明尾长16.4 μm。

3.为害症状

根结线虫病以在寄生植物根部形成根瘤(虫瘿)为特征。根瘤开始较小,白色至黄白色,以后继续扩大,呈节结状或鸡爪状,黄褐色,表面粗糙,易腐败。石榴病株根结主要分2种:一种为根部长有许多根结,沿根呈串珠状着生,根结表面光滑,不长短须根;另一种为根部长有许多根结,根结上长短须根,根结形成后,原来的根不再生长,产生次生根,次生根上又产生根结,整个根系畸形根系不发达。感病较轻的石榴植株地上部分一般症状不明显;较重者主要表现似缺肥状,长势差,叶色萎黄、叶片稀少、生长缓慢;重病者严重矮化、叶片发黄下垂,冬季低温时整株叶片呈紫红色,根系形成大量根瘤,表皮变褐,主根肿大腐烂,最后整个根系腐烂,失去生命活力。

4.防治方法

(1)农业措施。移栽前加强土壤管理和苗木管理,严格检疫苗木并对种苗进行杀虫灭菌处理,将害虫杜绝在种植区外;可选用播种禾本科作物的土地作为栽种地,以减少侵染源;将表土翻至25 cm以下,可减轻虫害发生。反复犁耙、翻晒,并适当增施有机肥、钾肥,以降低虫源和增加抗性,尽量避免在沙土地上栽种石榴苗。对于不得已选择沙质土地时,要逐年改土。栽植后或生长期,要注重土肥水管理,保持果园合理的湿度,能有效控制线虫侵染和繁殖,干旱季节应小水勤浇,保持根部湿润,促进植株生长。轮作防虫,线虫发生多的田块,改种抗(耐)虫作物如禾木科、葱、蒜、韭菜、辣椒、甘蓝、菜花等或种植水生蔬菜,可减轻线虫的发生。

在石榴休眠期对于被害较轻树体,挖除土壤表层的病根和须根团,保留水平根及较粗大的根,然后每株施石灰1.5~2.5 kg,并增施有机质肥料,有减少线虫的效果,可以减轻为害,使树势复壮;将清除的病根和须根团移出果园外暴晒烧毁。对于被害较重树体,特别是病根过多,根颈几乎全部腐烂者,必须采取特殊措施,才能恢复树势和产量。首先重剪地上部分,减少水分蒸腾,然后在根颈基部嫁接新根,或者在病树周围栽植新苗木,再桥接到主干上,以苗木根系代替病树根系,同时增施速效肥料,并注意适当浇水,以加快树势的恢复。

（2）物理防治。根结线虫对电流和电压耐性弱，采用 3DT 系列土壤连作障碍电处理机在土壤中施加 DC 30~800 V、电流超过 50 A/m² 就可有效杀灭土壤中的根结线虫。根结线虫对热很敏感，在 50 ℃时保持 10~15 min，可杀死几乎所有线虫，在夏季炎热季节，翻耕浇透水后覆膜，晒 5~7 d，使膜下 20~25 cm 土层温度提升至 45~50 ℃，利用高湿和窒息，防治根结线虫；也可利用冬季低温冻垡等抑制线虫发生。

（3）生物防治。用益微双螯的无线爽（微生物菌肥，含高活性阿维菌素与十多种具有抑制线虫活动的菌群）底施、丢施或者用克线宝（微生物菌肥，含硅酸盐菌与台湾诺卡氏放线菌结合的新型 JT 复合菌种等 80 余种菌）拌种、蘸根、浇苗、冲施或者用 JT 复合菌肥（长效复合微生物菌肥，可在高盐环境中生存）拌细土，苗前撒施后翻地，可有效减轻线虫的发生，且可抑制线虫携带的病菌，改善根部环境。淡紫拟青霉（*Paecilomyces lilacinus*）属内寄生性真菌，是植物寄生线虫的重要天敌，能寄生虫卵，也能侵染幼虫和雌虫，可明显减轻多种农作物根结线虫灾害，而且淡紫拟青霉颗粒剂对施药区生态环境中的天敌昆虫如瓢甲、蚂蚁及蜘蛛等均无杀伤作用，对蜂、鸟、鱼、蚕均无明显不良影响。

（4）药剂防治。用 50%辛硫磷乳油 800 倍液，或 1.8%阿维菌素乳油 2 000~3 000 倍液，喷灌土壤；50%辛硫磷乳油 22.5~45 kg/hm²，拌入有机肥，施入土中，或制成毒土撒施后，翻入深 3~10 cm 土壤中。

（十三）石榴螨

被害树叶片易脱落，果重减轻，对产量、质量及次年的花芽影响较大。

1.生活习性

一年发生 6~10 代，以卵越冬。4 月底至 5 月初开始孵化，孵化期非常整齐，至第五天几乎全部孵化结束。第一代产卵于 5 月下旬，终花期达到高峰，终花后 1 周左右为第一代幼虫盛卵期。以后大约每 3 周发生一代，全年以 6 月中下旬至 7 月上旬的第二代数量最多。第三代以后数量逐渐下降。冬卵从 8 月中旬开始出现，起初数量增长缓慢，进入 9 月中旬就显著上升，至 9 月底达到最高峰，10 月上旬以后，冬卵基本结束。越冬场所主要是主侧枝、果台枝、叶痕、果实萼洼等处。

石榴上的叶螨在越冬期各螨态均有发现,但以成螨为主,在树冠内膛中下部的叶背越冬,以凹凸不平的卷叶内,尤其潜叶蛾危害的卷叶内螨口数量较多。越冬成螨当温度在 15 ℃以上时就开始取食,20 ℃就可产卵。一年中黄蜘蛛在石榴开花前后少量发生,大量发生在 4~5月,猖獗危害幼果。6 月之后螨口数量急剧下降。7~8 月高温季节对其生长发育不利,所以夏季数量很少。

2.形态特征

雌成螨体红色,取食后暗红色。体长约 0.45 mm,圆形,体背隆起,有 13 对刚毛。雄成螨初为浅橘红色,取食后变为深橘红色。

3.为害症状

可危害石榴叶片、嫩梢、花蕾和果实,尤以幼果受害最甚。其成螨、幼螨、若螨均喜群集于叶背面的主脉、支脉及叶缘部分,被害果实呈现一些黑褐色失绿的斑块,严重的皱缩成畸形。还常常有少量丝网覆盖,螨活动及产卵于网下。

4.防治方法

(1)人工防治。在越冬卵孵化前刮树皮并集中烧毁,刮皮后在树干涂白(石灰水)杀死大部分越冬卵。

(2)农业防治。根据石榴黄蜘蛛越冬卵孵化规律和孵化后首先在杂草上取食繁殖的习性,早春进行翻地,清除地面杂草,保持越冬卵孵化期间田间没有杂草,使黄蜘蛛因找不到食物而死亡。

(3)物理防治。可在石榴树发芽和石榴黄蜘蛛即将上树为害前(约 3 月下旬),用无毒不干粘虫胶在树干中涂一闭合粘胶环,环宽约 1cm,2 个月左右再涂一次,即可阻止枣红蜘蛛向树上转移为害,效果可达 95%以上。

(4)化学防治。开春前喷 3~5 波美度石硫合剂杀死越冬虫卵,50%托尔克可湿性粉剂 2 000~3 000 倍液、5%霸螨灵悬浮剂 1 000~2 000倍液、1.8%阿维菌素乳油 6 000~8 000 倍液,均可达到理想的防治效果。

(十四)石榴螟

石榴螟(*Ectomyelois ceratoniae. Zeller*)是一种严重危害石榴、柑橘、

枣椰子等植物的重要害虫,为我国禁止进境植物检疫性有害生物。该虫原产于地中海地区,目前已扩散到亚洲、非洲、欧洲、美洲和澳大利亚等地区,但在我国尚未有分布报道,应加强检验检疫措施,以防止其入侵我国。2014年底至2015年初我国在广州机场首次检疫出携带自伊朗乘客所带的新鲜石榴,后又多次检出;2017年12月又在珠海口岸检出,因此需要引起格外的重视,防患于未然。鉴于此,参考徐森锋《检疫性害虫石榴螟的危害及鉴定》系统地介绍石榴螟的生活习性、特征和为害症状及其防治等。目前,已经于2016年8月颁布了行业标准《石榴螟检疫鉴定方法》,并于2017年3月1日起实施。

1.生活习性

该虫每年发生3代以上,以幼虫滞育越冬,生活史长短受气温影响大;在温度(27±2)℃,湿度(65±10)%的人工饲养条件下,该虫幼虫期和蛹期平均各需要17 d和7 d,成虫寿命一般为2~10 d。石榴螟主要以卵、幼虫和蛹的方式存在于寄主植物中,主要以幼虫随着寄主植物的远距离运输而传播扩散。

2.形态特征

幼虫:粉色,头部红褐色。前胸盾片黄色,中胸和腹第8节亚背毛(气门上方)有骨环包围,第1~7节亚背毛上方仅有细小的灰褐色新月形骨化斑,腹第8节第1对亚背毛与气门的距离是气门直径的3~4倍,腹第9节侧毛3根,臀板(腹第10节)亚背毛与背毛的距离小于与侧毛的距离。

成虫:触角细长,具细纤毛;下唇须向上弯曲,末节到达或接近头顶,第2节具稍宽的鳞片,第3节明显比第2节短。翅展16~24 mm,雄虫无前缘褶。前翅褐灰色,带浅褐色的图案,内线和亚端线明显,其间颜色较深,端线深浅相间;翅脉R3和R4脉共柄,大约为其长度的2/3,M2和M3短共柄。后翅纯白色;翅脉M2和M3短共柄,Sc+R1脉和Rs脉长共柄。

蛹:红褐色,具两根臀棘,末端下弯。胸背有隆脊,腹背有强刻点,腹部第1~7节背面有成对的角状突起,有时末端成双叉状。

3.虫害症状

石榴螟的幼虫为杂食性害虫,主要危害寄主植物的叶片、嫩芽和果实。

4.防治方法

观察果实表面是否有为害状、虫粪等,对发现带虫的果实,进行室内饲养观察鉴定。一旦鉴定为石榴螟,应采取检疫除害处理措施。

(十五)豹纹木蠹蛾

豹纹木蠹蛾以幼虫在寄主枝条内蛀食为害。食性杂,可为害核桃、石榴、苹果、梨、柿、枣等植物。全国石榴产区均有发生。

1.发生规律

该虫1年发生1代,以幼虫在被害枝条内越冬。翌年春石榴萌芽时,幼虫在枝条髓部向上蛀食,并在不远处向外咬一圆形排粪孔。随后再向下部蛀食。5月底左右幼虫老熟成蛹。6月下旬为羽化盛期,成虫有趋光性,卵产于嫩梢、芽腋或叶片上。7月为卵孵化期,幼虫从新梢芽腋处蛀入,然后沿髓部向上蛀食,隔一段向外咬一排粪孔。9月中旬后,幼虫在被害枝中越冬。

2.形态特征

成虫雌蛾体长16 mm,翅展37 mm,触角丝状。雄蛾体长18 mm,翅展34~36 mm。触角双栉状。全体灰白色。胸部背面具平行的3对黑蓝色斑点,腹部有黑蓝色斑点。前后翅散生大小不等的黑蓝色斑点。卵圆形,初产时淡黄色,孵化时棕褐色。幼虫体长32~40 mm,赤褐色,头部黄褐色。蛹体长25~28 mm,长筒形,赤褐色。

3.防治方法

结合夏、冬修剪,剪除被害枝条,集中烧毁。成虫羽化期和幼虫孵化期,树上喷25%灭菊酯乳油2 000倍液,或20%灭多威乳油1 000倍液。成虫有趋光性,在羽化期可用黑光灯诱杀成虫。

(十六)大袋蛾

大袋蛾又叫大蓑蛾,群众俗称"吊死鬼",是一种杂食性害虫,除为害石榴外,还为害苹果、梨、桃和法国梧桐等树木。全国各地石榴产地均有发生。

1.发生规律

大袋蛾1年发生1代,以老熟幼虫在虫囊内挂于枝条上越冬。次年5~6月化蛹。6月是成虫发生期。雄蛾羽化后由虫囊下口飞出,雌蛾羽化后仍居于虫囊中,这时虫囊下口出现一层黄色茸毛,即标明雌蛾已经羽化。雄蛾具有趋光性,傍晚飞翔寻找雌蛾交配。交配后经1~2 h产卵。卵在15 d左右孵化,幼虫从虫囊里爬出,吐丝下垂,随风传播。遇枝后沿着枝叶爬行扩散,固定以后即吐丝缀连咬碎的叶屑结成2 mm的虫囊为害植株;随着虫体长大,虫囊也不断增大,8~9月,幼虫食量最大,为害最重,9月以后,幼虫老熟,即固定悬挂在枝条上越冬。

2.形态特征

雄成虫体长15~20 mm,翅展35~40 mm,翅密生褐色磷片,翅脉鳞毛黑褐色,前翅外缘有4~5个半透明斑纹;雌成虫体长20 mm左右,淡黄白色,体短粗,头小、足、触角、翅退化。卵淡黄色,椭圆形。幼虫黑褐色雌虫体长30~40 mm,雄虫15~20 mm,体形粗短。

3.防治方法

冬季结合清园修剪,人工摘除树上虫囊袋,消灭越冬幼虫。在6月幼虫孵化期,喷50%敌敌畏1 000倍液或90%敌百虫1 000倍液,或25%杀灭菊酯乳油2 000倍液,或20灭扫利乳油2 000倍液,均有良好防治效果。

(十七)枣尺蠖

枣尺蠖又名枣步曲,主要为害枣树、酸枣、石榴等果树。是全国石榴产区的主要害虫。枣尺蠖可为害石榴树叶片。

1.发生规律

枣尺蠖1年发生1代。以蛹在树干周围土中越冬。第二年3月下旬开始羽化为成虫。雌虫日落后爬到树上待雄成虫交尾。1 d后,在树干、树杈处或树皮缝隙间产卵。卵数十到数百粒。卵期25 d左右,枣树发芽,开始孵化,4月中旬至5月上旬为孵化盛期,取食枣芽。于5月下旬至6月中旬落地入土化蛹越夏、越冬。幼虫有假死性。

2.形态特征

雌成虫体长1~17 mm,无翅,暗灰色,圆锥形,头小体肥,尾端有黑色绒毛丛。老熟幼虫体长 37~40 mm,灰绿色或青灰色,体侧各有 10 多条黑、黄、灰相间的纵细条纹。蛹长 10~15 mm,纺锤形,枣红色,尾端尖,有刺。

3.防治方法

早春成虫羽化前,在距树干 1.5 m 范围内挖表土深 20 cm,消灭越冬蛹。4 月中下旬,成虫羽化前,在树干培土,堆高 30 cm 沙堆,或在干基包扎一圈 10 cm 宽的塑料布,以阻止雌蛾上树产卵。可在每天早晨扑杀聚集雌虫。在卵孵化期,可喷 20%速灭杀丁乳剂 1 200 倍液,10%氯氰菊酯乳油 1 200 倍液或 2.5%溴氰菊酯乳油 3 000 倍液,均有良好的防治效果。

第六节　树体保护

树体保护是指对树体、枝、干等部位进行防护和修补的技术措施,目的在于治愈树体创伤,恢复树势,防止早衰和保护树体健康。石榴的生物学特性与环境是密不可分的,恶劣环境条件的预防对果树生产很重要,各种自然灾害在不同年份不同地区均有发生,常常导致果树生产衰弱,结果延迟,产量下降,树体寿命缩短,甚至绝产毁园。因此,根据自然灾害发生的特点和规律,采取积极有效的防御措施,并做好树体保护工作,是石榴栽培生产的重要环节。

一、低温冻害

石榴冻害的发生受气候影响很大,但是一旦发生,就会造成绝收,甚至地面以上部分全部被冻死,影响以后几年的产量。冻害主要是冬季低温或入冬时不正常的降温所致。由于寒流侵袭,早降暴雪,河南省巩义、荥阳、开封、封丘等石榴主产区都遭受了不同程度的冻害,以荥阳地区冻害发生极其严重。有成片的'突尼斯软籽'石榴幼树地上部枝叶焦枯,全部冻死,甚至有的 5 年生突尼斯软籽树因严重受冻被刨除。北方地区冬季寒冷干燥,初春少雨多风,蒸发量大,而石榴幼树年生长量大,枝条髓部保水性差,枝条易蒸发失水,遇严冬时,石榴幼树树体越冬后易发生"抽条",部分枝条出现干缩、枯死。

(一)发生规律

在冬季正常降温条件下,旬最低温度平均值低于-7 ℃、极端最低温度低于-13 ℃时出现冻害;旬最低温度平均值低于-9 ℃、极端最低温度低于-15 ℃时出现毁灭性冻害。但在寒潮来临过早(沿黄地区11月中下旬),即非正常降温条件下,旬最低温度平均值低于-1 ℃、极端最低温度-9 ℃时,也易导致石榴冻害。丘陵地区石榴冻害以丘陵底部平地最重,中部次之,顶部最轻。1~2年生幼树抗冻力最差,7年生树抗冻力最强,15年生以上树抗冻力稍弱。据调查,萌芽前、落叶前后-5 ℃的低温也能对石榴树造成冻害。在降水少、蒸发量大、相对湿度小的年份,易使地上组织缺水,出现"旱冻"或"抽条"现象。土壤水分缺乏,使土壤冻层加厚,地上部供水不足,也易形成"旱冻"和"抽条"现象。平地、空旷地比庭院和丘陵中高部易发生冻害。

(二)症状表现

根颈部受冻,轻者皮色变褐,重者皮层变色呈黑环绕树干一周,造成其上干枝失水干枯,甚者(老龄、衰弱、病重者)根颈部皮层横或纵裂开翘起,或与木质部同时裂开形成纵裂缝。幼龄树(苗)干受冻,轻者表皮颜色因失水无新鲜感,变成灰褐色或浅褐色,重者为深褐色或黑褐色;成龄树干受冻较轻,表面多变化不大,用刀具削去树干下部部分皮层,才能看见皮层与形成层稍有变褐的症状。各龄石榴树一、二年生枝受冻,表皮颜色由灰褐色变为红(浅)褐色,枝条多失水抽干缺少弹性,手折易断,严重的皮层与木质部分离横或纵裂开翘起。受冻枝条(1年生)横纵切面发现,皮层和形成层受冻最重,变为深褐色(正常为黄绿色)。髓部次之,变为褐色(正常为黄绿色)。木质部受冻较轻的颜色变化不大,为乳黄色,冻害较重的,近髓部变为灰褐色或全部变为灰褐色。

(三)预防措施

1.选择抗寒品种或抗寒砧木

应选择抗寒性较强的品种栽培,如'红皮甜1号'、'黑籽甜'、'青皮甜1号'、'巨籽蜜'、'豫大粒'、'豫石榴1号'等。抗寒性较差的品种在北方地区、河南省丘陵地带种植不能安全越冬。选择抗寒砧木品种,实行高位嫁接,主要有'千层花'、'酸石榴'等。

2.农业措施

加强土肥水管理,对栽植后 1~2 年的幼树,于 7~9 月生长期应增施磷钾肥,控制氮肥,减少浇水次数,使新梢及时停止生长,植株充分木质化;改冬施基肥为秋施基肥。在施肥中,要注意增施有机肥,生长后期要少施氮肥,多施磷、钾肥,旺树展叶后,5 月下旬至 6 月上旬,喷施1 000 mg/kg 多效唑液,到 8~9 月再喷施 1 次,使新梢及时停止生长,增加树体组织内细胞液浓度,提高营养水平,增强石榴树的越冬能力。

及时摘心,在 8 月中旬,及时摘除新梢生长点,控制枝条加长生长,促进营养积累;同时要及时抹除枝条摘心处萌生的幼芽,保证枝条组织充分成熟,增强越冬抗寒能力。合理控制负载量,保头茬果、留二茬果、去三四茬果;一般掌握 15~20 cm 范围内留一个果,过密就要进行疏果。果实成熟后及时采收,可促进光合产物回流,养根壮树,提高树体贮藏营养物质,从而起到更佳的防冻效果。

冬前及时在根颈处培土,落叶后至冬季来临前,对一至二年生幼树用土全埋,枝条以上土层厚度 18~20 cm;二年生以上树应培土至主枝着生处,一般 60 cm 左右。浇封冻水,防止生理干旱。对于幼树枝条,在 11 月上旬弯倒,进行埋土防寒,埋土深度一般 30 cm 左右,于翌年 3 月上旬将枝条挖出;也可以绑草、塑料薄膜包扎进行防护。

加强病虫害防治,保护好叶片,提高光合作用效能,增加营养物质的积累,促进枝芽成熟、树体健壮,从而提高越冬抗性。对秋季雨水多、地下水位高的果园,注意排水,促使果树提早结束生长,适时进入休眠期。疏除徒长枝、密挤枝、细弱枝,旺枝摘心,促其停长。改善光照条件,促进光合作用。幼树和抗冻能力差的树种,冬季修剪推迟到春季发芽前进行。

3.生物防治

在园区周围建 5~7 行防护林,实行上乔(如杂交杨)、下灌(如紫穗槐、白蜡条等),可有效防止石榴冻害。

4.物理防治

选择地势高燥、通风良好的地块。低洼地冬季冷空气容易聚集,树体容易受冻。早春遇低温天气,在果园内采取点烟的措施,改变局部小气候。用树叶、柴草与草皮,也可用谷壳糠槽堆放,75~90 堆/hm²,于晴天无风、大霜的天气,午夜到日出前进行熏烟,可提高园内温度 2 ℃左右。

5.药剂防治

春季 2 月下旬至 3 月上旬用5%石灰乳喷布树冠,以延迟枝条形成层活动时期,减少枝条蒸腾失水。在冬季来临前,11 月植株落叶后,喷波尔多液和涂白树干可减轻来年的病害、冻害的发生。树干涂白,涂白剂配比为:水 10 份、生石灰 3 份、石硫合剂原液 0.5 份、食盐 0.3 份,并加入少量动植物油;也可整个树体涂抹凡士林进行预防。

(四)石榴受冻后的补救措施

易冻石榴品种不进行冬季修剪,第 2 年春天发芽后,根据受冻情况修剪,轻剪长放,少留花芽,减少负载量。春天及时早追施尿素,发芽后进行叶面喷施尿素,促使树体尽早恢复树势。早春及时喷石硫合剂,消灭病菌,防治腐烂病等病害的发生。然后培土,保持树干湿度,使其自然恢复。重视根系管理,确保健壮生长。受冻后的果园要及时浅锄松土,防止土壤板结,增加土壤通透性,以利根系生长。

受冻后石榴根系吸肥吸水能力减弱,低温冻害过后,一旦植株恢复生机,应及时浇水、施肥,施用复合肥或有机肥,以增强土壤有机质含量,恢复树势,并及时中耕松土,提高地温,促进根系发育。受冻后的树体前期生长势变弱,经过加强管理,7 月后容易旺长,极易造成病虫侵害,要做好病虫测报,及时喷布药物,以防治褐斑病、麻皮病等病菌侵染和棉蚜等害虫危害。对病虫枝或受冻枝及时剪除,同时对树体要拉枝开角,控制营养生长,让其自然恢复。对遭受冻害且不能恢复的枝条应及时剪除或回缩到已发芽部分,重新培养好的结果树冠。对冻害较严重树体,应大量疏剪花序,减少结果量或不让结果,以恢复树势、增加枝量,为来年丰产奠定基础。

二、倒春寒

近几年来,随着全球气候变暖及厄尔尼诺现象的加剧,气候变化异常,极端天气增多。春季低温反复,尤其是在石榴萌芽展叶期,常因倒春寒而造成大面积减产,损失惨重。倒春寒在我国南北方地区均有发生,尤其以河南、四川、安徽、山东、陕西、北京等地区受灾严重。

(一)发生规律和表现

春季气温上升,万物复苏,但常有西伯利亚强冷空气来袭,形成倒春寒。通常情况下,石榴树在日均气温达到10~12℃时开始萌芽,在日均气温达到15℃以上才能正常开花,开花授粉的最适宜温度为20~25℃。果实膨大期最适气温为25~30℃,气温低于15℃时,开花坐果受到影响。早春2~3月,石榴初萌,时有强冷空气南下,常伴有雨雪,气温降到0℃以下,部分区域出现霜冻,石榴新梢和叶片出现冻害,表现为枝梢干枯,叶片脱落;二次萌发抽梢后花量减少,坐果下降,造成产量损失。4~5月后石榴进入花期,倒春寒则表现为寒害(气温在0~10℃为寒害)和低温冷害(气温在10℃以上为冷害),其中以3月下旬至4月上中旬的倒春寒危害最频繁,部分年份5月也有发生,表现为花粉发育不良,开花授粉率低,幼果期大量落果,坐果率下降,产量损失大,特别是第一、二批花影响最为严重。

(二)倒春寒的预防

1.建园选址预防

寒潮到来时,冷空气多在地势低洼处聚集。因此,建园选址应避免在低洼谷地,尽量选择地势平坦、背风向阳、光照充足及排水良好的地块,气温回升快,冷害较轻。

2.品种选择

品种上宜选择抗寒品种或多批次花的品种,从本质上或者时间上错开倒春寒频繁发生的时期。一般情况下,从高纬度区域向低纬度区域引种,品种的抗寒性较强,坐果率较高;从低纬度区域向高纬度区域引种,品种的抗寒性较弱,开花坐果率较低。青皮软籽石榴品种若第一、二批花遭受倒春寒而坐果不佳,则第三、四批花花量少甚至无花,坐果率大大下降,产量损失大;而突尼斯软籽石榴在遭遇倒春寒,第一、二批花掉落后,却能在5~6月再次开花结果,这部分果子生长非常迅速,在国庆节前能正常成熟。因此,建议在品种选择时要尽量选择一些抗性强、受倒春寒影响较小的品种。

3.合理应用栽培技术措施

加强采果后田间管理,增强树体抗寒能力、石榴采果后,由于营养大量消耗,树体较弱。这期间,良好的水肥条件可以为石榴树体提供充足的营养,为第二年萌芽及花芽分化中后期阶段提供充足的养分,提高有效花(筒状花、葫芦形状花)的比例和坐果率,同时能增强树体对倒春寒的抵抗力。采果后,及时进行适当追肥,全园进行一次病虫防治,以保持树势和叶片活力,提高叶片的光合效率,延缓石榴进入落叶期,让树体养分充分积累,枝干充实。冬季配合田间管理施足基肥,以腐熟厩肥、绿肥等有机肥为主,配合果树专用复合肥施用,施肥量占全年的60%左右。少施氮肥,增施钾肥,以提高树体抵抗力。石榴冬季清园对于病虫害的防控至关重要。在石榴萌芽前,使用3~5波美度石硫合剂全园喷施,能有效杀灭病虫害传染源,减少翌年病虫害的发生,提高树体抵抗力。

合理的树形结构是抗倒春寒的基础。一是采果后整形修剪,控制秋冬梢抽发,及时剪除徒长枝,减少营养消耗,促进结果枝进行花芽分化。二是落叶后整形修剪,保持合理的树形结构、枝梢数量和方位,合理利用生长空间,疏除交叉枝、重叠枝,去除病虫枝、枯老枝、残弱枝及果柄等。

春季气候干燥,初春需进行1~2次春灌石榴才能正常萌芽生长。将春灌时间向后延迟10~15 d,石榴萌芽开花时间也会相应推迟,借此可避开花期倒春寒,提高第一、二批花的坐果率,以实现丰产。果实先套内膜袋,然后在外面加套普通果袋,当年采摘时间延后,石榴生育期也相应延后,翌年萌芽及开花的时间也相应推迟,开花时间多在4月上旬至中旬,可有效避开寒潮。

4.物理预防措施

倒春寒易发期间,需密切关注天气,倒春寒来袭,烟熏增温是目前紧急预防倒春寒的主要方法,可增温 2 ℃ 左右。温度降到接近 0 ℃前,在上风处点燃草堆,可有效抵御寒流的侵害。水具有较高的比热,当强降温来袭时,对果园进行一次饱和灌溉,能有效预防冻害的发生。

5.使用药剂预防

在石榴树萌芽前,利用树干涂白剂对树干进行涂白,可将白天 40%~70% 的太阳光反射掉,降低树干对热量的吸收,延迟石榴萌芽期及开花期,既能有效避开寒潮,又可以起到杀虫、杀菌及防日灼的效果。树干涂白剂的调制方法为:生石灰 10 份,水 30 份,食盐 1 份,黏着剂(如植物油、油脂等)1 份,石硫合剂原液 1 份,其中生石灰和硫黄涂白液具有杀菌治虫的作用,食盐和黏着剂可以延长作用时间,还可以加入少量有针对性的杀虫剂。在配制时,要先用水将生石灰化开,滤去残渣,倒入已化开的食盐,最后加入石硫合剂、黏着剂等搅拌均匀。应注意涂白液要随配随用,不宜存放时间过长。石榴花芽萌动期,可喷施浓度为 500~2 000 mL/L 的青鲜素或浓度为 200~800 mL/L 的琥珀酸等暂时性植物生长抑制剂,能暂时抑制石榴芽萌发,可推迟花期 10~15 d,避过寒潮。面对倒春寒,可通过喷施寒克、天达-2116 和芸苔素 481 等植物冻害保护剂,能显著提高石榴树细胞液浓度及细胞膜韧性,促使花芽饱满,增加水分含量,增强树体和花芽的抗冻能力。

(三)倒春寒发生后的补救措施

若石榴已经遭受倒春寒,造成大量落花,此时应及时采取促花保果等补救措施,放弃头茬花,采取争取二茬及三茬花坐果率,确保产量不受损失。

石榴树在遭受倒春寒影响后,大量落花,此时应加强水肥管理,以催发二茬花或三茬花,并为树体营养生长提供良好条件。可通过叶面喷施磷酸二氢钾及硼肥等叶面肥,提高石榴树开花坐果率。

对受冻害的枝条进行适度的修剪,以短截为主,将枝条剪去 1/3~1/2,不仅可以促发新的春梢,为翌年开花做好准备,还可抑制营养生长,防止大量徒长枝消耗树体养分。修剪宜迟不宜早。应注意加强病虫害防控,全园定期用 50% 多菌灵可湿性粉剂 300 倍液、50% 甲基托布津可湿性粉剂 600~800 倍液等杀菌剂,配合啶虫脒、吡虫啉和高效氯氯氰菊酯等杀虫剂喷施。

在石榴花遭受倒春寒大量落花的情况下,可进行激素促花,以减少损失。市面上常用的促花激素有赤霉素、多效唑和促花王3号等,能把各种植物营养生长转化成生殖营养,抑制主梢疯长,促进花芽分化,提高花粉受精质量,多开花,多坐果,防落果,促发育。

三、大风

(一)大风危害

大风对果树生长不利,常降低果树的生长量。春季大风,土壤易干旱,树体易缺失水分,影响萌发和花芽分化。花期减少了昆虫传粉活动,影响授粉受精,降低坐果率。果期大风,伴随大雨天气,树枝易折断,果实易掉落。冬季大风,可加重冻害,盐碱地易返碱;生长期多风的果园,增加了机械损伤的机会,且对病菌的传播、浸染十分有利,影响果树的正常生长。

(二)风害预防

营造防护林,树林通透可降低风速将近一半。建园时避开风口。定干时,降低主干高度,树冠重心下移,提高抗风能力。选择纺锤形或改良纺锤形等小冠坚固树形,以免大风折断。对主干、主枝和大的结果枝加以绑缚,防大风吹倒和折断。风后及时浇水,补充水分亏缺,矫正因大风导致的生理失常。大风后,根据情况应用杀菌及其他保护剂对树体进行喷雾,防止病害发生。

四、干旱

(一)干旱危害

石榴干旱时会发生一系列生理生化的变化,树体水分丢失,失去平衡,影响整个生长发育阶段。轻度缺水时,光合作用减弱,生长速率下降;严重时,光合作用显著下降,生长极大地减慢,叶片低垂、脱落,枝条逐渐干枯,甚至全株死亡。干旱常导致石榴裂果、日灼和冻害加重。开花前遇干旱常引起花蕾脱落;花期干旱,降低坐果率;果实生长阶段,土壤干旱,降低生长速率,延迟成熟,品质下降。

（二）干旱预防

1.农业措施

改善灌溉条件,摒弃大水漫灌,采用先进的喷灌、滴管和渗灌等节水灌溉技术,至少应采取沟灌和穴灌并加盖地膜。在果树生育关键时期,或需水临界期,集中灌水,提高水分利用效率。

2.物理措施

用地膜、秸秆、土杂肥等覆盖果园土地,降低土壤蒸发。覆地膜后土壤含水量可提高 35.63%~87.5%,同时还有降高温期地温,改善土壤结构等作用。

3.药剂防治

使用土壤保护剂,提高肥水利用率,增强土壤保水性,控制水分蒸发,促进植物生长。但保水剂不是造水剂,只是起到间接保水的作用,只有在具备一定灌水和降水条件时才起到保水、保肥的作用。目前果树生产中应用的抗旱抑制剂有抗旱剂 1 号(黄腐酸)、阿司匹林等。据报道可用 0.05%~0.1%的阿司匹林溶液喷洒果园。

五、涝害

果树正常生长发育的土壤田间持水量为 60%~80%。含水量过低为干旱,过高时,导致水涝,对树体生长产生不良影响。

据调查,石榴园地面积水 10 d 以上,2 年生石榴树淹死率 16.7%左右,3 年生淹死率 5.5%左右,根部和根茎不发生病变率达 30%左右,裂果率 7.3%~28.6%。

（一）水涝的危害

夏季或秋季多雨,或者大、暴雨过于集中时,导致果园长期积水,根系被淹,轻者落花落果,树势衰弱,病虫害加重,重者整株死亡。

黄淮区地区一般以夏涝为主,黄淮以南地区多见春涝和秋涝,以夏涝危害最大。平原低洼地带、盆地、河滩地和土壤黏重地易发生涝害。

（二）水涝预防

建园时避开低洼地块,山地果园做好水土保持工作,果园修筑拦水堤和排水沟,迂回排水。发生积水时,及时挖沟排水,扶正歪倒树,清除根际淤泥,全园翻耕。严重涝害时,应扒开石榴树根部的泥土,深达主根分叉处,进行一定的晾晒后再埋土。合理修剪,早施基肥,受害轻的果树,修剪过密的、无果的枝条,剪除病虫弱枝,加强通风透光。过高、过大、过壮的树体,要在采收后落头并适当疏除和回缩大枝,冬季加强幼树的防寒工作。要加强病虫害的防治工作,在高温高湿的环境下,多种石榴病虫害发生和蔓延,要及时准确地喷药防治,并着重根部护理,用1‰~2‰的硫酸铜溶液灌根,防止根部腐烂。

(三)水涝发生后的治理措施

石榴园出现水涝后,及时挖沟排水,并将树干基部周围的淤泥清出树盘。如果幼树被淹,应设法及时清洗叶片上的淤泥,以恢复叶片光合作用功能。对被洪水冲到的树,尽量及时扶正,并用木杆等加强支撑,同时增强对根部和树冠的管护。清淤的同时,深刨或深耕园地 20 cm以上,以晾墒换气。对于盆栽石榴,如发生涝害,应整坨取出,置阴凉通风处,同时向叶片喷水,防止叶片缺水脱落。

对水淹过的石榴树及时施肥。水退去后,无法挖沟施肥前先行施叶面肥,可用 0.2%尿素,或磷酸二氢钾溶液,或两者的混合液,及时喷洒叶面,补充营养,促进树势恢复。能够土壤施肥时,按照挖沟施基肥的方法进行土壤施肥。

防治根部发生病害,根腐病防治见本章第五节一(十一)。如果出现坏根的,应先将坏根剪掉,然后用 1%~2%的硫酸铜溶液,或 70%甲基硫菌灵可湿性粉剂 500 倍液,或 50%多菌灵可湿性粉剂 500 倍液,或50%代森铵可湿性粉剂 400 倍液,或 2.5‰硫酸亚铁溶液灌根,同时防止其他病虫害。

第六章 石榴的采收、采后处理、贮藏与加工技术

第一节 采 收

石榴的采收是栽培的最后一个环节,也是贮藏加工的初始环节。采收时果实的质量直接关系到其产量、贮藏保鲜性能、加工品品质等。采收的原则是适时、适熟、无伤。

一、采收期判断的依据

(1)石榴的采收要考虑果实自身的成熟度。每个品种的石榴都有其自身的品种特性,果实发育达到该品种固有的形状、色泽、肉质、风味和营养物质的可食用阶段,表现出该品种在特定地区应有的特征时即为成熟。通常果实成熟之后才可采收,而有时为了长途运输或长期贮藏的需要可适当早采,也有为了使其鲜销品质更佳而适当晚采的。但早采、晚采要适度;否则,采收过早,果实尚未充分发育,不仅外观特征不佳,而且果皮角质层保护结构尚未发育完善,内部风味也未达到该品种应有的特点。因此,果实耐藏性差,表皮易失水、皱缩,贮藏期品质劣变和病害严重,而且也因为品质不佳而有损其已经树立起来的品牌形象;成熟度过高,石榴籽粒皱缩,颜色发暗,风味劣变;而且果实在树上充分成熟易发生裂口,果皮破绽,籽粒外露,容易受到病虫害侵染而腐烂。

(2)要考虑其采后的用途。就地鲜销和短途运输的果实宜适当晚采,以使果实的食用品质达到最优;需要长期贮藏和长距离运输的产品宜适当早采,以使其维持较佳品质的时间更长;采后用作加工果汁或果酒的宜适当晚采,可使果实积累更多的糖分和营养。

（3）考虑贮运的条件。能够实现冷链条件的可以适当晚采，常温运输的宜适当早采；气调贮藏条件的可以适当晚采，但一般冷藏条件的宜适当早采。

（4）考虑采摘时的天气条件。选择晴天的冷凉时段和阴天且没有露水的时候采收，久旱遇雨要赶在雨前采收。容易裂果的品种，如果预报有雨的天气，可以提前采收，以免雨后大量裂果造成更大的损失。总之，果实要在保证果面、萼筒内没有水珠或湿润的情况下采收，以免贮运过程中发生腐烂。

二、石榴成熟度的确定

石榴一年多次开花，故有一、二、三、四茬果，同一树上果实的成熟期差别较大，因此一定要根据果实的具体发育情况分期分批采收。

判断石榴果实是否成熟，可依据以下特点进行综合判断。

（1）果实发育天数。正常天气条件下，同一地区相同品种的果实从落花到果实成熟所需天数基本稳定，头茬、二茬果先成熟可以先采，若留三茬、四茬果，要晚采几天。但每年的气候情况都稍有不同，会影响石榴的成熟。因此，具体的成熟度还要结合其他指标综合考虑。

（2）果皮的颜色。果皮的颜色要从底色和面色综合考虑。红色品种，当其底色由绿变为浅黄，白石榴果皮由绿变黄时，即表示果实进入成熟阶段。由于全国各地气候、栽培技术及自然环境不同，红色品种的果皮面色着色程度会有很大差异，因此根据底色来判断更为客观。但随着石榴品种研究的不断推进，有些幼果期即呈红色或紫色的品种在生产上也有推广，其成熟度的判断就不能单纯依靠果皮的颜色，而要结合籽粒的相关特征来判断。

（3）籽粒的颜色、针芒及汁液内容物。红色品种果的籽粒呈红色，籽粒针芒多，汁液多，风味足，白色品种籽粒晶莹剔透，除不着色外，其他特征同红色品种。确定汁液内容物的多少最为简便的方法是测定其果实可溶性固形物的含量。可溶性固形物的增加在果实体积形成后会逐步积累并呈现一定的风味，其积累呈先快后缓的趋势，至发育后期达到最大值。对有些地区的某些品种来说，籽粒内容物的多少和果皮的着色没有一定的相关关系,往往内容物的增加要先于果皮面色的增加,这使得以往习惯于通过果皮面色来判断果实成熟的生产者采果过晚,导致果实耐贮性下降,货架期缩短。而且如何使消费者接受一种好吃但外观不好看的石榴也要有一定的过程。

(4)果棱显现。有些品种成熟时果棱明显,也可结合这一特征进行判断。

三、采收前的准备和组织工作

(1)估产。估产一般全年进行 2 次,第一次在定果后(北方是 6 月初),第二次在采前 1 个月。估测产量可以合理安排劳动力、准备采收工具和包装材料、贮藏场地及签订供货合同。估产可根据石榴园大小,沿对角线随机抽取一定数量的石榴树,调查其产量情况,再估算出全园产量。

(2)市场调查。做好市场调查,及时签订合同。根据市场调查确定鲜销、贮藏、运输的比例,再结合果实自身发育状况确定采收成熟度。

(3)准备采摘和盛纳工具。备足剪、筐、篮、柔软的内衬以及运输工具等,准备遮阳避雨的临时堆放场所。定制贮藏用包装箱和销售用包装箱。

(4)贮藏库的准备。对贮藏库进行清理和检修,并于贮藏前 1 周左右进行科学消毒、通风、降温备用。

(5)合理组织劳动力并做好相应的培训工作,做到保质保量无伤采收。

四、采收方法

采收时,应避免一切机械伤害,如挤伤、压伤、刺伤、碰伤、擦伤、指甲伤等,受伤的果实极易腐烂。通常情况下,运输、贮藏销售过程中的大部分腐烂都是由于粗放采收、野蛮装卸所造成的。为了减少机械损伤,除加强对人的管理外,要注意采果用筐不要太大太高,果实码放层数不宜超过 3 层,以免对下层的果实造成压伤;果实码放高度不宜超过果筐边缘;采果用筐要有柔软的内衬,以免擦伤果皮,造成褐变;采果人员要剪指甲、戴手套,以防刺伤果实。剪果时,要贴近果实剪下,以免留下的果梗扎伤其他果实;不能死拉硬拽,以免伤果伤枝;注意不能碰掉萼片。另外,病虫果要由专人采摘,以免传染其他健康的果实。摘好的果实切忌放在阳光下暴晒,要及时放到园内准备的遮阳避雨的临时堆放场所存放。

第二节 采后处理技术

为保持石榴的质量并使其从农产品转化为商品,尚需进行一系列的采后处理。采后处理技术适宜,可提高产品的价格和声誉,为生产者和经营者提供稳定的市场和更好的收益。

一、挑选分级

果实采收后,要及时将伤果、病虫果和裂果挑出,然后按照一定的分级标准进行分级。只有通过分级,才能实现优质优价,满足不同用途的需要,提高产品市场竞争力,也便于包装、运输与贮藏。石榴分级多以感官指标为依据,从果实的大小、形状、颜色、光泽、新鲜度、瑕疵及汁液的多少和颜色、口感等进行分级。目前没有统一的国家标准,可参考行业标准(LY/T 2135—2013《石榴质量等级》)和一些地方标准[DB41/T 488—2006《石榴果品质量等级》(河南)、DB32/T 1560—2009《石榴分级》(江苏)],结合产地各个品种特性进行分级。分级多人工进行,为了提高效率,目前我国有专门的石榴分级设备,主要根据石榴的重量进行分级。

二、预冷

预冷是在石榴贮藏或运输前将其温度降到适宜温度的措施。预冷可除去产品携带的田间热,迅速降低果品温度,降低呼吸强度,减缓衰老进程,减少微生物侵染造成的腐烂,提高果实耐贮性。若预冷措施进行不及时,会使果品的贮藏寿命大大缩短,腐烂也会大大增加。

用冷库预冷时,可以将产品置于包装箱或周转箱内不码垛,不封闭包装袋,摊晾在冷库内预冷,待果品温度降至适宜温度时再码垛;否则,一旦码垛,热量不易散发,会造成垛内垛外贮藏效果不一的情况。每天入库的产品温度不宜超过贮藏量的20%,以免贮藏库温度下降过慢,对原有已经入贮的产品产生影响。这种预冷方式较慢,如果有条件的话,可以采用差压预冷或强制通风预冷的方式,预冷效果快,预冷时间只有普通冷库预冷的1/5~1/2。用于运输的石榴,预冷后要用专门的冷藏车进行运输,或用保温车进行运输。若贮藏前进行液态防腐保鲜剂进行处理的,可结合冰水进行预冷,但处理后一定要将果品晾干,保证果面和萼筒内没有游离水的存在。没有专门降温设备的,可采用自然散热的方式,如可以采收后在阴凉、通风的凉棚下放置一夜,利用夜间低温将果实温度降下来后于翌日气温上升前装车运输或入库。

三、包装

科学的包装可方便贮藏运输、批发销售,还可保护果品免受机械伤害、防止水分蒸发、保护果品免受感染。包装分贮藏、运输包装和销售包装。贮藏、运输包装要求包装材料不受高湿的影响,实践上多采用木质或塑料周转箱,以免贮运过程中温差的变化导致结露现象而使包装材料变形,失去对果品的保护作用;要设计通风孔,便于通风降温。销售包装多采用瓦楞纸板材料,便于印刷一些重要信息,对于品牌识别和提高水果档次具有重要的作用。另外,应注意,包装容器要具备以下特点:

(1)容器的大小、重量要适合,便于包装和垛码。

(2)容器的内部要光滑,以免刺伤内包装和石榴。

(3)容器不能过于密封,应该使内部果品与外界有一定的气体和热量交换。

(4)目前新型的包装容器还具有折叠功能,可以在运输后,折叠堆码,达到节约空间、降低车辆空载率的目的。

预冷后的果实,用吸水性良好的纸包裹,并用0.01 mm厚的塑料薄膜或发泡网袋进行单果包装,后置于贮藏箱内,贮藏箱内的摆放以3~5层为宜(根据果实大小),"品"字形排列,萼筒侧向一边,避开上层果实的压力。包装后进入预先已经冷却的冷藏库进行贮藏。采用大袋包装时应注意:为了避免果实互相碰撞出现机械伤,可以采用垫板将果实分层摆放,或用发泡网袋包裹后放入大塑料袋;袋口不要扎紧,折叠即可,也可采用微孔膜包装。大袋包装如果紧扎袋口,易造成大量果皮褐变现象,这可能是石榴群体释放的有害物质难以及时释放而对果实造成的不良影响,微孔膜包装可以避免出现这种褐变现象,也可减少结露现象对石榴的损害。选用硅窗袋可减少过量 CO_2 积累对果实造成的损害。

四、防腐保鲜处理

参照相关标准(GB/T 8321.9—2009《农药合理使用准则(九)》),可采用咪鲜胺 25% 乳油 500 ~ 1 000 倍液(有效成分 250 ~ 500 mg/L)或咪鲜胺锰盐 50% 可湿性粉剂 1 000 ~ 2 000 倍液(有效成分 250 ~ 500 mg/L)浸果 1 min,彻底晾干后或结合预冷晾干后进行贮藏或运输,该措施对预防果实的炭疽病、蒂腐病等病害有一定的作用。值得注意的是,前者处理的果实要在 20 d 之后才能上市销售,后者处理的要在 15 d 之后方可上市,以确保农药残留不超标。目前,用 1 - 甲基环丙烯(1 - MCP)采后处理石榴也被一些地方标准所采用。1 - MCP 可在一定程度上抑制乙烯的作用,延缓果实的衰老,保持果实良好的品质。

五、预贮处理

适当的预贮处理可改善石榴的耐贮性。预贮即将进行保鲜防腐处理后的石榴放在阴凉通风处,使其水分丧失 3% ~ 5%,即萼筒柔韧为度,该处理不仅可利用夜间低温去除果实所携带的大量田间热,而且可使其失去部分水分,降低果实表皮的紧张度,对石榴用 PE 膜包装长期贮藏后出现的籽粒皱缩现象有很好的预防作用。这种预贮方法也是柑橘果实在预防贮藏后期出现枯水病、保持品质、提高耐贮性的重要措施之一。注意果实堆积不宜过厚过大,否则起不到应有的散热效果。通过预贮,也可及时挑选出那些受到机械伤害的产品,以防伤果发生病害,对其他果实产生影响。该方法经济简便,适用性强。

六、运输

通过果实的运输销售可以获得地区差价。运输过程中的震动强度、环境中的温湿度及其变化和空气成分对运输效果都产生重要影响，只有良好的运输设施和技术，才能达到理想的运输效果。与其他产品相比，果品对运输的要求更为严格，其基本要求为快装快运、轻装轻卸、防热防冻防雨淋。

运输可被看作是特殊环境下的短期贮藏，运输过程中的温度、湿度、气体等环境条件对石榴品质的影响与贮藏中的情况类似。运输温度对石榴品质起着决定性的影响，因此现代果品运输的特点就是对温度的控制。果品运输最好采用冷藏运输，其最适宜运输温度可根据运输的距离、季节来确定。运输中由于时间相对短暂，略高于或略低于最适冷藏温度对其品质的影响都不大。采取略高的温度更为经济，例如预冷后的果实可采用保温车进行运输；在严寒季节或地区需要保温运输的条件下，也可适当放宽低限在短期内运输，对果实品质也不会造成大的影响。对石榴某品种来说，其最适长期贮藏温度为 5 ~ 7 ℃，其运输温度可为 4 ~ 10 ℃。低温运输条件下，密封的车厢和高度密集的果品可导致环境湿度在很短的时间内达到 95% ~ 100%。如果采用纸箱运输，高湿会导致纸箱强度下降、变形，可在箱中用聚乙烯薄膜作为内衬，防止包装箱吸水引起抗压力下降；若用塑料周转箱运输，为防止产品失水，可在箱外罩塑料薄膜。值得注意的是，用塑料薄膜包装的果实，一旦出现冷链断链的情况或薄膜内外温差过大的情况，就会出现结露现象，露珠的粘附会导致石榴果皮出现缺氧呼吸，进而导致细胞死亡乃至褐变的发生。因此，塑料薄膜包装的果实最好用吸水性良好的纸进行包裹后再入薄膜袋保存。

第三节　石榴贮藏特性及其贮藏保鲜技术

一、石榴贮藏特性及其影响因素

（一）石榴的贮藏特性

石榴的贮藏特性因产地、品种及产品营养状况不同而异。一般晚熟品种较耐贮藏，如河南的'豫大籽'、'冬艳'，陕西的'临选 14 号'、

'临选2号'、'天红蛋'、'大红酸'、'御石榴'、'鲁峪蛋',山东的'泰山红'、'青皮甜'、'大马牙甜'、'马牙酸'、'大红皮酸'、'钢榴甜',河北的'酸石榴',山西的'朱砂石榴'等,新疆的'新疆大籽',安徽的'大笨子'等。同一品种,立地条件不同、栽培模式不同、管理水平不同导致石榴营养状况有所差异,一般通风透光良好、阳光充足、果实发育良好、含钙量高的果实抗病性强、耐贮藏,而阳光不充足和果实含氮量高、含水量高的石榴易发生生理性病害和侵染性病害,不耐贮藏。

据目前的研究,石榴为非呼吸跃变型果实,刚采下的果实呼吸强度比较高,随着时间的推移,呼吸强度逐渐降低。随着果皮的干缩死亡,只有籽粒种子保持较低水平的生命活动。石榴的呼吸强度较低,5 ℃条件下,为 $2 \sim 4$ mg/(kg·h),10 ℃条件下为 $4 \sim 8$ mg/(kg·h),20 ℃条件下为 $8 \sim 18$ mg/(kg·h)。其产生的乙烯极少,并呈现时有时无的不连续产生;也有研究认为,在 10 ℃下,乙烯产生量 < 0.1 μL/(kg·h),20 ℃下,< 0.2 μL/(kg·h)。石榴对外源乙烯的反应不敏感,1 μL/L 或较高浓度的乙烯可刺激呼吸和乙烯的产生,但不影响品质;乙烯处理的'Wonderful'石榴虽然可引起快速短暂的 CO_2 上升,但不改变可溶性固形物和可滴定酸的含量及果皮和果汁的色泽(S. M. Elyatem,1984);10 μL/L 外源乙烯可刺激石榴幼果的乙烯释放,但对成熟果没有作用(Ruth Ben - Arie,1984)。但据笔者对"突尼斯软子"石榴的研究认为,外源乙烯处理不仅促进呼吸和乙烯的产生,而且其风味和外观品质都有所下降。这意味着,石榴的贮藏需远离一切具有催熟作用的物质,如熏香,尾气等,避免与其他果蔬混放,方能取得理想的效果。

石榴果皮组织疏松,且果顶呈筒状结构,在环境湿度过低时极易失水皱缩。成熟的石榴果实含水量约85%,当果实失水量达到6%左右时,果实即出现皱皮、萎蔫现象;失水达20%~30%时,果皮变薄变干且紧缚子房,果棱、籽粒突出,果实明显缩小,最终紧贴籽粒,不易切分食用,因此最适宜的环境相对湿度是85%~90%。研究表明,果皮失水的速度明显高于籽粒,果皮对籽粒中的水分具有很强的保护功能,而萼筒却起着反作用;但无论果皮失水与否或失水程度如何,当贮藏超过一定期限时,籽粒也会发生失水现象。

石榴整果的抗压和抗剪切特性[除果皮剪切强度($p < 0.05$)外]随贮藏时间的延长发生显著的变化,所需的剪切力量、最大的剪切力、果皮切变强度和拉力及剪切弹性模数随着时间的延长均有增加的趋势。然而,硬度和弹力模量先增加,后随着贮藏时间的延长而降低(Nader Ekrami – Rad,2011)。

石榴果实在贮藏过程中可滴定酸(TA)含量呈下降趋势。刘兴华等(1998)研究'大红甜'、'天红蛋'、'净皮甜'等发现,在(4 ± 1)℃条件下贮藏90 d时,TA由原来的0.97% ~ 1.2%降为0.56% ~ 0.79%,相对下降值为57.1% ~ 67.0%,尤其在贮藏46 d后,TA下降速度加快。可滴定酸是果实采收后呼吸代谢的直接底物,其下降导致果实风味和鲜度下降。可溶性固形物(SSC)含量变化缓慢。对'天红蛋'的研究发现(刘兴华等,1998),100 d内SSC由14.5%降至13.2%[(4 ± 1)℃下贮藏]。Hess Pierce和A. A. Kader(2003)等对'Wonderful'石榴的研究也证实了这一点。正由于可滴定酸和可溶性固形物在贮藏期间的这种变化,导致随着贮藏期限的延长,石榴的风味会发生变化,如原本酸甜的石榴会变得纯甜无酸,失去原有的鲜味。

石榴籽粒色泽因品种、成熟度不同而变化,并受到土壤及其他外在因素的影响。有色品种籽粒的颜色会随着贮藏期限的延长而逐渐加深,即由晶莹剔透的鲜红色转变为暗红色,无色品种籽粒的颜色则会出现透明样褐化现象,这已成为限制石榴长期贮藏的主要因素。

石榴采后品质下降主要包括果皮失水皱缩、果皮褐变和病虫害引起的腐烂三大方面。

石榴由于萼筒处是对外开放的,萼筒和果实连接处果皮结构疏松,无蜡质层等,贮藏过程中极易发生失水现象,随着水分流失的累积,很快出现表皮皱缩、变硬、失去光泽等症状,使得采后石榴看起来不新鲜,商品性降低或者失去商品性(张有林等,2004)。

石榴果皮富含酚类物质,遇到机械损伤、碰撞等,果皮极易发生褐变,导致石榴果实品质下降,使得商品性降低。目前针对石榴果皮褐变,主要通过精细包装,减轻表皮机械伤害、运输过程中的挤压等内伤,达到抑制石榴表皮褐变的目的。

石榴生长过程中,由于萼筒是开放的,同时,石榴花蕊在衰败后,也能给微生物生长提供必需的营养和场所,因此生长期间易受到致病菌的侵染。但是因为当时石榴果实正处在旺盛的生长期,果实对致病菌有比较强的防御能力,对致病菌的发生和发展都有一定的抑制作用。当果实成熟采收后,果实脱离树体,通过呼吸代谢营养物质得到损耗,自身抗性在逐渐减低,这时候,生长期已经侵入的致病菌就大规模发作,从而导致贮藏过程中腐烂现象严重。在一定程度上,采后低温环境可以抑制微生物的生长速度,但是不能从根本上解决石榴采后微生物感染而引起的腐烂。

采后石榴已经脱离了树体,没有了营养供给,但还是一个活的有机体,还在进行着呼吸代谢,所以贮藏的过程就是一个能量消耗的过程,伴随着贮藏时间的延长,石榴中的糖分、酸性物质都在不断降解,果实的 pH 值在不断地发生变化,随之而来果皮和果肉中的花色苷等物质也在不断地降解,使得果皮和果肉看起来不再鲜艳亮丽,而变得暗淡无光,果肉因为糖分和苹果酸、柠檬酸等降解,品尝起来也不再酸甜可口,而变得寡淡无味,失去其应有的感官品质和商品性。

石榴最适宜的贮藏温度因品种、产地、成熟度、贮藏期限、贮藏的气体成分等因素而有所差异,通常介于 0~10 ℃,温度高于 10 ℃时石榴呼吸旺盛,果实容易衰老、腐烂;贮藏温度过低容易使植物细胞生理代谢紊乱而出现冷害症状,即果皮变褐、凹陷,籽粒褐变、褪色,严重者汁液外流。石榴对冷害的敏感性因产地和品种不同而差异显著,在适宜的温度条件下,耐贮藏品种的贮藏期可达 5~6 个月。不同石榴品种耐贮藏性差异较大,一般晚熟的品种较耐低温,同样也耐贮藏,早熟、味甜的品种耐贮藏性较差,但适宜的贮藏温度,还因栽培技术、管理水平、土壤条件和当年的气候情况要进行一定的调整。

贮藏温度要适宜且恒定。石榴对低温较为敏感,易发生冷害,表现为果皮褐变、表皮凹陷、内部隔膜褐变、籽粒发白、呼吸强度和乙烯释放量明显升高,但对可溶性固形物、pH、可滴定酸含量没有明显的影响。石榴冷害的发生、发展进程与低温的程度及在低温下持续的时间有关,温度越低,在低温下持续的时间越长,冷害的症状表现得越早、越明显。

适宜的气体成分可以减轻冷害的发生。Ruth Ben - Arie(1986)等以以色列的石榴为研究对象,发现石榴贮藏温度 < 6 ℃时,有冷害发生,表现为果皮凹陷褐变,但当温度为 2 ~ 6 ℃、O_2 为 2% ~4% 时,冷害明显减轻。

石榴适宜的气体成分要根据品种、贮藏的温度而定。石榴是呼吸非跃变型果实,采后无呼吸高峰,呼吸作用产生的乙烯浓度低,自我催熟和衰老的作用较弱,但是石榴对 O_2 和 CO_2 浓度比较敏感。适宜的低 O_2 高 CO_2 组合可抑制石榴的呼吸代谢,保持果实的营养价值。高浓度 O_2 增强石榴呼吸强度,加速衰老;高浓度 CO_2 引起石榴生理病害,二者均加速果皮褐变和果实腐烂。目前的研究证明,石榴贮藏适宜的气体成分 O_2 为 2% ~5%,CO_2 为 1% ~10%,可根据品种、贮藏的温度、贮藏的期限而有所选择。

石榴贮藏环境的适宜空气相对湿度为 85% ~95%。湿度过低,果皮易失水干缩、褐变,严重降低商品价值;湿度过大,则易受到病害的侵染,贮藏期腐烂率升高。

(二)影响石榴贮藏性的因素

石榴栽培在我国有悠久的历史,其贮藏也成为石榴生产中关键的环节。王祯《农书》中就曾有"藏榴之法,取其实之有棱角者,用热汤微泡,置之新瓮瓶中,久而不损"的记载,可见,古人已知用于贮藏的石榴对其采收成熟度、采后处理及贮藏环境都有严格的要求。经过多年的研究已经明确,石榴贮藏效果的好坏取决于三大因素:石榴自身因素、采前因素和采后因素。石榴自身因素和采前因素决定用于贮藏的石榴的耐贮性如何,采后因素决定石榴保持耐贮性的效果。

1.影响石榴贮藏的自身因素

自身因素即石榴的种类、成熟度及其在田间生长发育的状态。不同品种的石榴因为其组织结构、生理生化特性、成熟收获时期不同,贮藏性差异很大。一般晚熟品种耐贮藏,中熟品种次之,早熟品种最不耐贮藏,如在河南荥阳市,'突尼斯软籽'石榴果皮薄,汁液纯甜无酸,且成熟期气温相对较高,不耐贮藏;同一地区的'豫大籽'石榴,其果皮厚、汁液酸甜,成熟期气温相对较低,较耐贮藏;而'冬艳'石榴成熟期更晚,耐贮性能极佳。石榴的成熟度直接决定着果实的生理生化特性。未成熟的石榴呼吸旺盛,新陈代谢旺盛,果皮的保护结构如蜡质等未充分形成;而且石榴为非跃变型果实,未成熟时其籽粒中的干物质含量仍在继续积累,尚未达到最佳,所以不耐贮藏,贮藏中也容易出现各种病害。石榴何时采收取决于该品种的生物学特性、采后用途、与市场的距离及贮运条件。一般情况下,石榴在一定产地成熟时其颜色、大小、可溶性固形物等具有该品种应有的特点。用于加工的石榴应完全成熟后采收,而用于贮藏的石榴根据其贮藏期限不同而采取不同的采收成熟度,一般长期贮藏的应适当早采,用于短期贮藏和鲜销的应适当晚采。田间生长发育状态如石榴的树龄、果实大小、树的负载量及结果部位与果实的营养积累和组织结构有着密切的关系,因此也与其耐贮性密切相关。一般过大的果实不适宜长期贮藏。

2. 影响石榴贮藏性能的采前因素

采前因素包括石榴产地的温度、光照、降雨、土壤及地理条件等生态条件,也包括栽培过程中采取的各项农技措施。果实发育时期气温低、阴雨天气多的年份,果实往往发育不良,贮藏中容易出现果皮褐变现象。采前1个月内持续高温条件下,夜间温度高不利于石榴糖分的积累,贮藏过程中往往过早出现衰老现象。石榴非常喜光,在海拔较高的丘陵山地不仅着色好,而且糖分等干物质积累也多,耐贮藏,如河南荥阳丘陵山地的石榴就比荥阳平原地带的石榴品质优良,四川会理山上的石榴也比山下的石榴品质佳,耐贮存;但光照过强容易发生日灼现象,日灼部位内部籽粒不着色,影响果实的感官质量;发生日灼的果实果皮容易出现龟裂现象,贮藏中由于环境湿度大(相对湿度85%~90%),果实往往从裂口处发生腐烂,造成损失。

石榴栽培过程中的许多农技措施,如定植密度、整形修剪、灌溉、土肥水管理等直接影响到果实发育所处的环境条件,如温度、光照、水分供应、土壤等,因此与果实的生长发育、质量状况密切相关,从而影响到果实的耐贮性。

栽培管理水平的高低直接决定着果实的质量,如施肥中若氮肥施入量过多,导致果实内矿质营养失调,果实着色差,质地疏松,呼吸强度大,成熟衰老快,果实质量差,不耐贮。果实中含钙量高可维持细胞壁及细胞膜结构的稳定,抑制果实成熟衰老,有效防治贮藏中出现的生理性病害。通常情况下土壤中并不缺钙,果实出现缺钙的现象是因为土壤中钙的利用率低,或阴雨天气多,本应靠蒸腾拉力运送到果实的钙因为没有动力而移动速度慢,因此秋施基肥时结合有机肥施入足量的钙肥,提高土壤中的有效钙,也可在幼果期叶面喷施 0.3% 左右的 $CaCl_2$ 或 $Ca(NO_3)_2$。土壤中水分供应不足,果实生长发育受阻,质量降低;但灌水过多会使果实风味变淡,采后容易腐烂。

病害防治措施是否及时、防治是否得当直接决定着果实的带菌量。如果病害防治不得当,果实带菌量多,在贮藏的高湿度条件下,病菌孢子极易萌发,而石榴果蒂处剪切的伤口、萼筒、表面的微小裂纹,以及采收及采后处理过程中造成的擦伤、碰伤或压伤等均可成为病菌侵入的通道,造成果实的软腐;若栽培期间病害防治不及时,病菌会侵入果实,有的病害会因为果实发育期间抵抗能力强而潜伏下来,但采收后,随着果实贮藏期限的延长、果实抗病能力下降而逐渐发病,是为潜伏性病害,如石榴贮藏后期出现的干腐病。有的病菌在果实发育后期侵入果实后尚未显症时就已经采收,也容易造成贮藏期间的腐烂。为了改善果实的外观或使其提前成熟,往往采取喷施催熟剂的方法,这些果实也不耐贮藏。

虫害防治及时与否也与贮藏有着密切的关系。如桃蛀螟,根据气候及产地不同在石榴上 1 年发生 3～5 代不等,如果防治不及时,虫果率会大大上升。成虫多在石榴萼筒内及果与果、果与枝、果与叶交接处产卵,初孵化幼虫在萼筒、果面处吐丝蛀食果皮,2 龄后蛀入果内为害。若幼虫发生期正赶上石榴成熟采收的时期,幼虫从萼筒处潜入,在采后进行挑选分级时很难挑出,幼虫会潜伏在果实内在采后贮藏、运销期间继续为害;同时幼虫的蛀入,导致病原菌的侵入,对贮藏销售造成极大的损失,尤其对常温贮藏的石榴及在常温下进行运输和销售的果实,造成的损失更大。目前普遍采用的套袋技术可以阻止幼虫的侵入,对果实有很好的保护作用。

3.影响石榴贮藏性能的采后因素

采后因素包括采后的处理(预冷、防腐保鲜处理、包装等),堆码,贮藏运输的温度、湿度及 O_2 和 CO_2 的浓度,贮藏库内温度、湿度及通风的管理等。

石榴采后能够及时预冷、及时进行保鲜防腐处理,并及时置于适宜条件下(温度适宜且恒定、湿度适宜、O_2 和 CO_2 浓度适宜)的石榴,其呼吸强度较低,呼吸损耗少,且不易出现结露现象,耐贮藏。若果实预冷不及时,也不进行低温冷却,在贮藏环境中由于产品携带的田间热过多,很难在短时间内排到库外而使库内温度长时间难以降到适宜的温度范围,导致果实温度过高,呼吸强度升高,代谢过快,果实极不耐贮藏;如果不预冷而直接采用塑料薄膜密封包装入贮,在降温过程中,往往出现外界温度低,而包装袋内温度高的情况,温差使塑料薄膜内表面出现水汽凝结的现象,这对果实局部会造成一定的伤害。同时,结露现象的发生对病菌孢子的萌发十分有利,故果实极易腐烂。因此,冷库贮藏的石榴一定要进行预冷处理,预冷时不要用塑料薄膜包装,或用塑料薄膜包装但要敞口预冷。

产品预冷后采用冷藏车运输的产品耐贮且货架寿命长。若经过预冷处理但采用常温方式运输,果实在变化幅度较大的温度下,呼吸强度也会随着温度的升高而成倍增加,同时果面也将出现结露现象,这些对贮藏都极为不利。若是预冷并用塑料袋包装的产品,将会先在薄膜外侧出现结露现象,虽不直接作用于果实,但对包装用的纸箱强度会有影响。冷库贮藏的果实,应在内外温差较小时出库,或进行适当的升温处理,以减少温差变化对石榴果实的影响。

贮藏环境内温度的变化及相对湿度与结露现象的发生有着密切的关系。当空气温度为15 ℃时,其露点温度见表6-1,空气温度为10 ℃时,其露点温度见表6-2。从表6-1可知,环境温度为15 ℃时,相对湿度(RH)为50%时,温度下降10 ℃即会产生结露现象;当RH为90%时,温度下降2 ℃结露现象即可发生。从表6-2知,温度为10 ℃时,RH为50%时,降温到0 ℃方可产生结露现象;当湿度为90%时,降温至8 ℃即可产生结露现象。可见,RH为50%时,温度上下浮动5 ℃可出现结露现象,而在90%的高湿度条件下,温度上下浮动1 ℃即可出现结露现象。可见,在贮藏石榴的高湿度条件下,温度的上下波动极易出现结露现象。因此,石榴采后处理中温度的稳定、冷链的运用对于石榴保鲜的意义不容忽视。

表6-1　环境温度为15 ℃时的露点温度(饱和水汽压为17.1 hPa)

相对湿度(%)	20	30	40	50	60	70	80	90	100
绝对水汽压(hPa)	3.4	5.1	6.8	8.6	10.3	12.0	13.7	15.4	17.1
露点温度(℃)	−8	−2	2	5	7	10	12	13	15

表6-2　环境温度为10 ℃时的露点温度(饱和水汽压为12.3 hPa)

相对湿度(%)	20	30	40	50	60	70	80	90	100
绝对水汽压(hPa)	2.5	3.7	4.9	6.2	7.4	8.6	9.8	11.1	12.3
露点温度(℃)	−12	−7	−3	0	3	5	7	8	9

　　用于贮藏和运输的石榴,应进行合理的包装。包装可以方便防腐保鲜处理、方便码垛、利于贮藏运输过程中的通风降温,还可以防止水分蒸发、保护石榴免受机械伤害。科学的限气包装(Modified Atmosphere Packaging,MAP)技术是一个简单、经济的方法,石榴自身产生的CO_2可以反馈抑制石榴的呼吸作用,抑制乙烯的产生及作用;并减轻石榴贮藏运输中出现的重量损失和皱缩、腐烂,果皮外观瑕疵(尤其是褐斑)和品质及口味的劣变,保持果实的品质。

　　预冷、包装后石榴入库堆码时要注意"三离一隙",即货垛离库顶、地面、墙壁都要有一定的距离,货垛与货垛之间要有一定的空隙,以保证室内冷空气均匀分布。贮藏温度的高低及其稳定程度影响石榴的贮藏性能。刘兴华等(1998)对'大红甜'、'天红蛋'和'净皮甜'在室温、(0±1)℃、(4±1)℃和(8±1)℃下褐变的情况进行研究认为,'大红甜'控制褐变最适宜的贮藏温度为(8±1)℃,贮藏至106 d时,其褐变指数最低(0.11);'天红蛋'在(4±1)℃褐变出现的时间比在(0±1)℃下早,但其发展较为缓慢,贮藏至120 d时,其褐变指数最低(0.10);'净皮甜'控制褐变最适宜的温度为(8±1)℃,在该温度下,褐变发展极为缓慢,贮藏至 106 d 时,其褐变指数为 0.05。张静等(2005)将'泰山红'石榴置于 6 ~ 7 ℃、湿度 85% ~ 90% 条件下,可有效防止冷害发生,贮期可达 100 ~ 120 d;若进行 1 个月内的短期贮藏,可将温度降低至 4 ℃左右。张润光等(2006)研究陕西临潼的'净皮甜'后认为,贮藏温度低于 2 ℃易发生冷害,8 ℃时果皮褐变严重。周锐等(2004)研究云南蒙自甜石榴果实,发现放在 2 ℃和 4 ℃均未发生冷害症状,且二者无显著差异。Elyatem(1984)研究认为,'Wonderful'石榴在 0 ℃条件下贮藏 5 周,–1 ℃条件下贮藏 8 周,5 ℃条件下贮藏 8 周后,置于 20 ℃条件下 3 d,除 10 ℃下贮藏的果实外,其他处理的果实均呈现不同程度的冷害症状。在冰点温度(–3 ~ –1.8 ℃)和 3 ℃之间贮藏超过 1 个月会受到冷害,5 ℃条件下超过 2 个月会受到冷害,尤其在贮藏结束移至室温下时,冷害症状表现更为明显;而在 7 ~ 10 ℃进行贮藏,则腐烂会大大增加。用'Wonderful'进行试验,发现在 10 ℃下,CO_2 为 10% ~ 20% 时进行贮藏,6 周后发现贮藏在 10% CO_2 中籽粒颜色变深不明显,贮藏在正常空气中的籽粒颜色明显加深,而贮藏在 20% CO_2 中的颜色却变浅。

温度的控制精度在 ±0.5 ℃,以减少结露现象的发生。冷库内冷气释放的方式与降温时间、温度的稳定程度有关,冷风机冷却降温快,但冷气出口处温度过低,易造成局部果实受到冷害,宜采取局部覆盖的方式进行保温和冷气的分流;冷却排管降温相对较慢,但各部位温度均匀。

贮藏库内的湿度高低直接影响石榴的失水情况,石榴贮藏最适宜的湿度是 85% ~ 95%。不进行包装的情况下,果皮极易失水皱缩;在不包装而通风良好的情况下,果皮颜色正常但光泽度不再,若通风管理不及时,有害气体积聚将导致果实出现褐变现象。目前,普遍采取的防止失水的方法是用塑料薄膜进行包装,包装后薄膜袋内气体成分的多少及其比例对石榴的影响成为关键因素。

石榴是有生命的产品,其呼吸及其代谢过程会释放 CO_2、乙醇等物质,这些物质浓度不当会反馈抑制其生理过程,甚至出现生理失调。当大量产品集中存放时,往往出现周围湿度增加、不良气体成分积聚的现象,这和果实个别存放完全是两种不同的情况,因此贮藏中加强管理对石榴的贮藏寿命起着关键作用。贮藏石榴最适宜的 O_2 和 CO_2 成分因贮藏的品种、成熟度、温度不同而有所变化。张润光等(2006)对陕西临潼的'净皮甜'进行研究认为,贮藏温度(4.5±0.5)℃、相对湿度90%~95%、3% CO_2 +3% O_2 条件下贮藏100 d,果皮褐变指数0.1左右,腐烂率仅为3.5%,且籽粒感官评价最佳[其可溶性固形物(SSC)保持在14.2%(初始SSC为15.6%),可滴定酸(TA)含量为0.38%(初始TA为0.45%)]。胡云峰等(2003)认为,适宜低温加2%~4% O_2 气调贮藏石榴可抵制果皮褐变。张静等(2005)以'泰山红'为材料,贮藏在6~7℃条件下,选择 O_2 ≥5% 、 CO_2 ≤1% 气体成分进行贮藏,可贮藏100~120 d。赵迎丽等(2011)以'新疆大籽'为材料,8成熟采收,预冷24 h后贮藏在(8±0.5)℃,5% CO_2 +3%~5% O_2 16周,贮藏效果显著优于对照和其他气体组合(0% CO_2 +3% O_2 ,3% CO_2 +3% O_2 ,5% CO_2 +10% O_2 ,10% CO_2 +10% O_2 ,10% CO_2 +10% O_2),好果率达到73.3%~74.4%,显著高于对照(51.27%),褐变指数为0.136~0.142,显著低于对照(0.31);籽粒可溶性固形物为14.2%~14.5%,显著高于对照(13.3%),可滴定酸为0.45%~0.51%(对照为0.52%),可见,适宜的温度与气体成分组合可提高商品果率,延缓籽粒可溶性固形物的下降,减少生理性病害的发生。'Wonderful'石榴在7.5℃条件下,5 $kPaO_2$ +15 $kPaCO_2$ 的气体组合可以使石榴贮藏5个月,但因 CO_2 过高导致乙醇和乙醛的累积。Kupper W. 等(1995)将'Hicaz'石榴置于 CO_2 + O_2 为1.5%+3.0%、3.0%+3.0%、6.0%+3.0%(RH为85%~90%)的条件下进行贮藏发现,在8℃或10℃下正常空气中可贮藏50 d,而加上气调贮藏可贮藏130 d。

适宜的减压处理对石榴的贮藏也十分有利。张润光等(2012)将石榴置于50.7 kPa条件下,结合4℃低温处理,可使其贮藏120 d。

二、石榴贮藏保鲜技术

石榴的贮藏保鲜除果实自身的因素外,环境条件应注意以下几个方面:①温度。贮藏温度要求适宜、稳定。据目前研究结果,石榴可采取的适宜的贮藏温度变化幅度较大,在 0~8 ℃,一定要根据品种、地区及采收的季节选择适宜的温度。一般来说,在温暖地区或季节采收的果实或早熟的果实其呼吸强度较强,对低温的忍受能力也较弱,建议用较高的温度来贮藏,否则易产生冷害和褐变;冷凉季节采收的果实或晚熟品种积累的贮藏物质较多,且呼吸强度较弱,对低温的忍受能力较强,可采用较低的温度。确定适宜的温度后,温度的稳定程度对果实的贮藏成功与否至关重要,通常要求上下浮动幅度不超过 1 ℃。②气体成分。石榴是有生命的个体,大量果实堆积在有限的空间内,释放出的 CO_2、乙醇等成分对果实的贮藏都会产生不利的影响,因此贮藏库内的通风管理尤为重要。③湿度。高含水量的果实要求较高的湿度,否则会出现果皮皱缩、品质变劣的情况。

少量果实可放于罐、瓮内进行贮藏。对于贮藏量较大的,有条件的可置于冷库中或在冷库中结合塑料袋包装进行贮藏;若无冷库,则可置于室内、土窑洞、井窖等冷凉的场所进行贮藏。冷库贮藏、气调贮藏、减压贮藏适宜于进行中长期的贮藏,而常温贮藏只适宜于中短期的贮藏。贮藏效果的优劣,要从贮藏期限、损耗率、产品品质、货架寿命等四个方面进行评价。

(一)传统贮藏方法

1.罐瓮贮藏法

选干净无油污的坛、缸、罐等容器,底部铺一层湿沙(湿度以手握成团、松之即散为宜),厚 5~10 cm,中央放 1 个竹编的通气筒,利于换气。以将石榴放满容器为度,上面盖一层湿沙,瓮口用塑料薄膜封好即可。一个月要检查一次,适于少量、短期的贮藏。

2.室内堆藏法

选择冷凉、湿润、通风的清洁房屋,屋内要避光。在地面垫上约 10 cm 厚的稻草或松针等,厚 10 cm 左右,然后将石榴按"品"字形码放,以高 40~60 cm 为宜,最后盖上松针或鲜草等,并随温度变化增减覆盖物。要注意适时通风换气,排除石榴自身代谢产生的 CO_2、乙醇、乙醛、乙烯等有害物质,以防褐变的产生。室内的湿度宜保持在 85%~95%。贮藏初期(气温降到 5 ℃之前)要勤检查,此时往往是石榴腐烂的第一个高峰期。一般 7 d 检查一次,并及时剔除腐烂的果实及其周围的果实,若是单果包装,只剔除腐烂果即可。一个月后,每半个月检查一次。当外界气温降至 5 ℃ 以后,1 个月检查一次。初期翻堆检查要注意在外界气温较低时进行,以尽快降低温度,并减少外界高温对室温的影响;中期(外界气温降至 5 ℃ 以下),要在内外温差较小时进行,并尽量减少检查的次数。北方的冬季,气温较低,要注意库内温度不要长时间在 2 ℃ 以下,以免产生冷害。此法只适于短期贮藏。

3. 井窖贮藏法

选高燥处,挖直径 80 ~ 100 cm、深 100 ~ 200 cm 的干井,然后根据贮藏量向四周挖数个拐洞。若是新挖的井窖,可以不用消毒直接使用;若是旧窖,要进行一定的处理。首先将窖壁修补平整,其次是换底,即将窖底表面铲去 3 cm 左右的旧土层,以减少其内残存的有害物质,铲土后换上干净的细沙土 10 cm 左右,可以起到防潮通气的作用。石榴入贮的前一个月,要在窖内补充水分,根据窖内湿度情况,一般一个窖内 50 ~ 100 kg 的水即可。入贮的前 15 d,喷洒杀虫剂[5% 氰戊菊酯(来福灵)乳油]2 000 倍液或 20% 甲氰菊酯(灭扫利)乳油 2 000 倍液,入贮前 2 ~ 3 d,喷洒杀菌剂(70% 甲基托布津可湿性粉剂 1 000 倍液),以减少窖内残存的虫卵和微生物对果实存在的潜在危害。对于窖体,要注意充分利用夜间低温将窖温降下来,以备石榴入贮。贮藏用的石榴,在晴天、气温冷凉的时候进行采收,采后的石榴在阴凉通风处进行降温,并进行分级,以备第二天冷凉的时候入贮。贮藏时,在 10 cm 厚的细沙上按"品"字形摆放石榴 4 ~ 5 层。前期注意要充分利用夜间低温,迅速将温度降下来。可白天用草苫将沟口盖严,夜间揭开降温,直至窖内温度降至 3 ~ 5 ℃ 时,再封严窖口,留好通气孔。此期果实极易发生软腐现象,要注意勤检查,一般 15 d 检查一次,并及时剔除腐烂的果实。中期注意保温,并注意通风排除石榴呼吸释放的 CO_2 等,可在窖内外温差较小时进行通风。此期一般 1 个月检查一次产品质量。贮藏后期要注意充分利用夜间低温维持窖内的低温。此法适于中短期贮藏。为了保持石榴外观的鲜度,可先用 0.01 mm 厚的小塑料袋进行单果包装后再进行贮藏,效果更好。

(二)冷库贮藏

冷库贮藏降温快,温度可人工调节,对石榴的贮藏具有其他常温贮藏无可比拟的优势。冷库贮藏石榴一般可贮藏 90 d 以上,外观鲜艳,籽粒风味正常。冷库贮藏要注意以下几个环节。

1.石榴入贮前的准备工作

石榴贮藏要严格进行贮藏环境的清理和消毒。冷库可用硫黄熏蒸法,按 5 ~ 15 g/m³ 的用量进行熏蒸,用锯末做助燃剂,放入瓦罐或铁盆内分点施放,点燃后注意立即将明火扑灭,使其发烟,密闭熏蒸 24 ~ 48 h 后,打开库门进行通风排药 1 ~ 3 d,以库内无刺激气味为宜。也可用 0.2% 过氧乙酸、0.5% 高锰酸钾溶液、2% ~ 3% 福尔马林、1% ~ 2% 漂白粉溶液、84 消毒液等进行喷洒消毒。用具、包装材料、容器等应一并进行消毒,也可用漂白粉溶液清洗后置于阳光下曝晒消毒。消毒过的库体在石榴入贮前 2 ~ 3 d 开始降温,将温度降至 3 ℃左右即可。同时,注意加湿,湿度以 85% ±5% 为宜。

2.石榴的采收及入贮前的准备

入贮的产品宜在一天中冷凉的时候进行采收,采收注意适时无伤,即适宜的成熟度、适宜的时间、无伤采收。采收的产品要避开阳光的直射、避雨淋。采后及时挑选、分级、预冷、包装入库,以减少产品携带的田间热。挑选即要剔除有机械伤的、有瑕疵的产品,及时处理以减少损失;对完好的产品根据相关标准进行分级,归类存放,统一管理。入库的产品要充分预冷。可在建库时建造专门的预冷间进行预冷,在预冷间将石榴预冷至 3 ~ 5 ℃时,进行包装入库贮藏。如果没有专门的预冷间,可选择一个冷间作为预冷间,或直接在冷库中进行摊晾预冷后码垛。为了减少贮藏过程中石榴表面水分的蒸发,可以预冷后采用 0.01 mm 厚的塑料薄膜进行单果包装,或采用 0.03 mm 厚的塑料薄膜进行大容量包装后置于包装箱内入冷库贮藏。为了减少薄膜内表面产生结露现象对果实造成伤害,最好先用柔软的纸进行包裹后放入塑料薄膜袋内,或用纸包裹后用发泡网袋包装;又可用微孔膜进行包装,既可减少水分的蒸腾,又可透过一定的水汽,减少结露对果实的伤害,同时,也可减少长期贮藏过程中积累的 CO_2 对果实的伤害。

3. 产品的入库和码放

有专门预冷间进行预冷处理的产品可在预冷、包装后直接入库贮藏,若没有专门的预冷间,要求每天入贮量不超过总库容的 10% ~ 20%,入贮后先进行彻底冷却,待温度降至 3 ~ 5℃ 时再进行包装、码垛。

冷库贮藏中的码放要注意"三离一隙",即货垛与墙壁、天花板、地板之间要有一定的距离,分别为 20 ~ 30 cm、50 ~ 80 cm、10 ~ 15 cm,货垛与货垛之间的间隙为 30 ~ 50 cm。另外,货垛与冷气出风口之间也要在 50 ~ 80 cm 以上。为了避免冷风口或蒸发器附近的冷空气对邻近的石榴造成伤害,最好在货垛表面覆盖塑料薄膜或其他保温层,以减少低温冷空气的直接接触,也便于冷空气的分流。

4. 冷库的管理

温度、湿度和气体成分的管理是冷库管理的三要素。温度要适宜而稳定,适宜的温度既可有效降低果实的呼吸强度,又可抑制微生物的生长繁殖,温度过低会导致石榴果实发生冷害,严重者在库内即表现表皮褐变、凹陷;轻者,在移至室温下时,2 ~ 3 d 也可表现冷害症状。温度过高,旺盛的呼吸会导致籽粒品质损失过大,同时腐烂也会加重。恒定的适温下,不仅可维持石榴稳定的低呼吸强度,还可防止结露现象的发生。石榴最适宜的贮藏温度因品种而异,大多数晚熟品种适宜的贮藏温度为 3 ~ 5 ℃,早中熟的品种贮藏温度应适当升高。确定了适宜的温度后,控制的精度在 ±0.5 ℃ 方可有效控制结露现象。因此,为了库温的均匀恒定,大型冷库一般安装有风筒,每间隔一定的距离都有冷风口,便于将冷空气引流到室内各处,也可安装轴流风机,便于库内进行内循环,使库内各部位温度均匀一致。库内湿度要保持在 85% ~ 95%。

大量产品在相对密封的环境中释放的 CO_2、乙醇等物质的积聚对石榴会产生一定的伤害作用,因此应注意适时通风换气,将塑料袋内高浓度的 CO_2 释放出来。同时,开通排气扇,将不良气体排出库外,这一操作一般在库内外温差很小的时候进行,以减少库外空气的影响。为了减少管理的难度,宜选择专门的硅窗袋进行包装贮藏,或选择微孔膜塑料袋进行包装,也可在包装时塑料袋不捆扎封严。

(三)气调贮藏

气调贮藏是在适宜低温下,改变贮藏环境中的气体成分(通常是升高 CO_2 浓度,降低 O_2 浓度),实现长期贮藏果实的一种方法。贮藏环境中的 O_2、CO_2 和温度以及其他影响贮藏效果的因素存在显著的互作效应,它们保持一定的动态平衡,形成适合某个品种长期贮藏的气体组合条件,因此适合石榴贮藏的气体组合可能有多个,即要结合石榴品种和贮藏的温度选择适宜的气体组合。目前的研究表明,CO_2 升至 1% ~ 5% 即可明显抑制石榴果实的呼吸,超过 10% 会加剧石榴的缺氧呼吸,导致 CO_2 伤害和生理失调,使膜透性增大,加剧组织褐变。当 O_2 浓度降至 7% 左右时,即可抑制其呼吸,在高浓度的 O_2(10% 以上)条件下使果实代谢加快,衰老加速,但对石榴来说,O_2 的浓度不宜低于 2%。

(四)减压贮藏

减压贮藏技术是气调贮藏技术的进一步发展,是在冷藏基础上,将密闭环境中的气体压力由正常大气状态降至负压,将石榴贮藏在该环境下的一种贮藏方法。

减压贮藏条件下,空气组分的比例不变,但所有组分的绝对分压大大下降,在这种条件下,可以降低 O_2 的供应,从而降低其呼吸强度和乙烯产生的速度;可以将石榴产生的乙烯随时排除到库外,也排除了促进成熟和衰老的重要因素;可以及时将石榴新陈代谢释放的挥发物质如 CO_2、乙醇、乙醛和 α – 法尼烯等带走,减少这些物质对石榴的伤害,可使石榴更好地保持其原有的色泽和新鲜度,延缓组织软化,减轻冷害等生理失调。另外,在减压状态下,对真菌的生长及孢子的萌发均具有一定的抑制作用。

减压贮藏易引起石榴的脱水,故需先将正常空气加以湿润化,再进行减压处理。贮藏环境要保持很高的相对湿度,通常在 95% 以上。减压贮藏对气密程度和库房结构的强度要求更高。一般情况下,减压程度越大,作用越明显,抑制真菌生长及孢子萌发的作用越显著,但要考虑贮藏的综合效果,同时要考虑石榴果实所能承受的压力。'净皮甜'石榴在温度为 4 ℃、压力为 50.7 kPa 和相对湿度为 90% ~95% 的条件下贮藏 120 d,效果显著,其腐烂率为 4.5%,失重率为 3.7%,果实色泽鲜艳,籽粒风味良好;汁液可溶性固形物(SSC)为 14.2%,显著高于对照(16.5%),与初始 SSC 含量(16.5%)无显著差异;可滴定酸含量为 0.32%,显著高于对照(0.25%),与初始 TA 含量(0.53%)无显著差异;维生素 C 含量为 7.1 mg/100 g,显著高于对照 3.4 mg/100 g,与初始维生素 C 含量(12.8 mg/100 g)无显著差异(张润光等,2012)。

无论采用什么贮藏方式,石榴栽培管理期间的管理直接决定着果实的品质及携带病菌的数量,因此也直接决定着贮藏效果的好坏。如果栽培管理不及时、不科学,就会造成果实可溶性固形物偏低,潜伏性病害偏重的情况,就会使病菌在贮藏后期发作,造成果实品质的下降和果实的腐烂。采收、采后处理及贮藏期间温度、湿度、气体成分的管理均直接影响着石榴的贮藏效果。因此,石榴的贮藏是一个系统工程,从品种的选择、园址的选择、栽培期间的土肥水管理及病虫害管理、采收、采后处理,到贮藏条件及贮藏期间的管理,对石榴贮藏的效果都同等重要。

(五)鲜切石榴(最小加工产品)货架期的保鲜

石榴外皮坚韧,剥离较为困难,果皮极易发生褐变,而籽粒完好、色泽艳丽。因此,将石榴籽粒剥离后经过包装,制成半成品进行销售具有一定的市场和必要性,而且对于一些低等级的果皮有缺陷的果实,如裂果、擦伤果等也提供了一个销售渠道。剥离后的石榴籽粒仍是有生命的个体,与其他鲜切果品相比,石榴籽粒是个相对独立的个体,表面光洁,没有任何自然孔口,且石榴籽粒剥离处的内膜残存物含有大量的单宁物质,对微生物具有一定的抗性,因此鲜切石榴具有其他果品鲜切销售无可比拟的优势。

传统方法采用人工剥离籽粒,花费时间长,也易对籽粒造成损伤,且卫生状况难以控制;若采用石榴剥离机剥离,籽粒的剥离过程采用强动力空气喷射,对籽粒不造成其他损伤,而且剥离速度快,每小时可生产 200 kg 果肉,经过包装后货架寿命可达 10 d。申琳等(2008)将在(6±0.5)℃条件下贮藏 3.5 个月后,外表皮有部分(面积约占 1/5)褐变的石榴作为材料,采用人工剥离方法对石榴进行最小加工处理,并加薄膜包装,以鲜切石榴籽粒的形式进行销售,研究发现,石榴籽粒在 $(4\pm0.5)\,℃$ 下 TSS 含量、总糖含量、总酸含量、糖酸比及抗坏血酸含量均高于室温下的,还可延缓石榴籽粒超氧阴离子产生的速率、过氧化氢含量和过氧化产物 MDA 高峰的到来,有效抑制膜脂过氧化反应,7 d 时仍具有良好的商品性。

对于鲜切石榴籽粒来说,限气包装技术(MAP)不仅可以防止微生物的二次污染和产品的失水,还可延缓产品的呼吸速率,便于产品的贮运和销售。为了避免出现缺氧状态(导致鲜切产品的发酵和乙醇的积累),应选择具有一定选择透性的塑料薄膜,即对 CO_2 的渗透能力要大于对 O_2 的渗透能力,以便透出籽粒呼吸释放的多余的 CO_2,适当补充 O_2,而且薄膜的透湿性不宜过高。因此,采用数学预测模型在发达国家已广泛应用于整果和最小加工产品的 MAP 包装设计上(Porat R. 等,2009)。为了便于操作和销售,薄膜还应有一定的强度,耐低温、热封性和透明度好。可以选择聚乙烯、聚丙烯(PP)、乙烯 – 乙酸乙烯共聚物、双向拉伸聚丙烯薄膜(BOPP)等材料。Ayhan 等(2009)将最小加工的鲜切石榴籽粒用 PP 托盘包装,用 BOPP 密封,置于 5 ℃下 18 d,品质保持良好。Ersan S. 等(2010)研究 MAP 用于鲜切籽粒保鲜,发现鲜切籽粒的呼吸速率显著受低浓度 O_2 和高浓度 CO_2 的影响。但是,Ersan S. 等发现普通的包装材料(LEPE,PP)不能为石榴的鲜切籽粒提供理想的 CA 条件。

石榴的采收期影响石榴籽粒的货架寿命,用于鲜切石榴籽粒的果实宜提前采收。"Mollor of Elche"甜石榴于两个不同的采收期采收,籽粒手工剥离,漂白粉溶液消毒,漂洗干净并包装进聚丙烯盒内,每个盒内装 125 g,上部密封,形成被动的 MAP,在 5 ℃下贮藏至 13 ~ 15 d,评价其整体的品质、花青素含量、抗氧化活性的变化(Lopez Rubira 等,2005)。较晚采收的果实其籽粒的呼吸比较早采收的果实的籽粒呼吸强度要高,其外观品质的消费者可接受度是 10 d,而对于早采的果实是 14 d。

三、石榴贮藏期间的病虫害

(一)石榴贮藏期间的病害

石榴采后在自然条件下,腐烂是造成其损失的主要因素,一般贮藏一周左右即可显现;贮至一个月时,腐烂可达10%~30%;其次是果皮褐变及干瘪、籽粒失水皱缩。另外,室温条件下,潜伏在萼筒中的桃蛀螟幼虫也会继续危害果实,进而造成果实内部的腐烂;而在适宜的低温条件下,可以有效地抑制腐烂的发生及桃蛀螟幼虫的危害,但贮藏超过一定期限后,果皮的褐变及籽粒的褐化现象又是一个亟待解决的难题。

石榴贮藏过程中常见的病害可归纳为两种:侵染性病害和生理性病害。侵染性病害造成果实的腐烂;生理性病害造成果实生理失调,最终导致组织死亡和腐烂。

1. 石榴贮藏期间发生的侵染性病害

1) 侵染性病害的种类和病原

石榴贮藏过程中由微生物引起的腐烂问题是限制石榴长期贮藏的重要因素之一。石榴贮藏期主要有软腐、干腐、黑斑等真菌性病害。石榴的腐烂可分为干腐和软腐两种类型。组织腐烂时,随着细胞的消解流出水分和其他物质,如果细胞的消解较慢,腐烂组织的水分及时蒸发消失则形成干腐;软腐则是中胶层先受到破坏,腐烂组织的细胞离析,再发生细胞的消解,细胞的消解较快,腐烂组织不能及时失水形成软腐。据报道(戴芳澜,1979;Llufs 等,2007),对石榴产生危害的病原菌有曲霉、青霉、镰刀菌、链格孢、灰霉、石榴鲜壳孢、石榴痂园孢、石榴角斑尾孢菌、假丝酵母等,病原菌在采前的潜伏侵染是引起贮藏期间石榴腐烂的主要原因。

据张维一(1985)调查,保鲜库内空气中有大量的细菌、青霉、根霉、链格孢、镰刀霉、假菌丝酵母等,库温高低直接影响微生物种群,当库温高于10℃时,以青霉菌(*Penicillium* sp.)为主,库温下降到10℃以下,链格孢(*Alternaria* sp.)占优势;李怀方等研究发现,青霉病发病的最适温度为18~27℃。石榴果实是否发病取决于石榴自身的抗病性、病原菌的种类和菌群基数、环境条件三大因素的相互作用。贮藏中环境条件直接影响病原菌,促进或抑制其生长发育,也影响果实的生理状态,保持或降低其抗病力。石榴在进行室温贮藏时,容易发生由青霉菌引起的软腐,随着贮藏期限的延长,果实抵抗能力下降,干腐病菌会逐渐占据优势,导致干腐病的发生。

2)侵染性病害的病源

侵染性病害中的病原微生物来源主要有:①产品上携带的带菌土壤和病原菌。②田间已经被侵染但还没有表现症状的石榴。有的是病原菌侵入较晚,因外界环境条件不适合而未发病,有的是病原菌本身就具有潜伏侵染的特性,如石榴的干腐病,栽培期间已经感病,但贮藏后期陆续发病。③田间已经被侵染发病但没有严格剔除,混进贮藏库的石榴。④分布在采收工具、分级间、包装间、贮藏库及贮藏用具上的某些腐生菌或弱寄生菌,如青霉菌、链格孢和根霉。这些病原菌有的可以直接穿透石榴表面的角质层或细胞壁侵入,如炭疽病菌和灰霉病菌;有的通过自然孔口侵入;有的通过采收、运输、贮藏中发生的机械伤口侵入,如青霉病、黑腐病。

3)影响石榴贮藏侵染性病害发生的因素

石榴果实贮藏过程中是否发病取决于石榴自身的抗病性、病原菌种类和数量、贮运环境条件三大因素的相互作用。田间管理水平不同,导致果实自身发育状况及携带的微生物种类及数量不同,均会影响石榴的贮藏性能。贮藏环境美、温度高低及稳定程度影响孢子的萌发及菌丝的生长,贮藏环境的卫生状况也影响库内菌群种类和数量。同时,病原菌与石榴果实接触并形成侵入前的侵入结构也受多种因素的影响,石榴抗病性、石榴表面的拮抗微生物、寄主分泌物、渗出物等因素是果实内在因素,外在因素有湿度、温度、气体成分等,其中湿度、温度是最为重要的因素。孢子的萌发需要游离水的存在,恒定适宜的低温可以减少结露现象的发生,因此保持恒定适宜的低温对于减少感染至关重要。同时,保持90%~95%的湿度对于维持果实鲜活的外观、增强其抗病性起着决定性作用。一旦病原菌侵入果实,湿度则不再成为病害发生的限制因素,而温度则决定着症状的表现与否。如果温度适宜,可以抑制病原的繁殖扩展,使其潜育期延长,若果实抗病性强或其生理条件不利于病原菌的扩展,则病原菌呈现潜伏状态而不表现症状,但当寄主抗病性减弱时,则继续扩展并表现症状,这种现象为潜伏侵染,如石榴贮藏期间的干腐病。

4)贮藏期间侵染性病害的防治措施

贮藏期间侵染性病害的防治应在明确病原菌及其发生发展的外在诱因的基础上,掌握病害发生发展的规律,抓住关键时期,以预防为主,综合防治,达到防病治病的目的。

(1)重视农业防治及田间栽培期间的病害防治,减少田间病原菌的种类及菌群基数。合理的土肥水管理及修剪工作,可以提高果实的营养水平,增强果实的耐藏性和抗病性。做好冬季清园、刮除老翘树皮、喷涂铲除剂及生长季节的清除田间病果及残枝落叶、田间病害的防治等工作,以减少病源。

(2)重视商业预防。商业预防指在采后一系列的操作流程中,创造一切有利条件发挥果实的耐贮性和抗病性。商业预防包括进行适期无伤采收、防腐保鲜处理、严格选果入库、科学包装、轻装轻卸等,也包括对分级、包装、贮藏场所等的消毒及对贮藏场所温度、湿度及气体成分的管理。

(3)合理利用化学防治。即合理利用杀菌剂杀死或抑制病原菌,对未发病产品进行保护或对已发病产品进行治疗;或利用植物生长调节剂提高果实的抗病能力,防治或减轻病害造成损失的方法。采用的杀菌剂种类及最大残留量参照绿色食品农药使用准则及农药合理使用准则1~9等相关标准的具体要求执行。

(4)利用生物防治。生物防治以其不污染环境、无农药残留、生产相对安全、病原菌不产生抗性等优点而成为防病治病的方向。可以筛选拮抗微生物进行病害的预防,或利用诱导因素诱导果实产生对病菌的抗性进行病害的预防,也可利用天然抗病物质进行病害的防治。

2.石榴贮藏期间发生的生理性病害

石榴贮藏过程中出现的生理性病害也限制了石榴的长期贮藏,常见的生理性病害有褐变、冷害和CO_2伤害。

1)褐变和冷害

石榴果皮极易褐变,褐变部分极易感染霉菌而发生腐烂。有研究认为,褐变是低温伤害的结果。自20世纪80年代始,人们开始普遍关注石榴采后果皮褐变问题,有文献记载的首次提出石榴采后果皮褐变问题的是Segal(1981),他通过对'Wonderful'品种研究后提出,石榴果皮褐变是低温伤害的结果,其研究在0 ℃、-1 ℃或2.2 ℃贮藏8周后,转移至20 ℃下放置3 d,石榴内外均出现低温伤害症状。由此认为,石榴果皮褐变是对低温伤害敏感的缘故,低温伤害的发生率和严重程度取决于贮藏温度水平与贮藏期限。Elyatem(1984)研究表明,5 ℃和10 ℃贮藏石榴比-1 ℃和2.2 ℃贮藏的石榴外观红色保持更佳。许多研究表明,5 ℃为石榴贮藏的较适宜温度,但贮藏期不宜超过2~3个月。

Ruth Ben - Arie等(1986)的研究一方面证实不适宜的低温(如2 ℃)会导致石榴于采后5周左右出现冷害症状,即果皮褐变凹陷、出现坏死斑块;另一方面,也提出高温也会导致石榴果皮的褐变,如在6 ℃或10 ℃下贮藏的石榴,均在采后第4周发生表皮褐变,而且10 ℃下褐变的程度要比6 ℃下的严重。由此认为,石榴果皮褐变可能存在两种机制,同时肯定适当的低温在一定程度上可抑制果皮褐变的发生。刘兴华等(1998)的研究也证实常温下果皮极易发生褐变,贮藏45 d时,'大红甜'在常温下其褐变指数即达到0.16,而在(0±1)℃、(4±1)℃、(8±1)℃温度下尚无褐变发生;'净皮甜'在常温下贮藏至45 d时,褐变指数为0.1,而在所设计的低温下褐变指数在0.03以下,可见降低温度对褐变有一定的抑制效果,但不同低温间存在差异。因此,延缓石榴的衰老进程,是降低石榴果皮褐变的有效途径。利用1-甲基环丙烯(1-MCP)处理石榴,能够显著抑制石榴果皮的褐变。对不同品种不同产地的石榴,必须摸索其最适宜的保鲜温度。

刘兴华等(1997)发现'天红蛋'石榴在低温[(1±1)℃、(4±1)℃、(8±1)℃]下贮藏,用PE包装与否、用二苯胺处理与否均在贮藏到一定期限时发生了褐变,只是褐变的程度有所差异。因此,针对这种现象提出了褐变临界期的概念,以此作为石榴贮藏期限的指标之一。

适当控制 O_2 的浓度可以抑制褐变的发生。一般来说，非跃变型果实不宜采用 CA 或 MA 法贮藏，而适宜的气体组合对防治果实贮藏中出现的某种生理病害又是十分有效的。如甜橙褐斑病已通过单果包取得了显著效果，也已商业化应用。对石榴这一非跃变型果实，通过气调在限制果皮褐变上也取得了一定效果。Ruth Ben - Arie 等研究表明，在降低氧压的情况下，褐变被抑制，O_2 水平降得越低，褐变发展越慢，但当氧压低于 2% 时，水果有乙醇的显著积累。降温与降氧相结合效果更好，6 ℃下降 O_2 比在 10 ℃下降 O_2 更有效，在 2% O_2 水平下，温度由 6 ℃降至 2 ℃，还可使其风味显著改善。这种改善主要是由于乙醇的积累受到控制，低温不仅使呼吸作用降低，同时也可使无氧呼吸减弱。由以上的结果分析，适当的温度和气体组合完全可以达到抑制果皮褐变又不失其原有风味的良好效果。Ruth Ben - Arie 等认为，浓度 2% ~4%、温度 2~4 ℃的适当组合有可能达到这一目的。刘兴华等(1998)用 PE 袋单果包装并置于 3~5 ℃下进行贮藏，不仅抑制了果皮的褐变，还有效地保持了果实的新鲜度。

高氧浓度影响石榴的采后寿命。D. Aquino 等 (2010) 运用 'Primosole' 石榴在对照、50 kPa O_2 +50 kPa N_2、97 kPa O_2 +3 kPa N_2 气体条件下，温度为 2 ℃下贮藏 4 周，后置于 20 ℃正常温度条件下 1 周模拟市场销售条件。对照和在 50 kPa 下，贮藏后期没有发现显著的差异，而置于 97 kPa O_2 的果实生理和品质变化显著较低。但是在模拟销售环境下，所有的处理其呼吸增加至与采收时水平一致。在 20 ℃条件下 24 h 后，在高氧环境下果实的籽粒产生 CO_2 比正常条件下要少，但是一周后，处理之间没有差异。贮藏期间，置于 50 kPa 条件下果皮组织中的电导率比正常条件有较高增加，而 97 kPa 条件下果皮组织中的电导率比正常条件有较低的增加。籽粒中的电导率，在对照和 50 kPa O_2 条件下相似，在 97 kPa O_2 下较高。置于处理下对果汁中 pH、可滴定酸、TSSC 等化学指标没有重要影响，尽管到模拟销售条件末期，TSSC 和 TA 在 97 kPa 下较低。

低温气调贮藏可以解决贮藏中出现的褐变和腐烂问题，适宜的气体配比与低温结合可使果实对低温的敏感度降低，不仅可减轻冷害的发生,也使微生物的危害程度降低。5 ℃下贮藏,2% O_2可减轻冷害;6 ℃下3% O_2 +6% CO_2可贮藏6个月。以色列石榴最低贮藏温度为6 ℃,配以2% ~4% O_2条件,贮藏温度可降为2 ℃,且腐烂率明显降低。有研究表明,4 ~ 10 ℃条件下,5 kPa O_2 +5 ~ 15 kPa CO_2或3% CO_2 + 3% O_2可以保证石榴的贮藏效果。天津国家农产品保鲜中心研究认为,适宜的低温及2% ~4%的 O_2有利于提高石榴贮藏品质。Artes 将 'Mollar'贮藏在5 ℃、RH 为95% ,5% CO_2 + 10% O_2、5% CO_2 + 5% O_2、 0% CO_2 +5% O_2条件下发现,控制气体会降低失重率和腐烂率,减轻冷害。土耳其'Hicaz'石榴用6% CO_2 +3% O_2气调贮藏,可使贮藏温度从 10 ℃下降到6 ℃,贮藏时间达6个月。

缓慢降温处理可以明显推迟新疆大籽石榴果实的冷害症状出现,减轻果皮的褐变。赵迎丽(2009)等对新疆大籽石榴进行缓慢降温处理,先预冷到15 ℃后,每2 d 降温1 ℃,降至0 ℃后置于(0 ±0.5)℃恒温冷库进行贮藏,贮藏至第8周时未出现任何冷害症状;而预冷后直接置于(0 ±0.5)℃的石榴,贮藏到第4周表面即出现轻微凹陷斑,贮藏16周后,缓慢降温的冷害指数为0.04,远远低于对照(0.64),且其好果率为87.5%(对照为52.6%)。缓慢降温处理也减缓了果皮细胞膜透性的升高及膜脂质过氧化物丙二醛(MDA)的积累,抑制PPO 活性及减少酚类物质的氧化,明显推迟和减轻冷害症状的发生,减轻果皮褐变,保持果实品质。

间歇升温处理可有效抑制冷害发生。在'净皮甜'上的研究认为(张润光等,2008),预冷处理后置于(5 ±0.5)℃下进行贮藏,贮期每间隔6 d 将石榴在(15 ±0.5)℃下进行间歇升温1 d,后再置于(5 ± 0.5)℃进行贮藏,该方式可有效防止冷害的发生,避免果皮细胞受损,有效减轻果皮的褐变。同时,可有效保持总糖含量、可滴定酸含量,且腐烂率在5%以下。F. Artes 等(2000)研究也认为,间歇升温处理及热处理等技术的应用可以降低果蔬的冷敏感性,并减轻冷害发生的程度。 'Mollar'石榴在33 ℃和95%相对湿度条件下处理3 d 后,贮藏在2 ℃或5 ℃和95%的相对湿度条件下,贮藏90 d 后置于模拟销售环境15 ℃下,RH 为75%条件下6 d,可明显减少冷害症状;若结合间歇性升温处理(Intermittent Warming,IW),每 6 d 升温至 20 ℃ 1 d,贮藏结束和货架期间,IW 果实花青素含量、TA 含量均最高,且表现了最佳的商品外观。模拟货架期间 6 d 结束后,只有在贮藏期间采用间歇升温的果实保持了与采收时相近的风味。5 ℃ 下主要的损失是由于青霉菌引起的腐烂,2 ℃ 下引起的损失主要是冷害(褐变和凹陷)。间歇升温处理的果实冷害症状最少。褐变发展的严重程度与低温有着直接的关系。2 ℃ 下的 IW 在减小冷害方面和保持石榴果实品质方面效果最佳。

热处理可减少石榴冷藏条件下的冷害。将石榴置于 45 ℃ 热水处理 4 min 后存放于 2 ℃ 条件下 90 d。以在 25 ℃ 蒸馏水中处理 4 min 为对照。每 15 d 取一次样品,置于 20 ℃ 条件下 3 d 后进行测定。石榴冷害的发展显示为表皮褐变和电导率的增加,二者高度相关。对照果的伤害严重性与软化和脂肪酸的损失有关,随之而来的是贮藏过程中不饱和脂肪酸和饱和脂肪酸比例的减少。热处理的果实其冷害症状显著减少,另外,热处理诱导了贮藏过程中石榴中游离腐胺和亚精胺的增加,二者在减少果实软化和降低冷害的严重性上具有一定的作用。这些较高的多胺水平和较高水平的不饱和脂肪酸与饱和脂肪酸的比例一样,可能有助于维持膜机构的完整性和流动性。因此,热处理能够通过刺激多胺的生物合成而诱导其对低温的抵抗机制(Mirdehghan S. H. 等,2007)。M. Rahemi 等(2004)将 'Malas Yazdi' 和 'Malas Saveh' 石榴在 38 ℃ 下处理 24 h 和 36 h 后将其置于 1.5 ℃、(85±3)% RH 下贮藏 4.5 个月显著降低冷害的症状(褐变)和失重,但在离开贮藏环境后,对电解质泄露、TSS、TA、维生素 C 和 pH 没有显著效果。将 'Malas Yazdi' 在 55 ℃ 下处理一定的时间并置于 1.5 ℃、(85±3)% RH 下 3 个月,显著降低了冷害症状、电解质和 K^+ 的泄露,但对果汁中的相关特征没有显著影响。

此外,有研究认为,贮藏前用适宜浓度的水杨酸(SA)、乙酰水杨酸(ASA)、腐胺、巴西棕榈蜡、多胺、亚精胺和氯化钙等处理也可减轻冷害,延长货架寿命和保持果实贮藏期间的品质。

2) CO_2 伤害

适宜的气体成分组合既可抑制石榴的呼吸强度,又可避免出现缺氧呼吸。若气体条件不合适,如CO_2过高或O_2过低,可能会造成CO_2中毒或缺氧呼吸,加速果实风味的劣变。其中,CO_2伤害更为常见。目前广泛采用的塑料薄膜包装对于长期贮藏来说容易造成CO_2伤害。因此,采用适宜材料和厚度的塑料薄膜、加强贮藏期间的通风管理,对降低CO_2伤害都可起到一定的效果。

(二)石榴贮藏期间发生的主要虫害

石榴贮藏中的虫害多发生于常温贮藏的果实,如桃蛀螟。石榴常温贮藏过程中因为温度较高,桃蛀螟危害较为常见,而在冷库贮藏中,可较好地抑制其危害。桃蛀螟幼虫在果实发育期即蛀入为害,尤其是由萼筒蛀入的在分级时较难挑出,而幼虫继续潜伏在果实内在贮藏、运销期间为害。同时,幼虫的蛀入导致病原菌的侵入,内部腐烂要比表面更为严重,对贮藏销售造成极大的损失,尤其是常温贮藏的石榴和在常温下进行运输、销售的果实。因此,防治贮藏期间桃蛀螟的为害除了贮藏期间适温贮藏外,关键在于加强在栽培期间对桃蛀螟的防治。

第四节　石榴加工技术及其综合利用

一、石榴的营养价值及药用价值

石榴果实营养丰富,除含有丰富的糖、有机酸、矿物质、蛋白质、脂肪、多种维生素等人体所需的营养成分外,还含有丰富的植物次生代谢物质,且多数属于生物活性物质,含量最多的是多酚类物质,如酚酸、鞣花单宁、黄酮、黄烷酮、黄酮醇及花青素。而且这些生物活性物质在石榴组织和器官中的分布也很广泛,如果实中的果皮、种子、果汁及隔膜胎座,石榴叶、花、树皮和根皮中均有生物活性物质分布。

石榴根、皮、花和果具有很高的营养保健价值及药用价值,除鲜食外,广泛应用于食品、医药、美容护肤等领域。

石榴果实性味甘、酸、温、涩,无毒,入肾、大肠经,有清热解毒、生津止渴、健胃润肺、杀虫止痢、收敛涩肠、止血等功效;石榴皮主要含有鞣质、生物碱等成分,其醇浸出物及果皮水煎剂具有广谱抗菌作用;根皮含有石榴皮碱,其功效与石榴皮有许多相通之处;石榴花性味酸涩而平,主要用于止血,并用于治疗肺痈、中耳炎等病,还可泡水洗眼,有明目的功效;石榴叶有健胃理肠、咽喉燥渴、止下痢漏精、止血之功效。

二、石榴产品及其加工工艺

(一)石榴汁

石榴汁加工品常见的有三种类型:混浊原汁、澄清原汁和石榴浓缩汁。

1. 混浊原汁

石榴汁由籽粒经压榨出来的液体部分不经澄清处理,为保持其稳定性加入一定的增稠剂,后经过均质、脱气使其具有良好的商品外观。该产品可保持果实更多的营养成分和膳食纤维。具体加工工艺流程为:选料→清洗→去皮→籽粒清洗→压榨→添加增稠剂→均质→真空脱气→杀菌→灌装、密封→冷却。

2. 澄清原汁

采取先进的澄清处理技术增加果汁产品的透明度,提高产品的观感。具体工艺流程为:选料→清洗→去皮→籽粒清洗→压榨→澄清→过滤→杀菌→灌装、密封→冷却。

3. 石榴浓缩汁

经低温减压浓缩,减少水分含量,使果汁体积缩小、固形物含量提高,方便运输和贮藏。一般固形物含量从 15% 左右提高到 65% ~ 70%。其加工工艺流程为:选料→清洗→去皮→籽粒清洗→压榨→澄清→过滤→真空浓缩→杀菌→灌装、密封→成品。

(二)石榴粉

石榴粉是在石榴浓缩汁的基础上,加入麦芽糊精、卵磷脂、β-环状糊精、可溶性淀粉等助干剂,并经过一定的处理措施干燥而成,属固体饮料。其具体工艺流程为:选料→清洗→去皮→籽粒清洗→压榨→澄清→过滤→真空浓缩→加入助干剂均质→喷雾干燥→降温→包装→成品。

(三)石榴果汁饮料

石榴果汁饮料是在石榴汁的基础上,添加甜味剂、酸味剂、防腐剂、色素、香精及品质改良剂而制得的产品,属于嗜好性饮料。其工艺流程为:制备石榴汁和糖浆→调配→均质→脱气→灌装→杀菌→成品。

(四)石榴果酒

石榴果酒主要有两种类型:石榴露酒和发酵酒。石榴露酒采用一定浓度的食用酒精浸泡石榴籽粒而制成;石榴发酵酒的加工工艺流程为:选料→清洗→去皮→籽粒清洗→榨汁→过滤→添加二氧化硫→成分调整→主发酵→后发酵→后处理→灌装、密封→成品。

(五)石榴果冻

加工工艺流程为:选料→清洗→去皮→籽粒清洗→压榨取汁→煮胶→调配→包装→杀菌→冷却→干燥→包装→成品。

(六)石榴叶茶

石榴叶制茶在我国有悠久的历史。早在1 000多年前就发现,春夏季将石榴枝条采下在火上烘烤后摘下叶泡制石榴叶茶,具有清肺止渴、清淤化痰、解毒止泻等作用。用石榴叶制作的石榴叶茶含有18种氨基酸,维生素C、E、B_1、B_2等含量高。目前,石榴叶茶的制作主要按照绿茶的工艺加工,有传统炒制工艺、微波杀青工艺。

(1)传统炒制工艺流程,主要有采青、萎凋、杀青、揉捻、炒制、干燥6道工序。

(2)微波加工工艺流程,在传统工艺的基础上加以改进,主要是采用微波杀青,解决杀青不均匀问题。

三、石榴综合利用技术

从石榴种子中提取的油和多酚类物质具有极高的保健价值。

石榴种子油:含有丰富的维生素B_1、B_2、C以及烟酸、抗氧化物质鞣花酸等。对防治癌症和心血管病、防衰老和更年期综合征等医疗作用明显。

石榴多酚:石榴种子提取物多酚标准含量在50%～70%,是一类强抗氧化剂,具有抗衰老和保护神经系统、稳定情绪的作用。

附 录

附录一 糖醋液的配置

用糖 0.5 kg、醋 1 kg、水 10 kg 混合溶化即成，或用烂果发酵加水 4 倍，也可起到糖醋液的诱蛾作用。

附录二 石硫合剂的熬制

石硫合剂是一种效果很好的无机杀菌、杀螨、杀虫剂，是以生石灰和硫黄粉为原料，加水熬制而成的。母液为枣红色透明液体，有较浓的臭鸡蛋味，呈强碱性。石硫合剂是生产中经常使用的重要农药之一。

熬制方法：常用配比为生石灰 1 份、硫黄粉 2 份、水 10～12 份。先把称好的生石灰放入生铁锅中，加少量水化开，捞出残渣，然后加足水量，烧开。同时，用少量热水与硫黄粉调成糊状，慢慢从锅边倒入锅中，边倒边搅，防止硫黄成团。此时用搅棒插入锅中记下水位线。旺火急速熬制，适当搅拌。沸腾后计时，煮沸 40～60 min。由于熬制中水分蒸发，在最后 15 min 前用热水补足。此时锅内呈深红色液体，随后用四五层纱布滤去渣滓，滤液即为石硫合剂。最后用波美比重计测量其冷却后的浓度，要求达 23～25 波美度（Be）以上。在实践中，人们熬制石硫合剂的经验是"锅大、火急、灰白、粉细，一口气煮成老酱油色母液"。此药遇酸分解，具有良好的杀菌杀虫作用。

原液浓度	稀释波度(波美度)								
(波美度)	0.1	0.2	0.3	0.4	0.5	1	3	4	5
15.0	149.0	74.0	49.5	36.54	29.0	14.0	4.00	2.75	2.00
16.0	159.0	79.0	52.3	39.0	31.0	15.0	4.33	3.00	2.20
17.0	169.0	84.0	55.6	41.5	33.0	16.0	4.66	3.25	2.40
18.0	179.0	89.0	59.0	44.0	35.0	17.0	5.00	3.50	2.60
19.0	189.0	94.0	62.3	46.5	37.0	18.0	5.33	3.75	2.80
20.0	199.0	99.0	65.6	49.0	39.0	19.0	5.66	4.00	3.00
21.0	209.0	104.0	69.0	51.5	41.0	20.0	6.00	4.25	3.20
22.0	219.0	109.0	72.3	54.0	43.0	21.0	6.33	4.50	3.40
23.0	229.0	114.0	75.6	56.5	45.0	22.0	6.66	4.75	3.60
24.0	239.0	119.0	79.0	59.0	47.0	23.0	7.00	5.00	3.80
25.0	249.0	124.0	82.3	61.5	49.0	24.0	7.33	5.25	4.00
26.0	259.0	129.0	85.6	64.0	51.0	25.0	7.66	5.50	4.20
27.0	269.0	134.0	89.0	65.5	53.0	26.0	8.00	5.75	4.40
28.0	279.0	139.0	92.3	69.0	55.0	27.0	8.33	6.00	4.60
29.0	289.0	144.0	95.6	71.5	57.0	28.0	8.66	6.25	4.80
30.0	299.0	149.0	99.0	74.0	59.0	29.0	9.00	6.50	5.00

附录三　波尔多液的配制

　　波尔多液,俗称蓝矾石灰水,是很好的保护杀菌剂,分等量式和倍量式两类。配方为:硫酸铜:生石灰:水 = 1:(2~3):(200~250)。先按比例称出各成分重量,分别放于非金属容器内,用少量水化开,再将1/3 水倒入石灰液中,2/3 水倒入硫酸铜液中,最后把硫酸铜液慢慢倒入石灰乳中,边倒边搅拌,混匀即成。注意波尔多液随用随配,超过 24 h 就会变质,不能使用。

附表 1　黄淮地区无公害石榴周年管理工作历

时间	物候期	作业内容
3 月上旬至 3 月下旬	萌芽前	1. 追施氮肥,株施 1~2 kg; 2. 浇水 1 次; 3. 幼树拉枝并适当疏除旺枝; 4. 补缺死亡苗木; 5. 疏除根蘖,平整土地; 6.3 月下旬喷 3~5 波美度石硫合剂; 7. 采良种接穗准备高接换头; 8. 准备育苗地
4 月上旬至 5 月上旬	萌芽初蕾	1. 扦插育苗; 2. 栽种间作作物; 3. 低产园高产换头; 4. 夏剪、抹荒芽、除萌蘖,疏、拉直立枝,旺树可进行环割,根据花情复剪,并剪去病虫枝; 5. 喷 600~800 倍液 40% 多菌灵等防治干腐病等病害,喷 800~1 000 倍辛硫磷防治桃蛀螟、蚜虫、红蜘蛛、叶蝉等或 20% 速灭杀丁乳油 2 000~3 000 倍,防尺蠖、天幕毛虫、桃蛀螟或用 160 倍等量式波尔多或 50% 甲基托布津粉剂 800 倍液防治干腐病; 6.4 月下旬用黑光灯、挂糖酸液诱杀桃蛀螟等; 7. 间作:以豆类、花生、瓜类等为佳,也可种耐阴中药材,注意留出树盘,以便管理

时间	物候期	作业内容
5 月中旬至 6 月上旬	盛花 初果期	1. 继续抹荒芽、夏剪除萌蘖、嫩枝摘心; 2. 疏除退化花蕾及位置不好的花,留中心果花,疏除树冠上部外围无果旺枝; 3. 盛花期可喷 500 mg/L 赤霉素 + 0.3% 硼酸,7 d 1 次; 4. 种植绿肥,树盘覆盖; 5. 5 月中旬,结合叶面喷肥,施入 1 000 ~ 1 500 倍液灭幼脲 + 70% 1 000 倍液甲基托布津,50% 辛硫磷乳剂 800 ~ 1 000 倍液,或 50% 杀螟松乳油 1 000 倍液,或 20% 速灭沙丁 2 000 倍液,或 40% 代森锰锌防治桃蛀螟,桃小食心虫严重果园可在树冠下喷辛硫磷乳油 100 倍液,喷后浅锄和土混合或喷 500 倍 0.2% 对硫磷胶悬剂; 6. 摘病果深埋
6 月中旬至 7 月中旬	幼果期	1. 去雄蕊; 2. 结合疏果,摘除贴在果面的叶子,或果实套袋; 3. 疏果、定果,若前期坐果不多,要人工授粉或喷 GA$_3$ 等,促进坐果; 4. 6 月中旬、7 月中旬各喷 1 次 1 000 倍液 70% 甲基托布津,或 160 倍等量式波尔多液防干腐病; 5. 干旱时浇水,结合浇水追肥 1 次,株施磷酸氢二铵 0.5 ~ 1 kg,花后施膨果肥:尿素 1 ~ 2 kg/株,(NH$_3$)$_2$HPO$_4$ 1.5 kg 或叶面喷 0.5% ~ 1% 尿素和 KH$_2$PO$_4$ 0.3% 及 0.3% 硼砂; 6. 继续夏剪,旺枝摘心、拿枝、扭梢、疏除直立枝或别枝改变方向; 7. 摘除病虫果深埋,树干束草诱导虫蛹; 8. 果园放养鸡群; 9. 叶面喷肥 1 次,喷浓度为 0.3% 的磷酸二氢钾

続附表 1

时间	物候期	作业内容
7月下旬至8月中旬	幼果膨大期	1. 叶面喷施0.3%磷酸二氢钾; 2. 果园浇水1次,树盘盖草,结果多的幼树多追1次磷酸氢二铵,株施0.5 kg,做膨大肥; 3. 8月中旬喷甲基托布津1 000倍液防治干腐病等病害; 4. 摘除病虫果深埋,收集束草烧掉; 5. 疏除过密枝、弱枝和病虫枝,疏除树冠外围无果直立旺枝,疏除小果及双果中的一个和病虫果; 6. 雨季注意排水防涝,及时中耕除草
8月下旬至9月上旬	采前膨大期及采前	1. 叶面喷施0.3%磷酸二氢钾1次,幼树、初果树加喷0.1%~0.3%多效唑; 2. 8月下旬干旱时浇1次水,树盘灌水并覆草保墒; 3. 9月上旬喷1 000倍液甲基托布津和1%阿维菌素1 000倍液; 4. 趁阴天或傍晚撕袋,1~2 d后除袋,并喷氯氰菊酯或1%阿维菌素1 000倍液,防治果实害虫; 5. 树盘铺反光膜,转果促进着色; 6. 参观考察优良品种并估产,准备采收工具,对贮藏场所进行清理和消毒; 7. 苗圃地浇水等管理; 8. 喷辛硫磷、杀螟松或杀灭菊酯防治二代桃蛀螟和刺蛾类,喷波尔多或其他杀菌剂防治干腐病、褐斑病,剪除病虫枝、摘除和捡拾病虫枝、果,集中烧毁

时间	物候期	作业内容
9月中旬至10月上旬	采果期	1. 适时无伤分批采收; 2. 初选贮藏果,并用 1 000 倍液 70% 甲基托布津、咪鲜胺浸果灭菌防腐处理、分级,并用保鲜袋包装入库或采用其他方法贮藏待售; 3. 采收后,叶喷 1% 尿素、0.3% 磷酸二氢钾以恢复树体,促进花芽分化; 4. 种植越冬绿肥; 5. 苗圃地喷磷酸二氢钾,为促进落叶,可喷施 1 500 倍乙烯利,停止浇水; 6. 按病虫种类喷药保叶,或喷等量式波尔多液
10月中旬至11月下旬	落叶前后	1. 深翻树盘 20 cm,树冠外缘深 50 cm,株施农家肥 30 ~ 50 kg,磷肥 3 ~ 5 kg,浇封冻水; 2. 清除果园病虫果实、杂草深埋; 3. 沙地果园掏沙换土
12月上旬至2月下旬	休眠期	1. 干茎缚草涂白; 2. 基部培土 20 ~ 30 cm,防止根颈受冻; 3. 整形修剪,烧毁越冬病枝病叶; 4. 间作越冬绿肥的管理; 5. 温度在 - 15 ℃时,果园熏烟防冻; 6. 刮除树干和大枝上的粗翘皮、病虫斑,刮下的树皮集中烧毁; 7. 备耕,熬石硫合剂,检修农具、植保机具,购置农药、化肥等

附表2 黄淮地区无公害石榴病虫周年优化防治历

时间	物候期	防治对象	防治措施
2～3月	萌芽前后	越冬虫、卵、蛹,冻害等	1.捡拾僵果、虫袋、虫茧; 2.清理落叶杂草、刮除树干老皮并涂上粘虫胶; 3.2月中下旬清树盘培土; 4.寒流来时熏烟防倒春寒; 5.2中旬全树喷施石硫合剂、机油或柴油乳剂; 6.可铺设地膜,闷死越冬虫、卵和蛹出土并能防止杂草丛生,减少虫害
4月上旬至5月上旬	萌芽初蕾	蚜虫、绿盲蝽、石榴螨、茎窗蛾、蓟马、桃小食心虫、黄刺蛾、绒蚧、粉蚧、龟蜡蚧、根结线虫等;麻皮病、干腐病、褐斑病、煤污病等	1.整形修剪,及时清理残枝叶,控制树体合理生长,全树可喷5波美度石硫合剂; 2.保护和释放天敌寄生蜂、草蛉、红点唇瓢虫、食蚜蝇等,周围或行间种植向日葵、高粱、玉米等,招引天敌; 3.诱杀害虫成虫,设置黑光灯、粘虫板、性诱剂、糖醋液等; 4.树冠下土壤喷50%辛硫磷乳剂800倍液或用50%辛硫磷乳剂0.5 kg与50 kg细沙土混合后均匀撒入树冠下,锄松树盘土,消灭桃小食心虫可选用毒死蜱、吡虫啉、多杀菌素、敌百虫、乐斯本、功夫、阿维菌素等药剂进行害虫防治;此时期是利用天敌防护的最佳时期,应尽量减少农药的使用; 5.喷五氯酚钠300倍液防病,可选用1:1:160波尔多液、多抗霉素、百菌清、甲基托不津、世高、多菌灵等进行病菌防治

时间	物候期	防治对象	防治措施
5 月中旬 至 6 月 上旬	盛花 初果期	蚜虫、绿盲蝽、桃蛀螟、蓟马、石榴螨、桃小食心虫、木蠹蛾、巾夜蛾、茎窗蛾、茶翅蝽、袋蛾、黄刺蛾、绒蚧、粉蚧、根结线虫等;麻皮病、干腐病、褐斑病、煤污病等	1.5 月中旬桃蛀螟第 1 代幼虫出现,6 月至 7 月下旬防治桃蛀螟关键时期,叶喷 20% 杀灭菊酯 2 000 倍液或 40% 杀螟硫磷 1 000 倍液; 2. 防病用 40% 多菌灵胶悬剂 5 000 倍液或 40% 代森锰锌 1 000 倍液; 3. 摘除紧贴果面的叶片,剪虫梢并烧毁或深埋;加强巡查,一经发现病枝、病果、病叶立即清除并销毁; 4. 喷杀虫剂和杀菌剂后用专用果袋套袋保护,果实套袋前检查萼筒并清除萼筒丝
6 月中旬 至 7 月 中旬	幼果期	桃蛀螟、蓟马、石榴螨、桃小食心虫、木蠹蛾、木蠹蛾、巾夜蛾、茎窗蛾、茶翅蝽、袋蛾、黄刺蛾、绒蚧、粉蚧等;麻皮病、干腐病、褐斑病、太阳果病、疮痂病等	1. 继续对园内诱集作物上的害虫集中消灭; 2. 初喷洒 200 倍波尔多液或 40% 甲基托布津 400 倍液,50% 辛硫磷 1 000 倍液或低毒性菊酯类杀虫剂 10 ~ 15 d 施药 1 次; 3. 放养鸡鸭,利用其啄食桃蛀螟等幼虫,剪除木蠹蛾、黑蝉、茎窗蛾危害的虫梢烧毁,摘虫果、病果集中销毁,树干束麻袋片或草绳,诱虫化蛹收集杀之; 4. 幼果期完成套袋工作,清除萼筒丝

时间	物候期	防治对象	防治措施
7月下旬至8月中旬	幼果膨大期	桃蛀螟、蓟马、桃小食心虫、木蠹蛾、木橑尺蛾、巾夜蛾、茎窗蛾、茶翅蝽、袋蛾、黄刺蛾、绒蚧、粉蚧等；麻皮病、干腐病、疮痂病、蒂腐病、褐斑病、太阳果病等	1.继续对园内诱集作物上的害虫集中消灭； 2.放养鸡鸭，利用其啄食桃蛀螟等幼虫，剪除木橑尺蛾、黑蝉、茎窗蛾危害的虫梢烧毁，摘虫果深埋，树干束麻袋片或草绳，诱虫化蛹收集杀之； 3.继续整形整枝，保持合理的果枝叶比，控制营养生长，预防夏季高温； 4.结合果园实际情况喷施药物防治病虫害，同时注意雨季园内积水，预防根腐病
8月下旬至9月上旬	采前膨大期及采前	桃蛀螟、蓟马、石榴螨、桃小食心虫、木蠹蛾、木橑尺蛾、巾夜蛾、茎窗蛾、茶翅蝽、袋蛾、黄刺蛾、绒蚧、粉蚧等；麻皮病、干腐病、褐斑病、蒂腐病、太阳果病、煤污病等	1.剪虫梢、摘拾虫果，集中深埋或烧毁，碾轧束干废麻袋片或草绳中的化蛹幼虫； 2.据品种成熟早晚，采收上市前20 d停止用药； 3.贮藏果用40%多菌灵胶悬剂500倍液晾干水分后装箱（袋）入库贮藏，即时上市果品不用处理
9月中旬至10月上旬	采果期	桃蛀螟、蓟马、石榴螨、桃小食心虫、木蠹蛾、木橑尺蛾、巾夜蛾、茎窗蛾、茶翅蝽、袋蛾、黄刺蛾、绒蚧、粉蚧等；麻皮病、干腐病、褐斑病、太阳果病、煤污病等	1.清除周围或行间种植的玉米、向日葵等作物； 2.树干绑草，阻止越冬虫体下爬产卵或越冬； 3.及时合理的秋施基肥，控制采后的旺长，积累营养，增加越冬抗性； 4.贮藏果品防腐烂

时间	物候期	防治对象	防治措施
10月中旬至11月下旬	落叶前后	桃蛀螟、桃小食心虫、木蠹蛾、茎窗蛾、巾夜蛾、中华金带蛾、干腐病等	1.树干绑草,阻止越冬虫体下爬产卵或越冬,并集中清理销毁; 2.摘拾树上、地下虫果、病果,清除堆果场地及园内秸秆杂草,集中深埋或烧毁,剪除有虫枝梢,烧毁; 3.贮藏果品防腐烂、防冻
12月上旬至12月下旬	休眠期	桃蛀螟、桃小食心虫、刺蛾、袋蛾、龟蜡蚧、绒蚧、蚜虫、茎窗蛾、干腐病、果腐病、褐斑病、冻害等	1.清除树上和树下僵果、病虫枝、枯枝落叶及果园周边杂草,携出园外集中烧毁; 2.结合园地耕作翻树盘培土,消灭土壤内越冬的黑蝉、石榴巾夜蛾、康氏粉蚧等害虫; 3.12月上旬结合修剪全树刮除翘裂树皮并喷布石硫合剂和树干涂白,消灭在树皮内越冬的蚜虫、黄刺蛾、蚧类等害虫; 4.园内准备蒿草、秸秆等发烟材料,当天气预报有 -13 ℃低温时,凌晨果园熏烟防冻; 5.在初冬入蛰时或春季出蛰时树体喷施 1~2 次 2.5% 功夫乳油 2 000倍液、50% 辛硫磷乳油 1 500 倍液,杀灭在石榴树上越冬的蚜虫、蚧类以及椿象、红蜘蛛等,降低越冬害虫基数; 6.贮藏果品防腐烂、防冻

附表 3　石榴生产相关现行标准

序号	分类	标准编号	标准名称	发布部门	实施日期（年-月-日）
1	品种相关标准	GB/T 35566—2017	植物新品种特异性、一致性、稳定性测试指南 石榴属	国家质量监督检验检疫总局 中国国家标准化管理委员会	2018-07-01
2		DB34/T 1732—2012	塔山石榴	安徽省质量技术监督局	2012-12-06
3		DB34/T 2724—2016	地理标志产品 塔山石榴	安徽省质量技术监督局	2016-10-27
4		DB41/T 874—2013	地理标志产品 河阴石榴	河南省质量技术监督局	2014-02-25
5		DB65/T 3062—2010	石榴优良品种	新疆维吾尔自治区质量技术监督局	2007-11-02
6	苗木生产相关标准	LY/T 1893—2010	石榴苗木培育技术规程	国家林业局	2010-06-01
7		DB34/T 1733.1—2012	塔山石榴栽培技术规程第 1 部分：扦插育苗技术	安徽省质量技术监督局	2012-12-06
8		DB34/T 1733.2—2012	塔山石榴栽培技术规程 第 2 部分：建园技术	安徽省质量技术监督局	2012-12-06
9		DB34/T 2895—2017	石榴高接换种技术规程	安徽省质量技术监督局	2017-07-30
10		DB34/T 2896—2017	石榴营养钵扦插育苗技术规程	安徽省质量技术监督局	2017-07-30
11		DB41/T 1255—2016	以色列软籽石榴育苗技术规程	河南省质量技术监督局	2016-09-07

序号	分类	标准编号	标准名称	发布部门	实施日期（年-月-日）
12	苗木生产相关标准	DB510400/T 080—2015	石榴良种苗木繁育技术规程	攀枝花质监局	2015-06-22
13		DB65/T 593—2000	石榴苗木	新疆维吾尔自治区质量技术监督局	2001-02-01
14	生产技术相关标准	DB37/T 2612—2014	无公害食品 石榴生产技术规程	山东省质量技术监督局	2014-11-10
15		DB41/T 1256—2016	以色列软籽石榴栽培技术规程	河南省质量技术监督局	2016-09-07
16		DB41/T 1476—2017	软籽石榴生产技术规程	河南省质量技术监督局	2017-12-30
17		DB34/T 1733.3—2012	塔山石榴栽培技术规程第3部分：石榴园管理技术	安徽省质量技术监督局	2012-12-06
18		DB43/T 666—2012	绿色食品（A）级突尼斯软籽石榴栽培技术规程	湖南省质量技术监督局	2012-03-01
19		DB510400/T 009—2015	农产品石榴生产技术规程	攀枝花质监局	2015-06-22
20		DB65/T 3185—2010	绿色食品 石榴栽培技术规程	新疆维吾尔自治区质量技术监督局	2010-02-01
21		DB65/T 3186—2010	无公害农产品石榴栽培技术规程	新疆维吾尔自治区质量技术监督局	2010-12-01
22		DB65/T 3187—2010	石榴低产园改造技术规程	新疆维吾尔自治区质量技术监督局	2007-11-02
23		DG5325/T 66—2016	建水酸石榴生产技术规程	红河州质量技术监督局	2016-06-22

序号	分类	标准编号	标准名称	发布部门	实施日期（年-月-日）
24	采后相关标准	LY/T 2135—2018	石榴质量等级	国家林业和草原局	2019-05-01
25		DB32/T 1560—2009	石榴分级	江苏省质量技术监督局	2010-02-21
26		DB65/T 2797—2007	石榴贮藏保鲜技术规程	新疆维吾尔自治区质量技术监督局	2007-11-02
27	病虫害等相关标准	SN/T 3745—2013	石榴小灰蝶检疫鉴定方法	国家质量监督检验检疫总局	2014-06-01
28		SN/T 4640—2016	石榴螟检疫鉴定方法	国家质量监督检验检疫总局	2017-03001
29		DB34/T 3305—2018	石榴干腐病检测与鉴定技术规程	安徽省市场监督管理局	2019-01-29
30		DB65/T 3045—2010	南疆无公害石榴主要有害生物综合防治技术规程	新疆维吾尔自治区质量技术监督局	2010-02-01
31		DB65/T 3188—2010	石榴有害生物防治技术规程	新疆维吾尔自治区质量技术监督局	2010-02-01
32	其他	DB65/T 3061—2010	石榴标准体系总则	新疆维吾尔自治区质量技术监督局	2010-12-01

参考文献

[1] 陈贵虎.关于果树省力化栽培[J].南方园艺,2010,21(6):19-20,28.

[2] 曹秋芬,孟玉平.国外苹果省力化栽培的发展[J].山西果树,2010,7(4):61-64.

[3] 王中林.果树省力化栽培关键技术[J].果农之友,2017(1):9-11.

[4] 陈延惠.石榴嫁接方法[J].农村·农业·农民(B版),2012(1):50.

[5] 丁肖.优质石榴苗木扦插繁育技术[J].现代农业科技,2005(7):11.

[6] 丁元娥,魏茂兰,魏云,等.石榴扦插育苗技术[J].落叶果树,2005(2):65.

[7] 冯玉增,胡清波.石榴[M].北京:中国农业大学出版社,2007.

[8] 李保印.石榴[M].北京:中国林业出版社,2004.

[9] 李宏,刘灿,郑朝晖.石榴嫩枝扦插育苗技术研究[J].安徽农业科学,2009,
    37(9):4003-4004,4021.

[10] 刘立立.石榴硬枝扦插应用技术初探[J].甘肃科技,2010,26(12):173-174,158.

[11] 买尔艳木·托乎提.石榴扦插繁殖技术[J].新疆农业科技,2011(3):48.

[12] 王富河,霍开军,赵莲花,等.低产石榴园高接换优技术[J].林业科技开
    发,2005,19(5):75.

[13] 汪浩,曹恒宽,何珍,等.突尼斯软籽石榴采穗圃建立与扦插育苗技术[J].
    现代农业科技,2014(8):109,113.

[14] 王燕,张明艳,宋宜强,等.石榴硬枝扦插技术试验[J].中国园艺文摘,2011
    (6):38-39.

[15] 温学芬.石榴扦插育苗技术[J].河北林果研究,2003,18(1):46.

[16] 温素卿,孟树标.石榴扦插育苗技术要点[J].河北农业科技,2007(3):38.

[17] 吴凡.石榴扦插的技术要求[J].陕西林业,2002(3):23.

[18] 徐桂云,赵学常.石榴绿枝扦插技术[J].林业实用技术,2002(6):27.

[19] 徐鹏.石榴嫁接繁殖技术[J].中国林福特产,2012(2):60.

[20] 严潇.西安市石榴苗木标准化生产技术规程[C]//中国石榴研究进展(一),
    2011:150-154.

[21] 周正广.石榴春季扦插育苗技术[J].河北林业科技,2009(3):127.

[22] 朱桢桢,周小娟,郑华魁.石榴树高枝嫁接丰产技术[J].农业科技通讯,
    2014(2):197.

［23］ Hiwale S S. The Pomegranate［M］. New India Publishing,2009.

［24］ Karimi H R. Stenting (cutting and grafting) – a technique for propagating pome-granate (*Punica granatum* L.)［J］. Journal of Fruit and Ornamental Plant Re-search,2011,19(2):73-79.

［25］ Sharma N, Anand R, Kumar D. Standardization of pomegranate (*Punica garana-tum* L.) propagation through cuttings［C］. Biological Forum - An International Journal,2009,1(1):75-80.

［26］ Singh B, Singh S, Singh G. Influence of planting time and IBA on rooting and growth of pomegranate (*Punica granatum* L.) 'Ganesh' cuttings［J］. Acta Hor-ticulturae,2011(890):183.

［27］ Upadhyay S K, Badyal J. Effect of growth regulators on rooting of pomegranate (*Punica granatum* L.) cutting ［J］. Haryana Journal of Horticultural Sciences, 2007,36(1/2):58-59.

［28］ 李宗圈,陈德钧,冯玉增. 乙烯利在石榴树上的应用［J］. 农业科技通讯,1996 (9):14-15.

［29］ 车凤斌,克里木·伊明. 新疆葡萄石榴栽培技术讲座(三)［J］. 农村科技, 2008(3):33-34.

［30］ 车凤斌,胡柏文. 新疆葡萄石榴栽培技术讲座(四)［J］. 农村科技,2008 (4):48-49.

［31］ 车凤斌,肖雷. 新疆葡萄石榴栽培技术讲座(五)［J］. 农村科技,2008(5): 50-51.

［32］ 车凤斌,吴明武,李忠强. 新疆葡萄石榴栽培技术讲座(六)［J］. 农村科技, 2008(6):49-50.

［33］ 陈冬亚. 石榴桃蛀螟的防治［J］. 西北园艺,2011(6):29-30.

［34］ 陈冬亚,陈汉杰,张金勇. 石榴主要病虫害综合防治历［J］. 果农之友,2003 (3):28-29.

［35］ 陈延惠. 优质高档石榴生产技术［M］. 郑州:中原农民出版社,2003:30-108, 134-138.

［36］ 冯玉增,宋梅亭,康宇静,等. 中国石榴的生产科研现状及产业开发建议 ［J］. 落叶果树,2006(1):11-15.

［37］ 郝庆,吴名武,陈先荣. 新疆石榴栽培与内地的差异［J］. 新疆农业科学, 2005(S1):41-42.

［38］ 侯乐峰,程亚东. 石榴良种及栽培关键技术［M］. 北京:中国三峡出版社,

2006:4-6.

[39] 胡久梅.石榴病虫害防治技术[J].现代种业,2013(20):52-53.

[40] 胡美姣,彭正强,杨凤珍,等.石榴病虫害及其防治[J].热带农业科学,
2003,23(3):60-68.

[41] 黄云,李贵利,李洪雯.大绿籽石榴栽培技术[J].四川农业科技,2010(5):
30-31.

[42] 刘兴华,胡青霞,胡安伟,等.石榴果皮褐变相关因素及其控制研究[J].西北
农业大学学报,1998,26(6):51-55.

[43] 张润光,张有林,陈锦屏,等.石榴适温气调保鲜技术研究[J].食品科学,
2006,27(2):259-262.

[44] 朱慧波,张有林,宫文学,等.新疆喀什甜石榴采后生理与贮藏保鲜技术[J].
农业工程学报,2009,25(12):339-344.

[45] 刘兴华,胡青霞,寇丽萍,等.石榴采后果皮褐变研究现状[J].西北林学院学
报,1997,12(4):93-96.

[46] 刘兴华,胡青霞,寇丽萍,等.石榴采后果皮褐变的生化特性研究[J].西北林
学院学报,1998,13(4):19-22.

[47] 张润光,张有林,张志国,等.三种涂膜保鲜剂对石榴果实贮期品质的影响
[J].食品工业科技,2008,29(1):261-264.

[48] 张静,张锦丽,杨娟侠,等.泰山红石榴的采收和贮藏保鲜技术[J].落叶果
树,2005,37(2):37-38.

[49] 周锐,李建伟,张有顺.蒙自甜石榴保鲜技术初探[J].保鲜与加工,2004(5):32.

[50] 张桂,李敏.石榴保鲜技术的研究[J].食品科技,2007(6):233-235.

[51] 刘雪静.石榴涂膜保鲜的研究[J].枣庄师专学报,2001,18(5):58-61.

[52] 郭彩琴,惠伟,王晶,等.1-MCP对净皮甜石榴的冷藏保鲜效果[J].食品工业
科技,2012(3):348-351,383.

[53] 赵迎丽,李建华,施俊凤,等.气调对石榴采后果皮褐变及贮藏品质的影响
[J].中国农学通报,2011,27(23):109-113.

[54] 张润光,张有林,田呈瑞,等.减压处理对石榴采后某些生理指标及果实品质
的影响[J].陕西师范大学学报(自然科学版),2012,40(4):94-97,103.

[55] 胡云峰,李喜宏,关文强.石榴低温气调保鲜技术[J].果农之友,2003(1):40.

[56] 刘兴华,陈维信.果品蔬菜贮藏运销学[M].北京:中国农业出版社,2008.

[57] 胡青霞,陈延惠,王兰菊.石榴贮藏技术[J].安徽农业科学,2006,34(17):
4401-4402,4405.

[58] 付娟妮,刘兴华,蔡福带,等.石榴贮藏期福利病害药剂防治试验[J].中国果树,2005(4):28-30.

[59] 王博.石榴果实采后的生理变化研究[J].莱阳农学院学报,1993,10(1):27-31.

[60] 郑州果树研究所,果树研究所,柑橘研究所.中国果树栽培学[M].北京:中国农业出版社,1987.

[61] 黄丽丽,张管曲,康振生,等.果树病害图鉴[M].西安:西安地图出版社,2001.

[62] 张有林,张润光.石榴贮期果皮褐变机理的研究[J].中国农业科学,2007,40(3):573-581.

[63] 申琳,王茜,陈海荣,等.低温贮藏对鲜切石榴籽粒品质及活性氧代谢的影响[J].中国农业科学,2008,41(12):4336-4340.

[64] 赵迎丽,李建华,施俊凤,等.缓慢降温对石榴果实冷害发生及生理变化的影响[J].中国农学通报,2009,25(18):102-105.

[65] 张润光,张有林,张志国,等.石榴贮藏期间歇升温处理对果实品质的影响[J].食品与发酵工业,2008,34(1):160-163.

[66] 胡青霞.果品蔬菜储运技术[M].郑州:中原农民出版社,2006.

[67] Ben-Arie Ruth,Segal N,Guelf at-Reich S. The maturation and ripening of the 'Wonderful' pomegranate[J]. Amer,Soc,Hort,Sci. ,1984,109:898-902.

[68] Hess-pierce B,Kader A A. Responses of 'Wonderful' Pomegranate to Controlled Atmosphere [C]. Oosterhaven J,Peppelenbos H W,Int CA Conference. Rotterdam,Netherlands,ISHS Acta Hort,2003:751-757.

[69] Kader A A,Chordos A,Elyontem S. Responses of pomegranates to ethylene treatment and storage temperature[J]. California Agriculture,1984,38:14-15.

[70] Ben-Arie Ruth,Or E. Development and control of husk scald on Wonderful pomegranate fruit during storage[J]. J. Amer. Soc. Hort. Sci,1986,111:395-399.

[71] Artes F,Marin J G,Martinez J A. Controlled atmosphere storage of pomegranate [J]. Z. Lebensm. Unters. Forsch. ,1996,203:33-37.

[72] Artes F,Tudela J A,Gil M I. Improving the keeping quality of pomegranate fruit by intermittent warming[J]. Z. Lebensm. Unters. Forsch. ,1998.

[73] Kupper W,Pekmezci M,Henze J. ISHS Acta Horticulture,Postharvest physiology of Fruit,398.

[74] Jin H K , Chang S P. Fruit rot of pomegranate (*Punica granatum*) caised by Coniella granati in Korea[J]. The plant Pathology Journal, 2002,12:45-50.

[75] Raskin I. Salicylate, a new plant hormone[J]. Plant Physiol. ,1992,99:799-803.

[76] Porat R,Weiss B,Fuchs Y,et al. Modified atmosphere / modified humidity packaging for preserving pomegranate fruit during prolonged storage and transport[J]. Acta Horticulturae,2009(818):299-303.

[77] Mirdehghan S, H Rahemi, M, Castillo S, et al. Pre-storage application of polyamines by pressure or immersion improves shelf-life of pomegranate stored at chilling temperature by increasing endogenous polyamine levels[J]. Postharvest Biology and Technology,2007,44(1):26-33.

[78] Aquino D,Palma S, Molinu A,et al. Effect of superatmospheric oxygen concentrations on physiological and qualitative aspects of cold stored pomegranate fruit. [J]. Acta Horticulturae,2010(858):349-356.

[79] Mirdehghan S H,Rahemi M,Martinez Romero D,et al. Reduction of pomegranate chilling injury during storage after heat treatment:role of polyamines[J]. Postharvest Biology and Technology,2007,44(1):19-25.

[80] Porat R,Weiss B,Fuchs Y,et al. Keeping quality of pomegranate fruit during prolonged storage and transport by MAP:new developments and commercial applications[J]. Acta Horticulturae,2008(804):115-120.

[81] Kalyan Barman, Ram Asrey, Pal R K. Putrescine and carnauba wax pretreatments alleviate chilling injury, enhance shelf life and preserve pomegranate fruit quality during cold storage[J]. Scientia Horticulturae,2011,130(4):795-800.

[82] Sayyari M,Valero D. Pre-storage salicylic acid treatment affects functional properties and chilling resistance of pomegranate during cold storage[J]. Acta Horticulturae,2012(943):87-94.

[83] Artes F,Tudela J A,Villaescusa R,et al. Thermal postharvest treatments for improving pomegranate quality and shelf life[J]. Postharvest Biology and Technology,2000,18(3):245-251.

[84] Lopez Rubira V,Conesa A,Allende A,et al. Shelf life and overall quality of minimally processed pomegranate arils modified atmosphere packaged and treated with UV-C[J]. Postharvest Biology and Technology,2005,37(2):174-185.

[85] Nader Ekrami-Rad,Javad Khazaei,Mohammad-Hadi Khoshtaghaza,et al. Selected mechanical properties of pomegranate peel and fruit [J]. International Journal of Food Properties,2011,14(3):570-582.

[86] Bayram E,Dundar O,Ozkaya O,et al. The effect of different packing types on the

cold storage of 'Hicaznar' pomegranates (second year) [J]. Acta Horticulturae, 2010(876):197-200.

[87] Sarkale V M, Sanghavi K U, Dhemre J K, et al. Effect of post-harvest treatments on shelf-life and quality of pomegranate in cold storage and ambient conditions [J]. Journal of Food Science and Technology, 2003, 40(1):67-69.

[88] Kupper W, Pekmezci M, Henze J, et al. Studies on CA-storage of pomegranate (*Punica granatum* L. , cv. Hicaz) [J]. Acta Horticulturae, 1995, 398:101-108.

[89] Sayyari M, Babalar M, Kalantari S, et al. Effect of salicylic acid treatment on reducing chilling injury in stored pomegranates [J]. Postharvest Biology and Technology, 2009, 53(3):152-154.

[90] Palou L, Crisosto C H, Garner D, et al. Combination of postharvest antifungal chemical treatments and controlled atmosphere storage to control gray mold and improve storability of 'Wonderful' pomegranates [J]. Postharvest Biology and Technology, 2007, 43(1):133-142.

[91] Sadeghi, Hossein, Akbarpour, et al. Liquid acrylic and polyamide plastic covering affect quality and storability of pomegranate (cv. Malas-e-Saveh) [J]. Journal of Food, Agriculture & Amp; Environment, 2009, 7(3/4):405-407.

[92] Ayhan, Okan Estürk. Overall quality and shelf life of minimally processed and modified atmosphere packaged "ready-to-eat" pomegranate arils [J]. Journal of Food Science, 2009, 74(5):C399-C405.

[93] Rahemi M, Mirdehghan S H. Effects of temperature conditioning on reducing chilling injury in pomegranate fruits during storage [J]. Indian Journal of Horticulture, 2004, 61(4):345-347.

[94] Sayyari M, Castillo S, Valero D, et al. Acetyl salicylic acid alleviates chilling injury and maintains nutritive and bioactive compounds and antioxidant activity during postharvest storage of pomegranates [J]. Postharvest Biology and Technology, 2011, 60(2):136-142.

[95] Nanda S, Rao D V S, Krishnamurthy S, et al. Effects of shrink film wrapping and storage temperature on the shelf life and quality of pomegranate fruits cv. Ganesh [J]. Postharvest Biology and Technology, 2001, 22(1):61-69.

[96] Ramezanian A, Rahemi M. Chilling resistance in pomegranate fruits with spermidine and calcium chloride treatments [J]. International Journal of Fruit Science, 2011, 11(3):276-285.

[97] Ersan S, Gunes G, Zor A O, et al. Respiration rate of pomegranate arils as affected by O_2 and CO_2, and design of modified atmosphere packaging[J]. Acta Horticulturae, 2010(876):189-196.

[98] Ramezanian A, Rahemi M. Effect of pre-storage application of spermidine, calcium chloride and hot water on chilling injury of cold stored pomegranate[J]. Acta Horticulturae, 2010(877 Pt. 1):491-498.

[99] Porat R, Weiss B, Fuchs Y, et al. Modified atmosphere / modified humidity packaging for preserving pomegranate fruit during prolonged storage and transport[J]. Acta Horticulturae, 2009(818):299-303.

[100] 薛辉, 曹尚银, 刘贝贝, 等. 不同土壤类型及肥料对突尼斯软籽石榴种子硬度的影响[J]. 江西农业学报, 2017, 29(1):43-46.

[101] 陆丽娟, 巩雪梅, 朱立武. 中国石榴品种资源种子硬度性状研究[J]. 安徽农业大学学报, 2006, 33(3):356-359.

[102] 薛辉, 曹尚银, 陈利娜, 等. '豫大籽' 与 '突尼斯' 石榴的种子结构及硬度比较[J]. 果树学报, 2016, 33(05):563-569.

[103] 杨雪梅, 尹燕雷, 冯立娟, 等. 石榴果实发育期有机酸组分及含量变化[J]. 江西农业大学学报, 2015, 37(05):804-810.

[104] 冯玉增, 胡清坡. 软子石榴智慧栽培[M]. 北京:金盾出版社, 2017.

[105] 曹尚银, 侯乐峰. 中国果树志(石榴卷)[M]. 北京:中国林业出版社, 2013.

[106] 徐森锋, 张卫东, 权水兵, 等. 检疫性害虫石榴螟的危害及鉴定[J]. 植物检疫, 2015, 29(3).

[107] 张向忠, 刘文献, 高亚. 豫东平原区石榴蚜虫的发生、危害与防治[J]. 林业实用技术, doi, 10.13456j. cnki. lykt. 2014.04.17.

[108] 胡美姣, 彭正强, 杨凤珍. 石榴病虫害及其防治[J]. 热带农业科学, 2003, 23(3):60-68.

[109] 何珍. 突尼斯软籽石榴病虫害发生症状及综合防治技术[J]. 现代农业科技, 2014(14):120.

[110] 闫玲鲁, 黄秀花. 无公害软子石榴病虫害综合防治技术[J]. 中国农业信息, 2014(1):40-41.

[111] 孙德文. 石榴病虫害绿色防控技术[J]. 现代农业科技, 2016(5):153, 155.

[112] 余爽, 何平, 陈建雄, 等. 攀西地区石榴病虫害绿色防控应用技术研究[J]. 四川农业科技, 2016(2):36-37.

[113] 郭建伟,郭娟,杨建.石榴病原菌与病害研究综述[J].安徽农业科学,2013,41(25):10301-10303

[114] 冯玉增,宋梅亭.黄淮地区无公害石榴病虫周年优化防治历[J].果农之友,2006(11):33.

[115] 李瑶,朱立武,孙龙.石榴根结线虫病发现简报[J].中国农业科学,2003,19(3):128.

[116] 曹尚银,侯乐峰.中国果村志(石榴卷)[M].北京:中国林业出版社,2013.

[117] 赵天宇,侯新民,王坤宇,等,石榴生理性病害的综合防治[J].现代农业科技,2010(10):148-149.

[118] 冯玉增,李战鸿,赵艳丽.石榴冻害的发生与气温变化的关系[J].林业科技开发,2002,16(6):19-21.

[119] 朱桢桢,郑华魁,张果果.浅谈石榴冻害预防及树体恢复管理技术[J].农业科技通讯,2014(1):236-237.

[120] 随少锋,王玉岗,张友安.低温冻害对河南省荥阳市软籽石榴成灾的分析与研究[J].北京农业,2013(27):26-27

[121] 李明婉,唐琳,李宗圈.河南省丘陵石榴主产区2009年冻害调查[J].河南农业科学,2010(11):106-108.

[122] 李宗圈,祖跃庭.石榴果实日灼病的发生与预防[J].西北园艺,2003(8):38-39.

[123] 宋英英,刘静,林凤枝.石榴裂果的发生与防治技术[J].现代农业,2016(8):20-21.

[124] 张华.石榴裂果的原因及预防措施[J].中国植保导刊,2009,29(3):26-27.

[125] 陈秀坤,李明春,朱磊,等.石榴树落花落果的原因及对策[J].落叶果树,2017,49(4):58-59.

[126] 周萍,司少鹏,夏志卉.树体营养状况对石榴坐果的影响[J].落叶果树,2007,39(5):4-5.

[127] 李敏.突尼斯软籽石榴冻旱的发生与预防[D].泰安:山东农业大学.2013.

[128] 晋一案,王友富,铁万祝.四川攀西地区石榴倒春寒预防及补救措施[J].植物保护,2018(1):37-39.

[129] 冯玉增,胡清坡.软籽石榴智慧栽培[M].北京:金盾出版社,2017.

[130] 苑兆和,曲健禄.中国石榴病虫害综合管理[M].北京:中国林业出版社,2018.